Liane Rheinschmitt

Erstmaliger Gesamtentwurf und Realisierung der Systemintegration für das Künstliche Akkommodationssystem

Erstmaliger Gesamtentwurf und Realisierung der Systemintegration für das Künstliche Akkommodationssystem

von
Liane Rheinschmitt

Dissertation, Universität Karlsruhe (TH)
Fakultät für Maschinenbau, 2011
Referenten: Prof. Dr.-Ing. habil. Georg Bretthauer
            Prof. Dr. rer. nat. Volker Saile
            Prof. Dr. med. Rudolf Guthoff

Impressum

Karlsruher Institut für Technologie (KIT)
KIT Scientific Publishing
Straße am Forum 2
D-76131 Karlsruhe
www.ksp.kit.edu

KIT – Universität des Landes Baden-Württemberg und nationales
Forschungszentrum in der Helmholtz-Gemeinschaft

KIT Scientific Publishing 2012
Print on Demand

ISSN: 1614-5267
ISBN: 978-3-86644-799-8

Erstmaliger Gesamtentwurf und Realisierung der Systemintegration für das Künstliche Akkommodationssystem

Zur Erlangung des akademischen Grades eines

Doktors der Ingenieurwissenschaften

der Fakultät für Maschinenbau der
Universität Karlsruhe

genehmigte

DISSERTATION

von

Dipl.-Ing. Liane Rheinschmitt

aus Magdeburg

Tag der mündlichen Prüfung:	24. August 2011
Hauptreferent:	Prof. Dr.-Ing. habil. Georg Bretthauer
Korreferenten:	Prof. Dr. rer. nat. Volker Saile
	Prof. Dr. med. Rudolf Guthoff

"Das Ganze ist mehr als die Summe seiner Teile."
Aristoteles (384 – 322 v.u.Z.)

Vorwort

Die vorliegende Arbeit entstand im Rahmen eines Forschungsprojekts am Institut für Angewandte Informatik des Karlsruher Instituts für Technologie.

Mein erster Dank gilt meinem Doktorvater, Herrn Prof. Dr.-Ing. habil. Georg Bretthauer, für die intensive Förderung meines Dissertationsvorhaben und das große Interesse an meiner Arbeit. Bei Herrn Dr.-Ing. Ulrich Gengenbach und Herrn Dr. rer. nat. Helmut Guth bedanke ich mich für das Korrekturlesen der Arbeit, für viele fachliche Diskussionen, und dass sie mir den Rücken für mein Dissertationsvorhaben freigehalten haben. Herrn Prof. Dr. rer. nat. Volker Saile und Herrn Prof. Dr. med. Rudolf F. Guthoff danke ich für die Übernahme des Korreferats.

Darüber hinaus möchte ich mich bei allen Kollegen des Instituts für Angewandte Informatik bedanken, die mich bei meiner wissenschaftlichen Arbeit, aber auch bezüglich Organisation, Verwaltung und Administration unterstützt haben, insbesondere bei S. Allgeier, C. Beck, Dr.-Ing. M. Bergemann, Dr.-Ing. M.-T. Boll, J. Fliedner, I. Gaiser, A. Hellmann, A. Hofmann, B. Hummel, Dr.-Ing. S. Klink, Dr.-Ing. B. Köhler, Dr.-Ing. T. Koker, S. Maier, Prof. Dr.-Ing. R. Mikut, W. Rössler, R. Scharnowell, Dr. rer. nat. K.-P. Scherer, G. Schwartz, Dr.-Ing. I. Sieber, P. Stiller, S. Vollmannshauser und R. Wiegand. Ein besonderer Dank gilt dabei meinen Zimmerkollegen und Wegbegleitern Thomas Martin und Dr.-Ing. Jörg A. Nagel für das freundschaftliche Betriebsklima sowie die tatkräftige fachliche Unterstützung, die diese Arbeit zur Systemintegration mit ermöglicht hat.

Für ihren Beitrag zur vorliegenden Arbeit im Rahmen von Studien- und Diplomarbeiten, Praktika und studentischer Tätigkeit danke ich T. Anding, C. Benea, G. Bruszauskas, F. Hof, R. Jaborsky, M. Krug, P. Polley, F. Ritter, B. Schulz und M. Wassenberg.

Bei Dr. rer. nat. H. Leiste vom Institut für Materialforschung (IMF) und seinen Kollegen bedanke ich mich für das Beschichten meiner Glasgehäuse, bei H. Besser (IMF) für das Zuschneiden von Sensoren. Ich danke den Mitarbeitern des Instituts für Mikrostrukturtechnik (IMT), des Instituts für Biologische Grenzflächen (IBG) und des Instituts für Prozessdatenverarbeitung (IPE) für die Nutzung ihrer Infrastruktur und die Unterstützung dabei, insbesondere A. Bacher, Dr.-Ing. L. Hahn, B. Hübner, Dr. rer. nat. T. Scharnweber und R. Thelen. Zudem danke ich S. Heißler vom Institut für Funktionelle Grenzflächen und Dr.-Ing. A. Weddigen vom Innovationsmanagement für Ihre Unterstützung.

Für die gute Zusammenarbeit und Auskünfte bei medizinischen Fragen danke ich unseren Partnern der Universität Rostock, Prof. Dr. med. R. F. Guthoff, Prof. Dr.-Ing. habil. K.-P. Schmitz, Prof. Dr. rer. nat. habil. K. Sternberg, U. Bahlke, Dr.-Ing. habil. H.

Martin, M. Reichard, Dr. rer. nat. habil. O. Stachs sowie Prof. Dr. med. H. Wilhelm von der Universitätsaugenklinik Tübingen.

Den Projektpartnern des Fraunhofer Instituts für Angewandte Optik und Feinmechanik Prof. Dr. rer. nat. habil. A. Tünnermann, Dr.-Ing. E. Beckert, T. Burkhardt und Dr. rer. nat. R. Eberhardt danke ich für das Laserlöten und Kugellöten von Glasgehäusen und die gute Zusammenarbeit.

Der HighTec MC AG danke ich für die Anfertigung von Funktionsmustern der flexiblen Leiterkarte und für die gute Beratung.

Meinen Eltern danke ich ganz herzlich dafür, dass sie in mir das Interesses an der Technik geweckt haben, für das Verständnis in den letzten Jahren und für das unermüdliche Korrekturlesen.

Mein größter Dank gilt meinem Freund, Torsten Koker, der mir nicht nur moralisch in den letzten Jahren eine starke und geduldige Stütze war. Auch für die fachlichen Anregungen und das strenge Korrekturlesen möchte ich mich von Herzen bedanken.

Leopoldshafen, im Juli 2011

Liane Rheinschmitt

Inhaltsverzeichnis

Abbildungsverzeichnis

Symbolverzeichnis

Lateinische Symbole

a_i	Koeffizient einer Übertragungsfunktion
A	Gehäuseoberfläche
$A(s_n)$	Übertragungsfunktion von Tiefpassfiltern n-ter Ordnung
A_F	Präexponentieller Faktor in der Arrhenius-Gleichung
A_S	Fläche einer Gehäusestirnseite
b	Radius der zu einer eingespannten Kreisplatte konzentrischen Kreisfläche, auf der eine Kraft F angreift
b_i	Koeffizient einer Übertragungsfunktion
B	Magnetische Flussdichte
C_0	Wasserdampfsättigungskonzentration einer Komponente bei Sättigungsdampfdruck E_W im umgebenden Gas
$C_{0au\ss en}$	Wasserdampfsättigungskonzentration außerhalb des Gehäuses
C_{0innen}	Wasserdampfsättigungskonzentration im Inneren des Gehäuses
C_{0Gas}	Wasserdampfsättigungskonzentration eines Gases
C_2	Elektrische Kapazität des Feuchtesensors für beschleunigte Alterungstests / Kapazität im internen Schwingkreis
C_3, C_4	Elektrische Kapazitäten für Sallen-Key-Beschaltung eines Tiefpassfilters
C_{el}	Elektrische Kapazität eines Kondensators
C_i	Wasserdampfsättigungskonzentration einer Komponente bei Wasserdampfpartialdruck p_{innen} im umgebenden Gas
C_k	Temperaturunabhängige Konstante
C_{Empf}	Empfindlichkeit eines kapazitiven Sensors
d	Wandstärke der Kapselung
d_a	Maximaler Außendurchmesser des Künstlichen Akkommodationssystems
d_i	Außendurchmesser des optischen Bereichs des Künstlichen Akkommodationssystems

D	Werkstoffabhängiger Diffusionskoeffizient
DD	Durchmesser des Glasdeckels
D_{Folie}	Durchmesser der Kondensatorfolie des Feuchtesensors
DK	Durchmesser der Kavität im Glastopf bzw. -wafer
DT	Durchmesser des Glastopfs
E_A	Aktivierungsenergie chemischer und physikalischer Reaktionen
E_W	Sättigungsdampfdruck von Wasser in Gas
f	Frequenz
f_1, f_2	Resonanzfrequenzen des Sensorsystems für beschleunigte Alterungstests
Δf	Differenz der Resonanzfrequenzen des Sensorsystems für beschleunigte Alterungstests
f_W	Korrekturfaktor für die Berechnung des Sättigungsdampfdrucks E_W von Wasserdampf in Luft
F	Kraft
$F_{Gewicht}$	Gewichtskraft
F_{Halt}	Kraft zum Halten des Implantats
F_{Normal}	Normalkraft
$F_{Reibung}$	Reibungskraft
g	Erdbeschleunigung
G	Signalverstärkungsfaktor
h	Dicke einer eingespannten Kreisplatte (Stirnseitiger Deckel des Implantats)
h_a	Äußere Höhe des Künstlichen Akkommodationssystems
h_M	Wandstärke des Zylindermantels des Implantats
HD	Höhe des Glasdeckels
HT	Höhe des Glastopfs
I_1, I_2	Stromfluss in den Maschen 1 und 2
I_{el}	Elektrischer Strom
I_{Gas}	Wasserstrom in ein Gas
$I_{Körper}$	Wasserstrom in einen Körper
I_{L1}	Spulenstrom in Spule L_1
I_{Sensor}	Wasserstrom in einen Sensor

I_W	Wasserstrom
k	Boltzmannkonstante
K	Induktiver Kopplungsfaktor zwischen Innen- und Außenspule für beschleunigte Alterungstests
K_W	Wasseraufnahmekapazität
$K_{W\,Gas}$	K_W des Gases
$K_{W\,K}$	K_W der betrachteten Komponente K
$K_{W\,Kleb}$	K_W des Klebstoffs
$K_{W\,Körper}$	K_W eines Körpers
$K_{W\,Sensor}$	K_W des Sensors
$K_{W\,Ziel}$	K_W der Komponenten im Zielsystem
L	Molare Lösungswärme des Wassers im Kunststoff
L_1	Induktivität der Außenspule für beschleunigte Alterungstests
L_2	Induktivität der Innenspule für beschleunigte Alterungstests
L_{He}	Maximal zulässige Heliumleckrate im Heliumlecktest
L_L	Äquivalente Luftleckrate im Heliumlecktest
L_W	Wasserleckrate
m	Steigung der Kalibriergeraden für beschleunigte Alterungstests
m_g	Masse des Messinggewichts zum Beschweren der Gehäuse im Vakuum während der Heliumlecktests
m_{max}	Maximale Masse des Implantats
M	Molekulargewicht von Helium
M_A	Molekulargewicht von Luft bzw. anderen in ein System eindringenden Medien
M_K	Induktive Kopplungskonstante
$MTTF$	Durchschnittliche Lebensdauer bis zum Versagen des Systems (Mean Time To Failure)
$MTTF_B$	$MTTF$ bei Betriebstemperatur T_B
$MTTF_{T_{Alt}}$	$MTTF$ bei erhöhter Temperatur T_{Alt}
n	Zählervariable
N	Diffundierte Stoffmenge pro Zeit und Fläche
p	Druck
p_0	Umgebungsdruck

$p_{außen}$	Äußerer Wasserdampfpartialdruck
p_{innen}	Interner Wasserdampfpartialdruck
p_B	Heliumdruck während des Bombings vor dem Heliumlecktest
p_{KW_K}	Druckabfall über Wasseraufnahmekapazität einer Komponente K_{W_K}
p_{R_K}	Druckabfall über Permeationswiderstand einer Komponente R_K
Δp_W	Wasserdampfpartialdruckdifferenz zwischen p_{innen} und $p_{außen}$
P	Werkstoffabhängiger Permeationskoeffizient
Q_0	Durch den jeweiligen Wasserspeicher maximal aufnehmbare Wassermenge bei Sättigungsdampfdruck E_W im umgebenden Gas
Q_{0Gas}	Q_0 des Gases
Q_{0Kleb}	Q_0 des Klebstoffs
$Q_{0Körper}$	Q_0 eines Körpers
$Q_{0System}$	Q_0 des gesamten Systems
Q_{el}	Elektrische Ladung
Q_i	Durch jeweiligen Wasserspeicher aufgenommene Wassermenge
Q_{ikrit}	Kritische durch einen Körper aufgenommene Wassermenge
Q_{imax}	Unter den betrachteten Bedingungen maximal durch den jeweiligen Wasserspeicher aufgenommene Wassermenge
Q_{iGas}	Q_i des Gases
$Q_{iKörper}$	Q_i eines Körpers
$Q_{iSystem}$	Q_i des gesamten Systems
r	Rotationsachse der Augäpfel
$r.H.$	Relative Feuchtigkeit in Gas
$r.H._V$	Als Versagenskriterium definierte relative Feuchtigkeit im System
r_{KP}	Radius einer eingespannten Kreisplatte (Stirnfläche des Implantats)
r_Z	Zylinderradius
R	Universelle Gaskonstante $= 8{,}314472\,\mathrm{J/(mol \cdot K)}$
R_1, R_2	Elektrische Widerstände für Sallen-Key-Beschaltung eines Tiefpassfilters
R_a	Oberflächenrauigkeit
R_{el}	Elektrischer Widerstand
R_{th}	Thermischer Widerstand

R_P	Permeationswiderstand, hier: R_P des betrachteten Gehäuses
$R_{P\,max}$	Maximaler Permeationswiderstand bei der jeweiligen Temperatur
$R_{P\,mitt}$	Mittlerer Permeationswiderstand, der sich aus dem Mittelwert aller Proben der jeweiligen Temperatur ergibt
R_{PK}	Permeationswiderstand der betrachteten Komponente
$R_{SWasser}$	Individuelle Gaskonstante von Wasserdampf $= 461{,}5\,\mathrm{J}/(\mathrm{kg}\cdot\mathrm{K})$
s, s_n	Parameter im Bildbereich
t	Zeit
t_B	Bombing-Zeit – Zeit, während der eine Probe dem Heliumdruck vor dem Heliumlecktest ausgesetzt ist
t_{LD}	Lebensdauer des Implantats
t_W	Wartezeit zwischen Bombing und Heliumlecktest
T	Absolute Temperatur
T_{min}	Minimale Implantattemperatur bei normaler Durchblutung
T_{Alt}	Erhöhte Temperatur während des beschleunigten Alterungstests
T_{Alt1}, T_{Alt2}	Erste und zweite erhöhte Temperatur während des beschleunigten Alterungstests
T_B	Betriebstemperatur des Implantats
TK	Tiefe der Kavität im Glastopf bzw. -wafer
T_{LM}	Temperatur in der Linsenmitte
T_{LV}	Temperatur der Linsenvorderseite
U_a	Elektrische Quellenspannung
U_C	Kondensatorspannung
V	Volumen
V_{innen}	Innenvolumen eines Gehäuses
V_{AS}	Gesamtvolumen des Künstlichen Akkommodationssystems
V_{BR}	Volumen im inneren Bauteilring des Künstlichen Akkommodationssystems
V_{Gas}	Gasvolumen
V_{Kleb}	Volumen des Klebstoffrings
V_{OB}	Volumen des optischen Bereichs des Künstlichen Akkommodationssystems
V_S	Volumen der Wasserspeicher

V_W	Wasservolumen
x	Koordinate bei Erfassung des Pupillendurchmessers
x_L, x_R	Messwert der x-Sensorachse im linken (L) bzw. rechten (R) Auge bei der Erfassung eines externen Felds
y_L, y_R	Messwert der y-Sensorachse im linken (L) bzw. rechten (R) Auge bei der Erfassung eines externen Felds

Griechische Symbole

α	Innere Verstärkung eines Filters in Sallen-Key-Beschaltung
α_L	Orientierungswinkel des linken Auges relativ zum externen Feld
α_R	Orientierungswinkel des rechten Auges relativ zum externen Feld
β	Vergenzwinkel – Winkel, der von den Fixierlinien der Augen beim Betrachten eines Objektes eingeschlossen wird
λ	Werkstoffabhängige Wärmeleitfähigkeit
μ	Reibkoeffizient
ν	Querkontraktionszahl
ρ	Dichte
ρ_{PMMA}	Dichte von Polymethylmethacrylat (PMMA)
ρ_{Si}	Dichte von Silizium
σ	Mechanische Spannung
σ_ϕ	Spannungen im Zylindermantel in Umfangsrichtung
σ_r	Radiale mechanische Spannung
σ_t	Tangentiale mechanische Spannung
σ_x	Spannungen im Zylindermantel in Längsrichtung
τ	Zeitkonstante $= K_W \cdot R_P$
ϕ_{soll}	Stellgröße für die Phasenregelschleife (PLL) bei der Auswertung der beschleunigten Alterungstests
ω_0	Resonanzkreisfrequenz
ω_{grenz}	Grenzkreisfrequenz

Fachbegriffe und Abkürzungen

ADW	Analog-Digital-Wandler
Astigmatismus	Fehlsichtigkeit aufgrund einer Hornhautverkrümmung
ASIC	Application Specific Integrated Circuit: Anwendungsspezische integrierte Schaltung
Alvarez-Humphrey-Linse	Linsensystem, dessen Brechkraftvariation auf der lateralen Relativbewegung von zwei Linsenkomponenten beruht, die zueinander konjugiert geformte Oberflächen besitzen
AMR	Anisotropic MagnetoResistive: Messprinzip zur Erfassung von Magnetfeldern, das auf einer Widerstandsänderung beruht
AVT	Aufbau- und Verbindungstechnik
Bauteilring	Volumen für nichttransparente Bauteile inklusive Kapselung im Künstlichen Akkommodationssystems um den optischen Bereich
Innerer Bauteilring	Volumen für nichttransparente Bauteile exklusive Kapselung im Künstlichen Akkommodationssystems um den optischen Bereich von 5 mm Durchmesser
Blinder Fleck	Blinder Bereich des Gesichtsfelds, in dem die Sehnervfasern der Netzhaut zusammengeführt werden
Bombing	Einbringung einer zu testenden Probe in Heliumüberdruck vor einem Heliumlecktest
Borofloat 33	Handelsname für ein Borosilikatglas der Firma Schott, das im sogenannten Floatprozess als Flachglas gefertigt wird
Brazing	Hartlöten, bei dem ein auf beide Fügeteile aufgebrachtes Lot bei ca. 400°C aufgeschmolzen wird
BSS	Balanced Salt Solution: Hier: Kammerwasseräquivalent
Bulbus	Augapfel
Choroidea	Aderhaut
CMOS	Complementary Metal Oxide Semiconductor: Halbleiterbauelement mit sowohl p-Kanal, als auch n-Kanal Feldeffekttransistoren

Cornea	Hornhaut
CSP	Chip Scale Package: Siliziumhalbleiterchip, der innerhalb seines Gehäuses mindestens 80 % des Gesamtvolumens einnimmt
CVD	Chemical Vapor Deposition: Beschichtungsverfahren durch chemische Gasphasenabscheidung
DAW	Digital-Analog-Wandler
Deckelwafer	Wafer aus Borofloat 33 mit einer Dicke von 0,3 mm
DEMUX	Demultiplexer
Design-Regeln	Herstellerdefinition der realisierbaren Abmessungen eines Schaltungsträgers, z.B. minimale Leiterbahnbreite
DLC	Diamond Like Carbon: Beschichtungswerkstoff
Drahtbonden	Elektrische Kontaktierung zweier Kontaktflächen, i.d.R. auf einem Siliziumhalbleiterchip sowie einem Schaltungsträger oder Chipgehäuse, durch einen metallischen Draht
Electrowettinglinse	Fluidlinse, bei der durch Anlegen einer elektrischen Spannung der Benetzungswinkel des Fluids und somit die Brechkraft der Linse verändert wird
Emmetropie	Normalsichtigkeit
Endoskop	Gerät zur Untersuchung von Hohlräumen im Inneren von Organismen oder technischen Systemen
Energy Harvesting	Nutzen vorhandener Energie aus der Umgebung
Exsikkator	Chemisches Laborgerät zur Trocknung von festen Stoffen, eingesetzt in Verbindung mit Trocknungsmittel
Fovea	Gelber Fleck: Zentrum des Gesichtsfelds
Flexprint	Flexible Leiterkarte
FlipChip	Form der Aufbau- und Verbindungstechnik für ungehäuste Siliziumhalbleiterchips, bei der spiegelbildliche Kontaktflächen auf Chip und Schaltungsträger durch einen Hilfsstoff elektrisch kontaktiert werden
FPGA	Field Programmable Gate Array: Halbleiterchip, in den logische Schaltungen programmiert werden können
Gelber Fleck	Zentrum des Gesichtsfelds
Getter	Körper, der Wasser bindet und damit für andere Systemkomponenten unschädlich macht
Glaukom	Grüner Star: Krankhafter Anstieg des Augeninnendrucks

GMR	Giant MagnetoResistive: Messprinzip zur Erfassung von Magnetfeldern, das auf einer Widerstandsänderung beruht
Grobleck	Größere Undichtigkeit in einem Gehäuse, definiert nach MIL-STD-883
Halo	Störlicht um eine Lichtquelle, verursacht durch multifokale Linsen
Haptik	Vorrichtung zur Fixierung einer Intraokularlinse im Kapselsack
HDI	High Density Interconnect: Hochintegrierte Platine
Hyperopie	Weitsichtigkeit
IC	Integrated Ciruit: Integrierte Schaltung / Siliziumhalbleiterchip
IMF	Institut für Materialforschung am KIT
IMT	Institut für Mikrostrukturtechnik am KIT
Inklination	Neigungswinkel des Erdmagnetfelds gegenüber der Horizontalen
Inzision	Einschnitt: Durchtrennen von Gewebe und Haut während einer Operation
IOF	Fraunhofer Institut für Angewandte Optik und Feinmechanik
IOL	Intraokularlinse: Augenimplantat, das bei Kataraktpatienten die menschliche Linse ersetzt
Kammerwasser	Transparente Körperflüssigkeit in der vorderen und hinteren Augenkammer
Kapselsack	Transparente elastische Membran, die die Linse umhüllt
Kapselsackfibrose	Postoperative Vernarbung und damit Verhärtung des geöffneten Kapselsacks
Kapsulorhexis	Öffnung des vorderen Bereichs des Kapselsacks während der Kataraktoperation
Katarakt	Grauer Star: Krankhafte Eintrübung der Augenlinse
KIT	Karlsruher Institut für Technologie
LAL	Light Adjustable Lens: Intraokularlinse, deren Brechkraft nach der Implantation durch UV-Strahlung angepasst wird
Laser	Light Amplification by Stimulated Emission of Radiation: Strahlquelle für verstärktes gerichtetes Licht bestimmter Wellenlängen

LCP	Liquid Crystal Polymer: Flüssigkristallpolymer
LiPo	Lithium Polymer: Eingesetzt als Akkumulator
LiPON	Lithium Phosphorus Oxynitride: Eingesetzt als Akkumulator
LTCC	Low Temperature Cofired Ceramics: Keramisches Substratmaterial für Schaltungsträger
μPCB	Micro Printed Circuit Board: miniaturisierte Leiterkarte mit elektronischer Schaltung
MEMS / MOEMS	Mikro-(Optisch)-Elektronisch-Mechanische Systeme
Meniskus	Optisch aktive Krümmungsfläche
MICS	Medical Implant Communication Service: Frequenzband zwischen 402 und 405 MHz, das für die Funkkommunikation aktiver Implantate freigegeben ist
MID	Molded Interconnect Device: dreidimensionaler spritzgegossener Schaltungsträger
Mikrocontroller	Ein-Chip-Computer: Halbleiterchip aus Prozessor und Peripheriefunktionen sowie i.d.R. Arbeits- und Programmspeicher
MTF	Modulation Transfer Function: Kontrastübertragungs-funktion
MUX	Mulitplexer
Myopie	Kurzsichtigkeit
Nachstar	Wachstum von eingetrübten Linsenzellen in den optischen Bereich nach einer Kataraktoperation
Nd:YAG-Laser	Neodym-dotierter Yttrium-Aluminium-Granat-Laser: Festkörperlaser, der i.d.R. infrarote Strahlung der Wellenlänge 1064 nm emittiert
Ophthalmologisch	Die Augenheilkunde betreffend
Pad	Metallische Kontaktstelle oder Landefläche auf einem Schaltungsträger oder einem Siliziumhalbleiterchip
Parylene C	Polymerer Beschichtungswerkstoff
PC	Personal Computer: Rechner
Permeabilität	Durchlässigkeit eines Festkörpers für das Durchdringen oder Durchwandern eines Stoffes, z.B. Wasser
Permeation	Vorgang des Durchdringens oder Durchwanderns eines Stoffes, z.B. Wasser, durch einen Festkörper

Phakoemulsifikation	Zerteilung der natürlichen Linse während der Kataraktoperation
PI-Regler	Regler mit proportionalem und integrierendem Anteil
PLL	Phase Locked Loop: Phasenregelschleife
PMMA	Polymethylmethacrylat: transparentes Polymer
Postoperativer Refraktionsausgleich	Korrektur der Brechkraft nach einer IOL-Implantation, um Emmetropie zu erreichen
ppm(v)	Parts per Million: Anteile eines Stoffes pro Million Teilen eines anderen Stoffes, bezogen auf das Volumen der Stoffe
Presbyopie	Alterssichtigkeit: Verlust der Anpassungsfähigkeit des menschlichen Auges an verschiedene Blickdistanzen aufgrund der Versteifung der Linse
PVD	Physical Vapor Deposition: Beschichtungsverfahren durch physikalische Gasphasenabscheidung
RC-Glied	Reihenschaltung eines Widerstands R mit einem Kondensator C
Retina	Netzhaut
RSU	Rainer Schmieg Ultraschall: Fertiger für Ultraschallbearbeitung
Sakkade	Zielsuchende Augenbewegung, bei der die Augäpfel durch schnelle Rotation ausgerichtet werden
Satelliten	Hier: Schaltungsteile, die auf einer flexiblen Leiterkarte derart angeordnet sind, dass sie im Betriebszustand übereinander positioniert werden können, für die Herstellung und Bestückung aber flächig nebeneinander angeordnet sind
Silikagel	Trocknungsmittel, stark hygroskopisch
Sklera	Lederhaut
SMD	Surface Mounted Device: Oberflächenbestücktes Bauteil
Spincoating	Aufschleudern von sehr dünnen Schichten auf ein rotierendes Substrats
Sputtern	Beschichtungsverfahren, Form der PVD
Starrflex	Leiterkarte mit starren und flexiblen Anteilen des Schaltungsträgers, wobei der flexible Anteil i.d.R. nicht bestückt ist und der elektrischen Verbindung der starren Schaltungsträger dient

Strukturelle Biokompatibilität	Anpassung von Form und Masse eines Implantats an die Beschaffenheit des ersetzten Körperteils
SuperCap	Doppelschichtkondensator mit sehr hoher Energiedichte
TiAl6V4	Titanlegierung mit 6 % Aluminium und 4 % Vanadium
ttv	total thickness variation: Gesamtdickenvariation
Topfwafer	Wafer aus Borofloat 33 mit einer Dicke von 3,7 mm
Triple-Optik	Dreilinsensystem, dessen Brechkraftänderung durch die Verschiebung der mittleren Sammellinse entlang der optischen Achse erreicht wird
USB	Universal Serial Bus: Serieller Bus zum Austausch von Daten mit einem PC
VCO	Voltage Controlled Oszillator: Spannungsgesteuerter Oszillator
Vergenzwinkel	Winkel, der von den Fixierlinien der Augen beim Betrachten eines Objektes eingeschlossen wird
Via	Durchkontaktierung zwischen verschiedenen Schaltungsträgerlagen
Vitrektomie	Entfernung des Glaskörpers
Wafer	Flache, runde Scheiben, Halbzeuge der Halbleiter- und Mikrosystemtechnik
Wobbeln	Zyklische Variation der Frequenz innerhalb eines vorgegebenen Frequenzbands
Ziliarmuskel	Ringmuskel im Auge
Zonulafasern	Elastische Fasern, über die die Augenlinse am Ziliarmuskel aufgehängt ist

1 Einleitung

Als Einleitung in die vorliegende Arbeit wird in Abschnitt 1.1 zunächst die Bedeutung des Künstlichen Akkommodationssystems dargestellt, in Abschnitt 1.2 die Bedeutung der Systemintegration für aktive Dauerimplantate im Allgemeinen. In Abschnitt 1.3 wird der Entwicklungsstand zur Wiederherstellung der Akkommodationsfähigkeit sowie zur Systemintegration von Implantaten und dafür verwendeter Technologien analysiert. Daraufhin erfolgt in Abschnitt 1.4 die Beschreibung der wissenschaftlichen Ziele der Arbeit und der dafür zu lösenden Aufgaben.

1.1 Bedeutung des Künstlichen Akkommodationssystems

Um die Bedeutung des Künstlichen Akkommodationssystems darzulegen, werden in Abschnitt 1.1.1 zunächst die Anatomie des Auges sowie die Vorgänge der natürlichen Akkommodation und deren Bedeutung für das menschliche Sehen beschrieben. In Abschnitt 1.1.2 werden die Krankheiten dargestellt, die zum Verlust der Akkommodationsfähigkeit führen. Eine kurze Einführung des Künstlichen Akkommodationssystems erfolgt in Abschnitt 1.1.3.

1.1.1 Anatomie des Auges und natürliche Akkommodation

Das Auge ist eines der wichtigsten Sinnesorgane des Menschen. Es kann den optischen Bereich des Lichtes, also elektromagnetische Strahlung der Wellenlänge von 350 nm bis 750 nm erfassen und verarbeiten. Die Sinneszellen setzen diesen optischen Reiz in eine Wahrnehmung von Licht und Farbe um.

Der Augapfel (Bulbus oculi) hat einen Durchmesser von ca. 24 mm und kann mit Hilfe der äußeren Augenmuskeln rotatorisch in der Augenhöhle bewegt werden [GRE03]. Umgeben ist der Bulbus von einer schützenden Lederhaut (Sclera), die im vorderen Bereich in die transparente, nach außen gewölbte Hornhaut (Cornea) übergeht (Abb. 1.1). Innen liegt die gut durchblutete Aderhaut (Choroidea) an der Lederhaut an. Im Bereich gegenüber der Hornhaut befindet sich die Netzhaut (Retina), die mit Photorezeptoren bedeckt ist, den Sinneszellen des Auges. Die aufgenommenen Lichtreize werden verarbeitet und über Ganglienzellen, die sich zum Sehnerv bündeln, an das Gehirn weitergeleitet. Die Austrittsstelle des Sehnervs bildet den blinden Fleck (Papille). Dort kann kein Lichtreiz wahrgenommen werden. Die Stelle des schärfsten Sehens wird als gelber Fleck (Fovea) bezeichnet. Die für die Farbwahrnehmung erforderlichen Zapfen besitzen in diesem Bereich eine sehr hohe Dichte. Der periphere Bereich um den gelben Fleck weist eine geringere Dichte an Sinneszellen auf, wobei hier die für das Schwarz-Weiß-Sehen benötigten Stäbchen überwiegen [Ran68]. Den Lichteinfall ins Auge reguliert die Regenbogenhaut (Iris), in die lichtundurchlässige Pigmente eingelagert sind, über den Öffnungsdurchmesser der Pupille. Dahinter befindet sich die Linse (Lens crystallina), die von einer transparenten elastischen Membran, dem Kapselsack (Capsula lentis) umhüllt wird. Die Linse besteht aus transparenten Zellen von gelartiger Konsistenz. Über Zonulafasern ist die Linse im Zentrum des ringförmigen Ziliarmuskels aufgehängt. Der Innenraum des Augapfels zwischen Linse und Ader- bzw. Netzhaut wird vom transparenten Glaskörper (Corpus vitreum) ausgefüllt. Die vordere Augenkammer zwischen Hornhaut und Linse ist mit Kammerwasser (vgl. Anh. A.1) gefüllt, einer transparenten Körperflüssigkeit, die an den Ziliarfortsätzen aus Blutbestandteilen gebildet wird und durch die hintere Augenkammer und die Pupille in die vordere Augenkammer [MMP$^+$00] fließt. Über den Schlemm-Kanal wird das Kammerwasser resorbiert und wieder in den Blutkreislauf zurückgeführt.

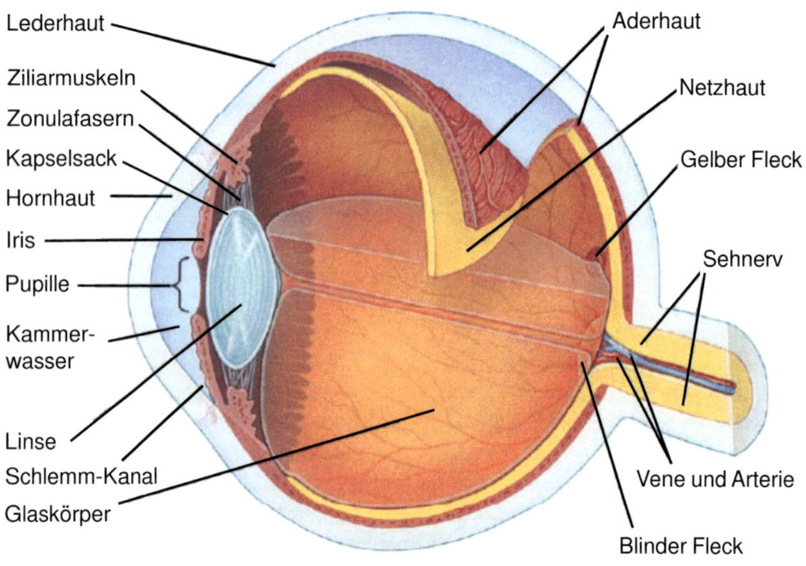

Abb. 1.1: Anatomie des menschlichen Auges [CR06].

Das Licht wird durch die Optik des Auges geleitet und dabei mehrfach gebrochen. Beim Einfall in die Hornhaut erfolgt aufgrund des hohen Brechungsindexunterschieds zwischen Luft und Hornhaut die Hauptbrechung. Im Anschluss passiert das Licht das Kammerwasser, wird durch die Pupillenöffnung weiter zur Linse geleitet und dort so gebrochen, dass die Strahlen auf der Netzhaut fokussiert werden. Nach dem Akkommodationsmodell von Helmholtz [Hel67] erfolgt die Anpassung an verschiedene Blickdistanzen über eine Brechkraftvariation der Linse (Abb. 1.2). Betrachtet der Mensch einen weit entfernten Gegenstand, fallen die Lichtstrahlen fast parallel auf die Hornhaut ein. Für die Fokussierung ist nur eine relativ kleine Brechung in der Linse nötig. Wird ein naher Gegenstand betrachtet, so ist eine höhere Brechkraft der Linse erforderlich.

Die Anpassungsfähigkeit der Linsenbrechkraft wird als Akkommodation bezeichnet. Die hierfür notwendige Formänderung wird durch die Elastizität der Linse ermöglicht. Kontrahiert der Ziliarmuskel, erschlaffen die Zonulafasern und die Linse nimmt ihre natürliche kugelige Form an. Die Linse ist akkommodiert und der Fokus liegt im Nahbereich. Expandiert der Ziliarmuskel, so ergibt sich über die Kraftweiterleitung in den Zonulafasern eine flache Linsenform. In diesem desakkommodierten Zustand liegt der Fokus in der Ferne.

Während des Akkommodationsvorgangs wird der Pupillendurchmesser verkleinert [SSS06]. Dieser Effekt wird als Pupillennahreflex bezeichnet. Zudem werden die Augäpfel mit Hilfe der Augenmuskeln derart ausgerichtet, dass die Fixierlinien beider Augen sich auf dem fokussierten Objekt treffen [Axe15]. Der Winkel, der dabei von den Fixierlinien eingeschlossen wird, ist der Vergenzwinkel. Er ist abhängig vom Augenabstand sowie vom Abstand zwischen Auge und Objekt.

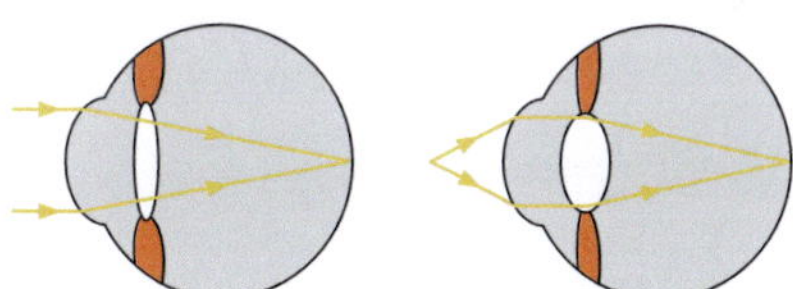

Abb. 1.2: Akkommodationsmodell nach Helmholtz [Hel55]: Anpassung der Brechkraft der Linse an die Entfernung betrachteter Objekte, sodass diese auf der Netzhaut scharf abgebildet werden.

Die Vergenz der Augen gehört zu den zielsuchenden Augenbewegungen, ebenso wie Sakkaden, die zur Exploration der Umgebung und zur visuellen Suche dienen [JRV03]. Während bei der Vergenzbewegung Geschwindigkeiten bis 10°/s auftreten, können die Sakkaden bis zu 1000°/s erreichen, wobei ein maximaler Winkel von 60° durchmessen wird. Eine weitere Hauptgruppe der Augenbewegungen bilden die stabilisierenden Bewegungen, die ein 'Verschieben' der Information auf der Retina verhindern. Der vestibuläre Nystagmus stellt dabei die Reaktion auf Kopf- oder Körperbewegungen dar; der optokinetische Nystagmus eine Folgebewegung als Reaktion auf die Verschiebung des Zielobjekts. Die maximalen Geschwindigkeiten der stabilisierenden Bewegungen treten während der Rückstellbewegung auf und betragen bis zu 500°/s. Die dritte Hauptgruppe bilden die Mikrobewegungen. Die Drift mit einer Amplitude von maximal 10 Bogenminuten dient der Aufrechterhaltung der Stimulation von Rezeptoren und Neuronen. Die Repositionierung des Auges erfolgt über Mikrosakkaden. Der Tremor, ein winziges Zittern des Auges mit einer Frequenz von 40 Hz bis 100 Hz, verursacht eine Verschiebung der Abbildung auf der Netzhaut um fünf bis zehn Sehzellen. Seine Ursache ist noch nicht vollständig erkannt.

Der Durchmesser der natürlichen Linse beträgt im nichtakkommodierten Zustand ca. 9 mm bis 10 mm, die Dicke 3 mm bis 4 mm [JAP07, HPD⁺09]. Die Masse der Linse nimmt mit dem Alter aufgrund des anhaltenden Linsenwachstums zu und erreicht ca. 300 mg [Aug07]. Daraus ergibt sich der zur Verfügung stehende Bauraum für Implantate, die die Funktion der natürlichen Linse wiederherstellen sollen.

1.1.2 Verlust der Akkommodationsfähigkeit

Presbyopie

Aufgrund des anhaltenden Linsenwachstums verliert die Linse mit zunehmendem Alter an Elastizität und die Anpassungsfähigkeit der Form lässt nach [Atc95]. Der Verlust der Akkommodationsfähigkeit verläuft stetig von Kindheit an [Dua12], wird jedoch erst ab einem Alter von ca. 45 bis 50 Jahren wahrgenommen, wenn der Mensch nicht mehr auf einen Leseabstand von ca. 30 cm fokussieren kann. Die Unterschreitung der Akkommodationsbreite von 3 dpt wird als Alterssichtigkeit oder Presbyopie bezeichnet (Abb. 1.3). Mehr als eine Milliarde Menschen sind weltweit von Presbyopie betroffen [HFH⁺08].

Da die Akkommodationsfähigkeit des Menschen für die Erfüllung von Aufgaben des alltäglichen Lebens wie beispielsweise Lesen, Präzisionsarbeiten und Bildschirmarbeit erforderlich ist und somit auch Auswirkungen auf Lernen und Bildung besitzt, schränkt ihr Verlust die Lebensqualität stark ein.

Katarakt und Intraokularlinsen

Eine sehr verbreitete Krankheit im Alter ist die Katarakt, umgangssprachlich auch als 'Grauer Star' bezeichnet. Die fortschreitende Eintrübung der Linse führt unbehandelt zur Erblindung. Um die Transparenz wieder herzustellen, muss die eingetrübte natürliche Linse entfernt werden [AA01]. Der sogenannte Starstich wurde bereits im antiken Griechenland durchgeführt. Da bei der reinen Entfernung der Linse jedoch deren Brechkraft von durchschnittlich 21 dpt verloren geht, ergibt sich für den Patienten eine starke Weitsichtigkeit (Hyperopie). Diese musste früher mit Hilfe von Starbrillen ausgeglichen werden, d.h. Brillen mit sehr starken Sammellinsen, die die Funktion der Linse

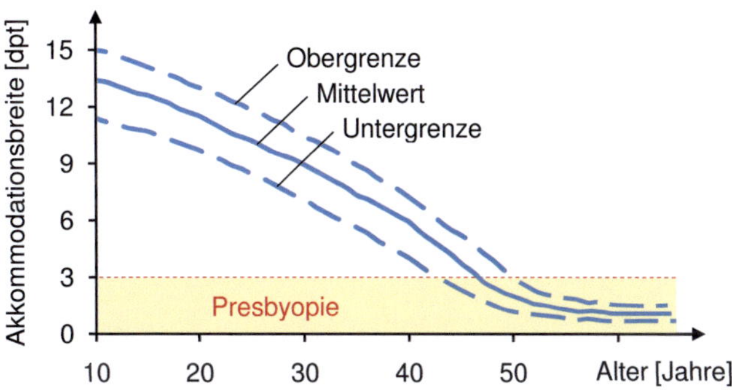

Abb. 1.3: 'Duansche Kurve': Akkommodationsbreite in Abhängigkeit vom Lebensalter (nach [Dua12]).

ersetzten. 1951 implantierte H. Ridley die erste künstliche Intraokularlinse (IOL) aus PolyMethylMetaAcrylat (PMMA) [WII$^+$09].

Der operative Zugang zur Linse erfolgt über Einschnitte der Hornhaut. Im vorderen Bereich des Kapselsacks wird eine zentrale runde Öffnung von 5 mm bis 6 mm Durchmesser erzeugt [RL99]. Diese Kapsulorhexis kann entweder mechanisch oder mit Hilfe eines Femtosekundenlasers [Tal10] eingebracht werden. Im Anschluss wird die natürliche eingetrübte Linse mittels Phakoemulsifikation zerteilt und abgesaugt. In den Kapselsack kann nun die IOL implantiert und verankert werden. Um die Schnittlänge in der Hornhaut zu reduzieren, wurden faltbare und rollbare Linsen entwickelt, die durch Inzisionen von weniger als 2 mm injiziert werden können und sich im Inneren des Kapselsacks entfalten [KK10]. Mit Hilfe von Befestigungselementen, den sogenannten Haptiken, werden die Linsen im Kapselsack fixiert. Die Operationszeit beträgt ca. 20 min und der Eingriff wird allein in Deutschland jährlich ca. 600.000 Mal durchgeführt [KBK$^+$09], weltweit ca. 14 Millionen Mal [SSL$^+$10, BGG10].

Können nicht alle Linsenzellen im Kapselsack während der Operation entfernt werden, kommt es zu einem Nachwachsen von natürlichen eingetrübten Zellen. Gelangen diese Zellen in den optischen Bereich, verursachen sie den sogenannten Nachstar. Um erneut Transparenz herzustellen, wird mit Hilfe von Infrarotlasern auch der hintere Kapselsack im optischen Bereich entfernt [Lie07].

Aufgrund des großen Marktpotentials existieren zahlreiche Hersteller, die verschiedene Varianten von Intraokularlinsen anbieten. Zur Herstellung der faltbaren Linsen werden Acrylat/Methacrylat-Polymere oder Silikone verwendet [Lin05]. Das Design der Haptiken variiert ebenfalls stark [Fin10a]. Sie dürfen die Injektion der Linse ins Auge nicht behindern und müssen sich im Kapselsack definiert entfalten. Die Verankerung von elastischen Haptiken im Kapselsack wird durch radial wirkende Federkräfte erreicht. Bei dreistückigen IOLs werden die Haptiken nachträglich an die Linse mon-

tiert. Eine typische Haptikvariante ist hierbei die C-Form (Abb. 1.4 links). Einstückige IOLs besitzen integrierte Plattenhaptiken aus dem gleichen Material wie die Linse
(Abb. 1.4 rechts).

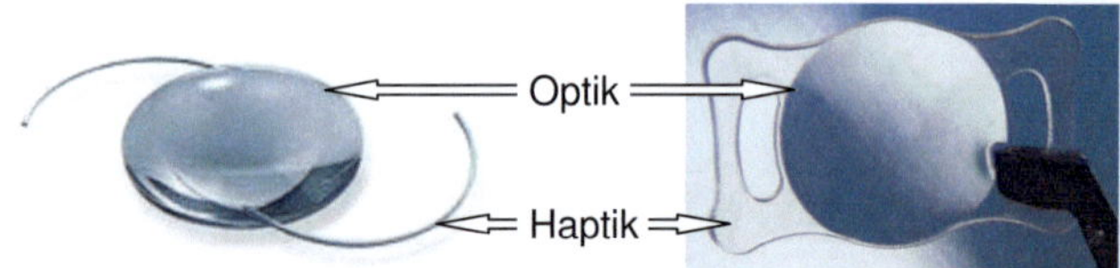

Abb. 1.4: Verschiedene Varianten von Intraokularlinsen: dreistückig mit C-Haptiken
(links) [Acr], einstückig mit Plattenhaptik (rechts).

Durch die Auswahl der entsprechenden Brechkraft der IOL können vorhandene Fehlsichtigkeiten wie Kurzsichtigkeit (Myopie) und Weitsichtigkeit (Hyperopie) ausgeglichen werden. Um eine Hornhautverkrümmung (Astigmatismus) zu korrigieren, ist der
Einsatz von torischen Linsen erforderlich, die im Kapselsack rotatorisch genau ausgerichtet werden müssen. Dennoch kann nicht in jedem Fall Normalsichtigkeit (Emmetropie) für den Patienten erreicht werden. Postoperative Fehlsichtigkeiten können durch
Ungenauigkeiten in der präoperativen Vermessung des Auges und in der Berechnung
der IOL-Position (vgl. [Hai10, PWLF01]) sowie durch Positionierungsfehler während
der Operation entstehen. Aufgrund der Corneainzision können zusätzliche Astigmatismen induziert werden, auch wenn die Gefahr aufgrund der kleinen Schnittlänge gering
ist. Eine Möglichkeit der postoperativen Refraktionsanpassung bietet die sogenannte
'Light Adjustable Lens (LAL)' [Sch03]. Das photosensitive Silikon dieser Linse wird
erst nach der Operation mittels UV-Licht vollständig polymerisiert. Durch die geziel-
te Bestrahlung von Teilbereichen ist sowohl die Korrektur von Sphären bis $\pm$ 2 dpt als
auch von Astigmatismen bis 1,5 dpt möglich [Cal10]. Somit kann in vielen Fällen post-
operativ Emmetropie erreicht werden.

Aufgrund des definierten Krümmungsradius' von IOLs kann der Patient nur auf eine
Gegenstandsweite fokussieren. In der Regel wird eine leichte Myopie von 0,25 dpt angestrebt [Ber07]. Eine Änderung der Linsenbrechkraft und somit die Akkommodation
des Auges sind nach einer Kataraktoperation nicht mehr möglich.

1.1.3 Künstliches Akkommodationssystem

Das Künstliche Akkommodationssystem ist ein Linsenimplantat, das im Rahmen einer
Kataraktoperation auch die Akkommodationsfähigkeit wiederherstellen soll [GBG05,
BGB$^+$05, BGG10, BGSG10]. Der neuartige Ansatz hierfür ist die Ausführung als kom-
plett autonom arbeitendes mechatronisches System, das aus verschiedenen interagie-

renden Mikrosystemen aufgebaut ist. Dabei werden selbständig über eine Sensorik der Akkommodationsbedarf erfasst und die Brechkraft eines optischen Elementes mit Hilfe eines Aktors entsprechend angepasst. Zudem ist eine Kommunikationsmöglichkeit nach außen sowie zwischen den Implantaten beider Augen vorgesehen. Die Energie für alle Subsysteme wird durch eine integrierte Energieversorgungseinheit zur Verfügung gestellt. Nach Möglichkeit sollen für die Implantation die Operationstechniken der Standard-Kataraktoperation eingesetzt werden. Dabei muss das Implantat wie derzeitige IOLs im Strahlengang des Auges ausgerichtet und fixiert werden. Langfristig ist auch eine reine Presbyopiekorrektur mit Hilfe des intelligenten Systems vorstellbar. Das System wird vollständig in den Kapselsack implantiert, wodurch der Bauraum vorgegeben ist (Abb. 1.5).

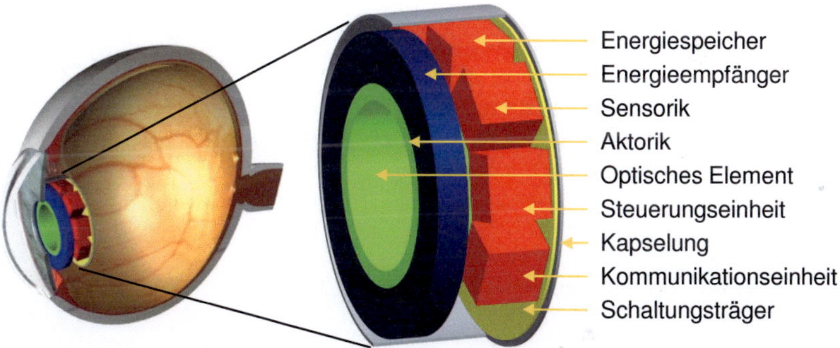

Abb. 1.5: Schematische Darstellung der Positionierung des Künstlichen Akkommodationssystems im Auge sowie der Subsysteme im Implantat.

In den vorangegangenen Ausführungen wurde gezeigt, dass jeder ältere Mensch vom Verlust der Akkommodationsfähigkeit, d.h. der Anpassungsfähigkeit des Auges an verschiedene Blickdistanzen, betroffen ist. Da hierdurch die Lebensqualität eingeschränkt wird, ist die Wiederherstellung der Akkommodationsfähigkeit durch das Künstliche Akkommodationssystem von hoher gesellschaftlicher Bedeutung.

1.2 Bedeutung der Systemintegration für aktive Dauerimplantate

Eine Herausforderungen an die Systemintegration des Künstlichen Akkommodationssystems ist, alle genannten Subsysteme in dem anatomisch begrenzten Bauraum von ca.

300 mm^3 zu einem funktionalen Gesamtsystem zusammenzuführen. Dabei beträgt der derzeit benötigte Bauraum für den Aufbau der einzelnen Subsysteme aus kommerziell verfügbaren Bauteilen mehr als das Doppelte des maximal zur Verfügung stehenden Volumens (vgl. Abs. 2.2.7). Eine weitere Herausforderung ist die hohe Lebensdauer des Implantats von 30 Jahren, während derer das System gegen Eindringen von Kammerwasser abgedichtet werden muss, um die Subsysteme vor Korrosion und Funktionsausfall zu schützen. Damit nimmt die Systemintegration einen hohen Stellenwert für die Entwicklung des Künstlichen Akkommodationssystems ein.

Zur detaillierten Betrachtung der Systemintegration erfolgt in Abschnitt 1.2.1 zunächst die Klassifizierung des Künstlichen Akkommodationssystems als Medizinprodukt. Im Anschluss werden in Abschnitt 1.2.2 die Funktionsstruktur und damit die Teilaufgaben der Systemintegration definiert. In Abschnitt 1.2.3 wird kurz dargelegt, wie die Umsetzung der Funktionsstruktur im Rahmen der vorliegenden Arbeit erfolgt.

1.2.1 Klassifizierung

Einen wesentlichen Bestandteil bei der Entwicklung des Künstlichen Akkommodationssystems bildet die Systemintegration. Hierbei werden die einzelnen Komponenten und Subsysteme zu einer funktionalen Gesamteinheit zusammengeführt (vgl. Definition Systemintegration [USF96]).

Zur Einordnung des zu entwickelnden Systems wird die Klassifikation medizinischer Apparate herangezogen [Bar02]:

- Dauer der Anwendung: temporär < 60 min / kurzfristig < 30 Tage / langfristig > 30 Tage
- Art des medizinischen Eingriffs: invasiv / nicht-invasiv
- Erforderlichkeit einer nicht-körpereigenen Energiequelle: aktiv / nicht aktiv.

Das Künstliche Akkommodationssystem ist nach dieser Klassifikation ein aktives Dauerimplantat.

Im Folgenden ist die Funktionsstruktur mit den Teilaufgaben der Systemintegration allgemein für aktive Implantate dargestellt. Die Struktur wird in Abschnitt 2.3.2 für das Künstliche Akkommodationssystem konkretisiert und die Teilaufgaben werden detailliert ausgearbeitet.

1.2.2 Definition der Funktionsstruktur

Die Definition der Funktionsstruktur für aktive Dauerimplantate wird gemäß DIN 88122 [DIN93] durchgeführt. Die Integration von softwaregesteuerten implantierbaren Mikrosystemen mit beweglichen mechanischen Komponenten erfolgt in verschiedenen, zunächst unabhängigen Bereichen mit definierten Schnittstellen. Die Bereiche werden als Ebenen bezeichnet und unterteilt in die Hardwareebene, bestehend aus Elektronik und Mechanik sowie die Softwareebene.

Abbildung 1.6 zeigt die Teilaufgaben der Systemintegration aktiver Implantate. Dazu gehört die Ausrichtung und Fixierung im Körper, d.h. die Sicherstellung, dass das Implantat langzeitstabil am funktionalen Implantationsort verbleibt. Die Erfüllung von Kapselungsfunktionen ist eine weitere Teilaufgabe. Dazu gehören die Abdichtung der internen Komponenten gegen den Körper, um sowohl das umgebende Gewebe als auch das implantierte System nicht zu schädigen, sowie die Aufnahme von äußeren Kräften, die während der Implantation und während des Betriebs auf das Implantat einwirken. Eine andere Teilfunktion ist die Bereitstellung von elektrisch leitenden Verbindungen der elektronischen Bauteile. Zudem werden die internen elektronischen und mechanischen Komponenten im Zuge der Systemintegration ausgerichtet und fixiert. Die Integration auf Softwareebene kann zunächst hardwareunabhängig mit Hilfe einer Softwarearchitektur beschrieben werden (vgl. [Har10]). Nach Festlegung der Bauteile erfolgt dann die Ressourcenverteilung für die einzelnen Subsysteme.

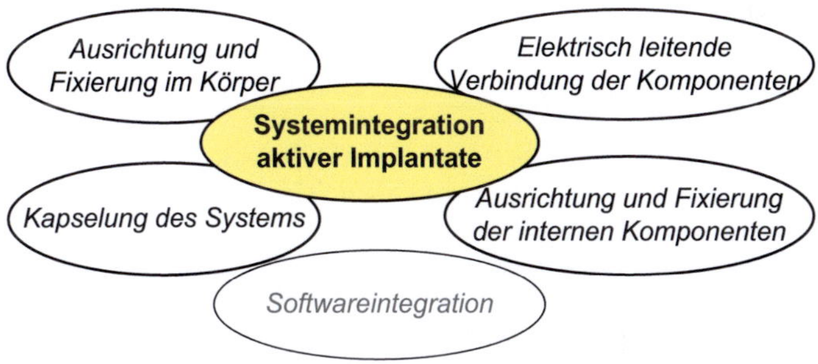

Abb. 1.6: Teilaufgaben der Systemintegration für aktive Implantate.

Die Schnittstellen innerhalb einer Ebene sowie zwischen den Ebenen müssen definiert werden. Die Funktionalität der einzelnen Subsysteme muss genau aufeinander abgestimmt sein, um eine gegenseitige Beeinträchtigung zu verhindern.

1.2.3 Umsetzung der Funktionsstruktur

Zur Lösung der genannten Teilaufgaben umfasst die Konzeption für die Systemintegration aktiver Implantate den Aufbau einer Kapselung, gegebenenfalls mit zusätzlichen Elementen für die Fixierung im Körper sowie die Auswahl der Aufbau- und Verbindungstechnik für die elektronische Schaltung und die Wahl des Schaltungsträgers. Funktionsmuster für Kapselung und elektronische Systemintegration müssen mit geeigneten Testmethoden auf ihre Zuverlässigkeit hin überprüft werden. Die Integration auf Softwareebene ist ein eigenständiger Teil der Systemintegration. Sie ist nicht Gegenstand der vorliegenden Arbeit.

Die Systemintegration ist ein entscheidender Schritt im Produktentwicklungsprozess [Ges09, Nas11]. Speziell bei Mikrosystemen wird hierbei über einen Großteil der Kosten eines Produkts entschieden [Wil11a, Sch11a]. Deshalb müssen die Aspekte der Systemintegration frühzeitig berücksichtigt werden. Die Herausforderung der frühen Einbindung besteht jedoch darin, dass die Subsysteme noch nicht vollständig definiert sind. Ein ständiger Informationsaustausch zwischen den Entwicklern der Subsysteme über deren aktuellen Entwicklungsstand und ihre priorisierten Lösungsansätze ist in Anbetracht des raschen Fortschritts der Entwicklung zwingend erforderlich.

1.3 Entwicklungsstand

Die Grundlage für die Erstellung eines Konzepts für die Systemintegration des Künstlichen Akkommodationssystems bildet die Analyse des Entwicklungsstands. Im Folgenden werden zunächst verschiedene existierende Ansätze zur Wiederherstellung der Akkommodationsfähigkeit aufgezeigt (Abs. 1.3.1). Im Anschluss werden Integrationslösungen für andere aktive Dauerimplantate betrachtet (Abs. 1.3.2), um eine Übertragbarkeit auf die Systemintegration des Künstlichen Akkommodationssystems zu prüfen. Können die Gesamtlösungen nicht für das Künstliche Akkommodationssystem verwendet werden, so ist die Analyse des Entwicklungsstands von Technologien für die Lösung von in Abschnitt 1.2.2 definierten Teilaufgaben der Systemintegration erforderlich (Abs. 1.3.3). In Abschnitt 1.3.4 werden die Schlussfolgerungen aus der Untersuchung des Entwicklungsstands in Hinblick auf die Anwendbarkeit für die Konzeption der Systemintegration des Künstlichen Akkommodationssystems gezogen.

1.3.1 Wiederherstellung der Akkommodationsfähigkeit

Da jeder Mensch ab einem Alter von ca. 45 bis 50 Jahren an einem Verlust der Akkommodationsfähigkeit infolge von Presbyopie oder Kataraktoperation leidet, gibt es zur Wiederherstellung der Akkommodationsfähigkeit sehr viele verschiedene bereits existierende Behandlungsmöglichkeiten und Forschungsaktivitäten, die sich in folgende, im Anschluss einzeln beschriebene Gruppen klassifizieren lassen:

- Brillen
- Spezielle Intraokularlinsen
- Brechkraftanpassung der Hornhaut
- Auffüllen des Kapselsacks mit flexiblem optischem Material
- Flexibilisierung der Linse durch Femtosekundenlaserbehandlung
- Mechatronisches System.

Brillen

Zur Presbyopiebehandlung wird in der Regel eine Lesebrille für nahe Distanzen verwendet. Liegt bereits eine Fehlsichtigkeit vor oder soll der intermediäre Bereich des Fokus mit abgedeckt werden, kommen mehrere verschiedene Brillen, bifokale Brillen oder Gleitsichtbrillen zum Einsatz [Fri02]. Das Tragen solcher Brillen wird nicht nur aus ästhetischen Gründen als störend empfunden. Die eingeschränkten Fokusbereiche von Multifokalbrillen oder das Wechseln zwischen verschiedenen Brillen beeinträchtigen die Lebensqualität.

Inzwischen sind Brillen mit manuell durch den Brillenträger einstellbarer Brechkraft zur Presbyopiebehandlung verfügbar, die eine einstellbare Fluidlinse enthalten [Kur10]. Ähnliche Entwicklungen sind auf die Versorgung von Patienten in Entwicklungsländern ausgerichtet, um eine Brille für verschiedene Patienten nutzen zu können [Sil].

Spezielle Intraokularlinsen

In den vergangenen Jahren wurden verschiedene spezielle intraokulare Implantate entwickelt, die das Leben ohne Brille ermöglichen sollen [DJ07]. Im Falle einer Kataraktkrankung werden anstelle von Standard-IOLs auf Wunsch diese speziellen Kunstlinsen implantiert. Zudem steigt die Anzahl der Patienten, die sich aufgrund von Presbyopie einer solchen Implantation unterziehen [DHL07].

Die verbreitetsten Speziallinsen sind multifokale Intraokularlinsen [JKH07]. Ein Teilbereich der Linse besitzt die Brechkraft für den Nahvisus, ein anderer die für den Fernvisus. Dabei ist in der Regel der Nahbereich im Zentrum der Linse und der Fernbereich am Rand angeordnet. Zum Einsatz kommen aber auch Linsen, bei denen sich ähnlich einer Bifokalbrille der Nahbereich in der unteren Linsenhälfte befindet [Mur10]. Neuere Ansätze versuchen, auch den intermediären Bereich mit abzudecken, um beispielsweise Bildschirmarbeit ohne eine zusätzliche Brille zu ermöglichen [Coc10]. In allen Fällen werden verschiedene Bilder auf der Netzhaut abgebildet. Das Gehirn lernt, das jeweils benötigte Bild herauszufiltern. Dennoch wird das Kontrastsehen stark reduziert, Blendung und Störlichter um Lichtquellen, sogenannte Halos, beeinflussen die Wahrnehmung des Patienten [JKH07].

Ein weiterer Ansatz ist Monovision. Hierbei wird durch unterschiedlich stark brechende IOLs erreicht, dass ein Auge in die Ferne fokussiert, das andere in die Nähe [BK08]. Das dreidimensionale Sehen wird dadurch jedoch stark eingeschränkt.

Aufgrund der Nachteile der vorhandenen Speziallinsen werden weitere entwickelt. Die Fokusanpassung bei (pseudo)akkommodierenden IOLs beruht auf einer axialen Verschiebung der Linse, die durch die Kontraktion des Ziliarmuskels entstehen soll [Auf10]. Dabei wird entweder eine Monofokallinse axial im Strahlengang verschoben [SSU$^+$10, BuL] oder zwei Linsen relativ zueinander bewegt [SRS$^+$07, OGV$^+$07]. In beiden Fällen ist ein flexibler Kapselsack Voraussetzung für die Umsetzung des Wirkprinzips. Hierzu muss jedoch die Kapselsackfibrose, eine postoperative Vernarbung und damit Verhärtung des geöffneten Kapselsacks, verhindert werden. Zudem ist ein axialer Verschiebeweg von mindestens 2 mm erforderlich, um eine Brechkraftanpassung von 3 dpt mit Hilfe der Axialverschiebung einer Monofokallinse zu erreichen [LRJS04, Gla10]. Da diese Größenordnung auch bei Vermeidung von Kapselsackfibrose nicht realisiert werden kann [Hai10], wurde in neueren Generationen der akkommodierenden IOL ein zusätzlicher Fokus von 1 dpt im mittleren Bereich integriert [Fin10b].

Ein anderes Implantat zur Wiederherstellung der Akkommodationsfähigkeit besteht aus zwei starren Platten und einer Fluidlinse [BN06b]. Wird der Kapselsack durch den Ziliarmuskel abgeflacht, wird dadurch die eine Platte derart axial zur optischen Achse verschoben, dass die Fluidlinse durch ein Loch der zweiten Platte gedrückt wird. Dadurch entsteht eine stärkere Wölbung der Linse und die Brechkraft wird erhöht. Die Kapselsackfibrose erhöht zusätzlich die Steifigkeit des Kapselsacks, der die starre Platte bewegt. Das Gehirn muss jedoch lernen, dass bei natürlicher Desakkommodation nun eine Akkommodation eintritt. Versuche mit ersten Probanden bestätigten die Funktionalität [Ali10]. Ein weiterer Ansatz ist die Nutzung von zwei Fluiden in getrennten Kammern, deren Krümmungsradius variiert wird [Esc06]. Die Verformungsenergie wird dabei aus der Aktivität des Ziliarmuskels gewonnen und über Aktoren an die Fluidlinse weitergeleitet.

Brechkraftanpassung der Hornhaut

Durch Laserbehandlung kann die Hornhaut so strukturiert werden, dass ein zusätzlicher Fokus eingebracht wird [BCJH06, HA10, Kno10, Gro10]. Eine weitere Möglichkeit ist, durch Hornhautbehandlung Monovision zu erzeugen [RLA+06]. Die multifokale Hornhautstrukturierung und die Monovision der Hornhaut sind ebenfalls mit den bereits beschriebenen Nachteilen der Multifokal-IOLs und der Monovision durch IOLs verbunden.

Auffüllen des Kapselsacks mit flexiblem optischem Material

Beim Lens Refilling soll durch Auffüllen des Kapselsacks mit einem transparenten Polymer [KTB+03, Mar07, Ter10, SSL+10] oder durch Nachwachsen einer flexiblen Linse mit Hilfe von Stammzellen [Tso06, Hae10] die Flexibilität der Linse wiederhergestellt werden. Ebenfalls untersucht wird das Einbringen eines flexiblen Festkörpers, der aufgrund des Formgedächtniseffekts in Stabform durch eine kleine Inzision implantiert werden kann und bei Körpertemperatur Linsenform annimmt [Fin02]. Alle beschriebenen Ansätze beruhen auf der Annahme, dass die Akkommodation in ihrer ursprünglichen Form wiederhergestellt werden kann. Auf Basis der bis ins hohe Alter vorhandenen Ziliarmuskelaktivität soll die eingebrachte flexible Linse verformt werden. Hierzu muss jedoch die Kapselsackfibrose verhindert werden. Eine weitere bisher nicht beherrschte Schwierigkeit besteht in der Unterbindung von Nachstarbildung. Da der Kapselsack die neue Linse beherbergt und somit intakt bleiben muss, kann die klassische Nachstarbehandlung nicht angewandt werden. Die exakte präoperative Bestimmung des Kapselsackvolumens ist essentiell für das Lens Refilling; die Technologien hierfür werden derzeit entwickelt [Sta07]. Die Abdichtung des Kapselsacks ist eine weitere Herausforderung (vgl. [Mar07]).

Flexibilisierung der Linse durch Femtosekundenlaserbehandlung

Ein nichtinvasiver Ansatz zur Presbyopiebehandlung ist das Einschneiden der verhärteten presbyopen Linse mit Femtosekundenlasern [GRB$^+$07, BKN$^+$06, HKL$^+$10], sodass verschiedene Gleitebenen in der Linse erzeugt werden. Es wurde gezeigt, dass hiermit die Flexibilität der Linse erhöht werden kann [SFO$^+$09]. Ungelöste Probleme sind jedoch die Bildung von sichtbaren Blasen und Streuzentren sowie die Gefahr der Induktion einer Katarakt.

Mechatronisches System

Das weltweit erste mechatronische System zur tatsächlichen Wiederherstellung der Akkommodation ist das im Karlsruher Institut für Technologie entwickelte Künstliche Akkommodationssystem [GBG05, BGB$^+$05, BGG10, BGSG10], das aus mehreren Subsystemen besteht. Der Entwicklungsstand der einzelnen Subsysteme wird in Kapitel 2 ausführlich beschrieben.

Weitere Forschungsaktivitäten zur mechatronischen Wiederherstellung der Akkommodationsfähigkeit umfassen den Ansatz, das Prinzip von Electrowettinglinsen, die bereits in Produkten wie Webcams und digitalen Fotoapparaten Anwendung finden [KH04], auch für die Wiederherstellung der Akkommodationsfähigkeit einzusetzen. Bei Electrowettinglinsen, die aus zwei nicht mischbaren Fluiden mit unterschiedlichem Brechungsindex bestehen, wird durch Anlegen einer Spannung der Meniskus zwischen den Fluiden und damit die Brechkraft variiert. Der Schwerpunkt liegt hierbei auf Kontaktlinsen; intraokulare Electrowettinglinsen wurden jedoch ebenfalls patentiert [Phib].

In Abschnitt 1.3.1 wurden verschiedene Hilfsmittel beschrieben, mit denen der Verlust der Akkommodationsfähigkeit durch die Erzeugung eines Fokus auf bestimmte Distanzen ausgeglichen wird. Hierzu gehören Lesebrillen oder multifokale Intraokularlinsen. Mit den verschiedenen Ansätzen zur Wiederherstellung der Akkommodationsfähigkeit, wie beispielsweise dem Lens Refilling und verschiebbaren Linsen, konnte bisher keine tatsächliche Akkommodation erreicht werden [GL03]. Das Künstliche Akkommodationssystem bietet hierfür einen neuen, vielversprechenden Ansatz, zu dessen Weiterentwicklung die vorliegende Arbeit zur Systemintegration einen wichtigen Beitrag leistet.

1.3.2 Systemintegration von Implantaten

Aufgrund der sich wandelnden Altersstrukur in den Industrienationen und des technischen Fortschritts im Bereich der Mikrosystemtechnik gewinnen aktive Dauerimplantate immer mehr an Bedeutung [Mok07]. Langzeiterfahrung gibt es bisher mit Herzschrittmachern und Cochlear Implantaten. Viele weitere Implantate befinden sich noch im Entwicklungsstadium. Im Folgenden wird eine Übersicht über Systemintegrationslösungen folgender ausgewählter aktiver Dauerimplantate gegeben:

- Herzschrittmacher
- Cochlear Implantate
- Retina Implantate
- Neurostimulatoren
- Intraokulare Drucksensoren.

Auf Grundlage der Kenntnis der Systemintegrationslösungen der existierenden Implantate wird die Übertragbarkeit auf die Konzeption der Systemintegration für das Künstliche Akkommodationssystem geprüft.

Herzschrittmacher

Der Herzschrittmacher ist ein funktionaler neuronaler Stimulator [BU02], der zur Therapie von bradykarden Veränderungen eingesetzt wird, d.h. Erkrankungen, die zu einer Verlangsamung der Herzfrequenz führen oder sich als Störungen im Erregungsleitungssystem der Herzmuskelzellen äußern. Die Symptome der Erkrankung sind Schwindelanfälle, geringe körperliche Belastbarkeit bis hin zu Bewusstseinsstörung. Durch den Herzschrittmacher erfolgt eine künstliche intrakardiale Stimulation, die die natürliche Stimulation durch den Sinusknoten ersetzt. Die Abgabe von Stromimpulsen durch das Implantat führt zu einer künstlichen Depolarisation einiger Herzzellen, die über das Reizleitungssystem von Zelle zu Zelle weitergeleitet wird und somit eine vollständige Kontraktion des Herzens auslöst. Die Zahl der implantierten Geräte liegt allein in Deutschland bei ca. 120.000 pro Jahr [BU02].

Moderne Herzschrittmacher steuern nicht die Stimulation in einem festgelegten Takt, sondern detektieren den vorhandenen Rhythmus und greifen nur im Bedarfsfall ein. Zudem ist seit einigen Jahren eine permanente Überwachung des Gesundheitszustands mit Hilfe eines Monitoringsystems möglich, das zur Datenübermittlung das Mobilfunk-Netz nutzt [Gesa].

Die heutigen Schrittmacher wiegen etwa 20 bis 30 g, sind weniger als 50 mm groß und 6 bis 8 mm dick [WGR$^+$]. Der Gewebekontakt im Herzen erfolgt mit Hilfe der Schrittmacherelektrode, die über einen venösen Zugang in die rechte Herzhälfte vorgeschoben und dort verankert wird. Der eigentliche Herzschrittmacher, der die elektronischen Bauteile beinhaltet, wird an die implantierte Elektrode angeschlossen und subkutan in eine Hauttasche implantiert. Die Grundmodule des Implantats sind die Detektionseinheit für intrakardiale elektrische Signale, der Impulsgenerator als Ausgangsstufe für die künstliche Stimulation des Herzens sowie die Kontroll- und Steuereinheit, deren Komplexität vom Krankheitsbild abhängig ist. Zudem enthält der Herzschrittmacher eine Telemetrieeinheit, die ein Abfragen und Neuprogrammieren ermöglicht. Sobald der Programmierkopf auf der Haut oberhalb des Implantats platziert wird, kann eine induktive Nahfeldkopplung im Bereich < 100 kHz erfolgen [BU02]. Aufgrund der zunehmenden Komplexität der elektronischen Schaltungen für die Implantatsteuerung wurde die ehemals verwendete Dickfilmtechnik (vgl. Abb. 1.7) durch Mehrlagenkeramik und neu entwickelte Leiterkartentechnologien abgelöst [BU02].

Der erste Herzschrittmacher wurde 1958 in Stockholm implantiert [RSL03]. Die erste Generation von Herzschrittmachern war mit Epoxidharz ummantelt, um den hochreaktiven Wasserstoff, der als Nebenprodukt in den Zink-Quecksilber-Batterien entstand, in den Körper abgeben zu können [Zin01]. Das Eindringen von Wasser durch den Kunststoff führte jedoch dazu, dass aufgrund von Elektronikausfällen häufig ein Austausch des Implantats vor Ende der Batterielebensdauer von zwei Jahren erforderlich war [Don87].

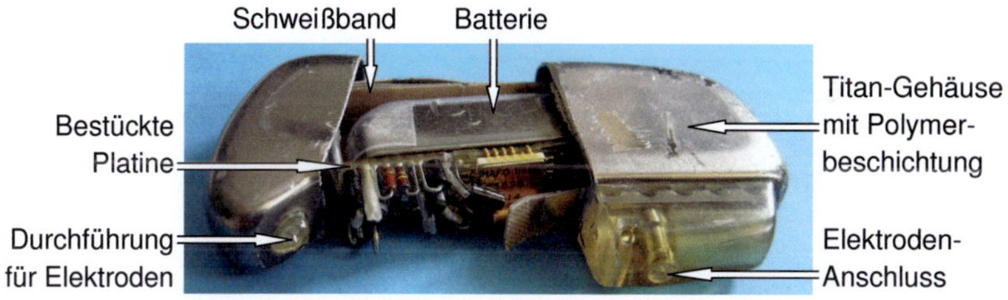

Abb. 1.7: Geöffneter Herzschrittmacher der Firma Siemens-Elema, Typ 678, ca. 1980.

Seit den 70er Jahren werden Lithium-Batterien für die Energieversorgung von Herzschrittmachern eingesetzt, sodass für die heutzutage implantierten Systeme Laufzeiten von fünf bis zehn Jahren erreicht werden [BU02]. Die Kapselung erfolgt seitdem in starren Metallgehäusen (Abb. 1.7), die anfangs aus Stahl hergestellt wurden [Hut92]. Aufgrund von allergischen Reaktionen auf Stahl-Legierungselemente wie Chrom und Nickel wird heutzutage fast ausschließlich Titan als Gehäusewerkstoff eingesetzt. Die Gehäuseteile aus gerolltem Blech werden mittels superplastischen Umformens tiefgezogen [KRR$^+$08] und erhalten durch spanende Bearbeitung ihre endgültige Form. Um die elektronischen Komponenten nicht zu schädigen, darf die Innentemperatur des Implantats während des Fügevorgangs 50°C nicht überschreiten [Leh08]. Zur Montage der 0,3 bis 0,5 mm starken Gehäuseschalen wird deshalb gepulstes Laserschweißen eingesetzt. Ein Schweißband an der Nahtinnenseite schützt hierbei die Komponenten vor flüssigen Metallspritzern. Die entstehende Naht wird im Anschluss feingeschliffen. Die Elektroden werden in einem Epoxidharzkonnektor integriert [BU02]. Ein keramischer Elektrodendurchgang dient der elektrischen Isolation sowie der hermetischen Abdichtung [CHK92]. Zur sicheren Identifikation wird das Gehäuse laserbeschriftet. Eine polymere Beschichtung verbessert die Biokompatibilität der Grenzfläche zum Körper.

Cochlear Implantate

Das Cochlear Implantat (CI) wird im Fall von Taubheit oder hochgradiger Schwerhörigkeit implantiert, die in Folge einer Innenohrschädigung auftritt [Cla03]. Dabei können die Nervenimpulse nicht mehr in die Hörschnecke weitergeleitet werden.

Das Implantat ersetzt diesen Teil des Ohrs, indem es die Schallwellen auffängt, in elektrische Impulse umwandelt und an die Hörnervenfasern überträgt. Das Reizmuster wird von dort zum Gehirn weitergeleitet, sodass ein Hör- und Klangempfinden ähnlich dem natürlichen Hören entsteht. Das Cochlear Implantat ermöglicht in Deutschland jährlich etwa 800 Patienten, darunter auch Kleinkindern, zu hören und eine Sprache zu entwickeln.

Der implantierte Teil des CI-Systems besteht aus Stimulationselektroden zur elektrischen Reizung der Hörnerven, die sich in der Cochlea befinden, sowie einer Empfangsspule mit Magnet zusammen mit Decodierungs- und Stimulatorelektronik, die hinter dem Ohr subkutan platziert werden (Abb. 1.8 links). Zum externen Teil gehören ein Mikrophon mit digitalem Sprachprozessor sowie eine Sendespule. Die Positionierung und Fixierung des externen Teils erfolgt durch magnetische Anziehung zwischen dem Magnet der Sendespule und dem internen Magneten. Die Schallwellen der Umgebung werden in elektrische Impulse umgewandelt und über die Sendespule induktiv zum implantierten Teil übertragen [Dil01]. Moderne Cochlear Implantate haben ein Gewicht von 8 bis 15 Gramm [Cla03]. Untersuchungen mit Hilfe von Magnetresonanztomographie ab einer Flussdichte von 3 Telsa können den internen Magneten des Cochlear Implantats beeinflussen [MLR+08]. Aus diesem Grund kann der Magnet bei einigen CI-Systemen kurzzeitig entfernt werden [Bio10].

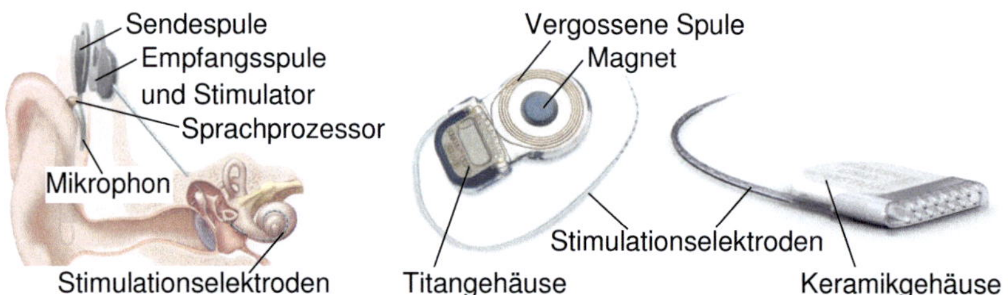

Abb. 1.8: Einbaulage eines Cochlear Implantats [Nat05] (links), Cochlear Implantat mit Titan- und Silikonkapselung, Fa. Medel Typ Sonata (Mitte) [ME], Cochlear Implantat mit Keramikgehäuse, Fa. Medel Typ Pulsar (rechts) [ME].

Das Gehäuse des implantierten Teils ist nur wenige Millimeter stark und aus Keramik oder Titan und Silikon. Werden Keramikgehäuse eingesetzt (Abb. 1.8 rechts), so kann darin das gesamte System inklusive Empfangsspule integriert werden, da eine induktive Übertragung durch das Gehäuse möglich ist. In Titangehäusen sind ausschließlich die elektronischen Komponenten untergebracht; die Spule ist mit einer flexiblen Silikonummantelung gekapselt (Abb. 1.8 Mitte), wodurch die Implantation erleichtert wird [Med06]. Die Daten- und Energieübertragung zur Elektrode erfolgt über eine gläserne oder keramische Durchführung im Gehäuse.

Retina Implantate

Um blinden Menschen die Erfassung von visuellen Reizen zu ermöglichen, werden Retina Implantate entwickelt [RWH+01]. Voraussetzung hierfür ist, dass die Sehnerven und die dazugehörigen Hirnregionen noch intakt sind, wie beispielsweise bei der erblichen Netzhauterkrankung Retinitis Pigmentosa. Die Lichtrezeptorzellen, die den Lichtreiz in elektrische Nervenimpulse umwandeln, werden künstlich ersetzt. Derzeit existieren verschiedene Forschungsschwerpunkte (Abb. 1.9):

- Subretinale Implantate
- Epiretinale bzw. suprachoroidale Implantat.

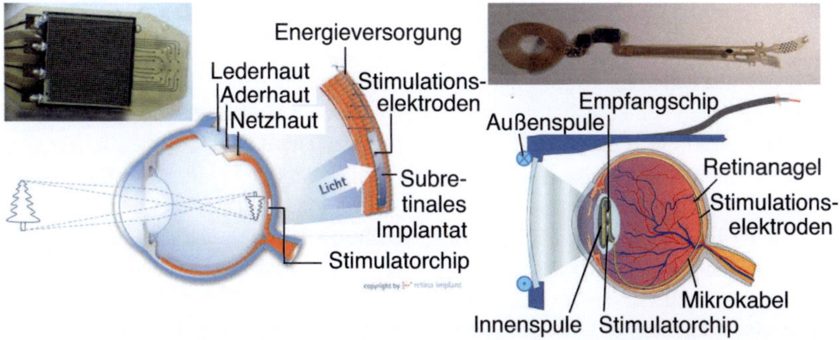

Abb. 1.9: Subretinales Implantat [Uni] und dessen Einbaulage [RIm] (links), Epiretinales Implantat [Koc] und dessen Einbaulage [Koc] (rechts).

Subretinale Implantate Ein Array von Photodioden wird direkt unter die Netzhaut implantiert und ersetzt die Funktion der defekten photorezeptorischen Sinneszellen [GDSW07, ZWS+10]. In einer ersten Patientenstudie wurde gezeigt, dass mit Hilfe des subretinalen Implantats verschiedene Gegenstände sowie bis zu sieben Graustufen differenziert werden konnten [Zre10]. Bisher wurde ein Mikro-Photodioden-Array von

1500 Elektroden realisiert, die aus dem Lichtreiz elektrische Signale erzeugen. Für die Energieversorgung wird ein Kabel an die Kopfoberfläche geführt, wo die Einkopplung derzeit drahtgebunden erfolgt, später berührungslos realisiert soll. Der externe Akkumulator kann in einer kleinen Tasche am Körper getragen werden. Die Implantation erfolgt über eine Inzision im Bereich des oberen Lids [SBSG+10]. Nach einer Vitrektomie sowie einer Retinaverlagerung kann das Implantat durch eine Lasche in der Sklera eingesetzt und durch den Augeninnendruck fixiert werden [ZWS+09].

Die Photodioden und der integrierte Mikrochip für die Verstärkung sind in einem $3 \times 3 \times 0{,}1$ mm^3 großen Siliziumhalbleiterchip untergebracht [Zre10]. Der Chip wird mit den Stimulationselektroden auf einen Schaltungsträger aus Polyimidfolie mittels Golddrahtbonden bestückt [KHW+09]. Zur Optimierung der Biokompatibilität wurden spezielle Oberflächenbeschichtungen entwickelt [ZWS+09]. Zukünftig wird die galvanische Verbindung zur Energieversorgung hinter dem Ohr durch eine drahtlose Einkopplung ersetzt [KHW+09]. Der Empfangsteil wird subkutan in einem Keramikgehäuse integriert, das an einen Edelstahlschaft geschweißt ist. Über Saphir-Durchführungen werden die elektrischen Verbindungen über ein flexibles Kabel zum Chip hergestellt. Der Chip ist mit Silikon vergossen.

Epiretinale bzw. suprachoroidale Implantate Bei epiretinalen sowie bei suprachoroidalen Implantaten werden die Nervenzellen auf der Retina bzw. am Sehnerv stimuliert. Hierzu wird extrakorporal die Umwelt visuell erfasst und in elektrische Informationen umgewandelt [Wal10, WCS+09]. Diese werden drahtlos ins Auge übermittelt und über Stimulationselektroden auf die Sinneszellen weitergeleitet. Mit Hilfe von epiretinalen Implantaten konnten in ersten Patientenstudien Grundlagen der Orientierung im Raum erreicht werden, wie z.B. das Erkennen von Türen [Hum10].

Der extrakorporale Teil ist ähnlich einer Brille gestaltet und enthält die Kamera zur Aufnahme und Umwandlung des Lichtreizes, einen tragbaren Rechner mit rezeptiven Feldfiltern, die die Funktion der Netzhaut nachahmen [Gro01], und eine Sendeeinheit mit Sendespule, die die elektrische Information induktiv ins Augeninnere übermittelt. Die Empfangsspule sowie die Empfangselektronik des implantierten Teils können beispielsweise vergossen in einer flexiblen Silikonlinse wie eine IOL in den Kapselsack implantiert werden [TGK+09]. Die Information wird über ein flexibles Mikrokabel an die dreidimensionalen Stimulationselektroden weitergeleitet. Eine alternative Implantationsform wird in [RJW+03, ZKHR10] beschrieben. Der implantierbare Teil inklusive Empfangsspule wird im seitlichen Bulbusbereich außerhalb der Sklera platziert. Die Sendespule hierfür ist im Brillenbügel integriert.

Der gesamte in [Wal10] beschriebene innere Systemteil besteht aus einem doppellagigen dünnen Polyimidschaltungsträger, auf dem mittels goldbeschichteter Leiterbahnen die Verdrahtung sowie die Spule aufgebracht sind. Die Elektroden sind mit Iridiumoxid beschichtet und müssen auf der Retina fixiert werden. Nach der Bestückung wird die kreisförmige Spule über die Empfangsschaltung gefaltet und gemeinsam in Silikon vergossen. Zusätzlich erfolgt eine Beschichtung mit dem abdichtenden Parylene C (vgl.

[SCS]). Ein anderer Ansatz der Kapselung wird in [Bou08] beschrieben. Nachdem ein Polymerverguss zu starker Wasserabsorption führte, wird dieser durch ein wasserdichtes Titangehäuse ersetzt.

Neurostimulatoren

Neben Herzschrittmachern, Cochlear und Retina Implantaten existiert eine Vielzahl weiterer Möglichkeiten, mit Hilfe von Implantaten Messwerte von Nervenimpulsen zu erfassen oder künstliche Impulse durch Neurostimulatoren zu applizieren [Urb91, SSK04, SM05, Fie08]. Durch die Neurostimulatoren kann

- Tiefenhirnstimulation oder
- Muskelstimulation

erfolgen. Mit Hilfe von Mikroimplantaten zur Tiefenhirnstimulation werden bereits seit einigen Jahren die Symptome der Parkinson-Krankheit behandelt [DSBK$^+$06]. Therapien für weitere Anwendungsgebiete wie Epilepsie und schwere Depressionen befinden sich in der klinischen Erprobung [Kat10, KGL$^+$10].

Die Stimulation von Muskeln ersetzt im Falle von Lähmungen die natürlichen Aktionspotentiale der Nerven durch elektrische Impulse, wodurch die Fähigkeit zu grundlegenden Bewegungen wie dem Greifen der Hand [RG04] wiederhergestellt werden. Für Armbewegungen, Aufstehen und Gehen müssen in der Regel zusätzlich zur funktionellen Elektrostimulation (FES) aktive Orthesen zur Stabilisierung eingesetzt werden [Rie97, RFPF00, HU05, MKR$^+$06].

Im Folgenden wird exemplarisch die Systemintegration ausgewählter Mikroneurostimulatoren beschrieben.

Tiefenhirnstimulatoren In [RAF$^+$08] werden Neurostimulatoren beschrieben, die über Arrays von Siliziumnadeln physiologische, elektrische und chemische Größen direkt im Gehirn erfassen, elektrische Stimulationen applizieren sowie Medikamente zuführen sollen. Die 8 mm langen Nadeln müssen an ihrem Schaft mit den Elektroden eines integrierten Siliziumhalbleiterchips kontaktiert werden. Dies ist beispielsweise durch Verpressen möglich [ANP$^+$09]. Die Kontaktierung des Siliziumhalbleiterchips auf ein flexibles Polymerkabel zur Ansteuerung und Auswertung der Signale erfolgt durch FlipChip-Montage [KKJ$^+$09] (vgl. Abs. 1.3.3). Da hermetische Gehäuse aus Metall oder Keramik zu viel Bauraum erfordern, wird für die mittelfristige Anwendung eine Parylene C Beschichtung eingesetzt [MERS09].

Muskelstimulatoren In [LPMH01, SBC04] wird die Systemintegration für einen neuromuskulären Stimulator vorgestellt, der beispielsweise zur Behandlung von Schultersubluxation nach einem Schlaganfall oder von Knie-Osteoarthritis eingesetzt wird. Das zylindrische Implantat hat einen Durchmesser von 2 mm und ist 16 mm lang. Im Inneren werden auf einem keramischen Schaltungsträger (Aluminiumoxid µPCB) eine anwendungsspezifische integrierte Schaltung (ASIC) sowie eine Schottkydiode durch Drahtbonden (vgl. Abs. 1.3.3) montiert. Auf diese Schaltung werden zwei Ferrite geklebt. Im Anschluss wird das System mit einer Kupferspule für die induktive Daten- und Energieeinkopplung umwickelt und kontaktiert. Das Gehäuse bildet ein Glaszylinder, der Durchführungen zu den stirnseitig positionierten Elektroden aus Tantal und Iridium besitzt. Mit Hilfe eines CO_2-Lasers werden Glasperlen auf die metallischen Elektroden-Durchführungen geschmolzen. Eine Iridiumscheibe dient dem Hitzeschutz der Elektronik während der Metall-Glas-Versiegelung. Die Temperaturen während des Fügens von Glasscheibe-Glaszylinder betragen ca. 80 °C im Abstand von 2 mm zur Fügestelle. Das System wird während des Fügevorgangs rotiert, um ungleichmäßige Temperaturverteilungen und dadurch induzierte Spannungen zu vermeiden. Das derart gefertigte Glasgehäuse weist eine sehr geringe Leckrate für Wasser auf. Dennoch eindringendes Wasser wird durch einen Kristall von 1 mm^3 hygroskopischen Salzes, z.B. Kobaltchlorid, gebunden. Dadurch steigt die theoretische Feuchtebeständigkeit auf 9000 Jahre [CLP$^+$97].

Weitere Ansätze zur Verkapselung von implantierbaren Mikrostimulatoren werden in [Naj07] vorgestellt. In einem Fall sind Empfangsspule und Kondensator zusammen mit einer integrierten Schaltung in einem Glasgehäuse von 2 mm Höhe, 2 mm Breite und mehreren Millimetern Länge untergebracht. Die Gehäusekavität wird mit Hilfe von Ultraschallbearbeitung gefertigt [ZADN96]. Mittels anodischem Bonden [Mad02] wird das Borosilikatglas auf eine Siliziumunterlage gefügt, in die Durchführungen nach außen integriert sind (Abb. 1.10). Die Wandstärke von Glas und Silizium beträgt dabei wenige Hundert Mikrometer.

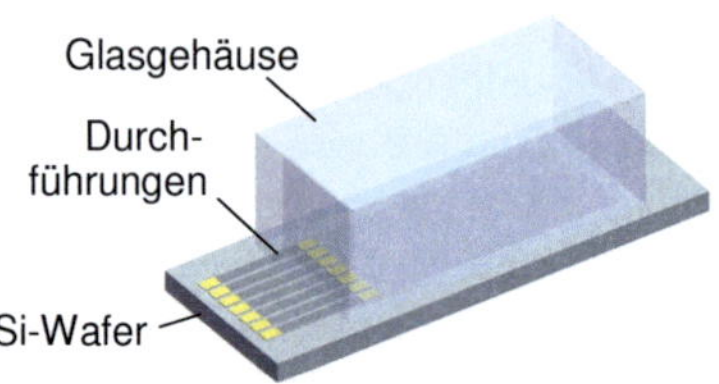

Abb. 1.10: Implantierbarer Mikrostimulator (nach [Naj07]).

Ein anderes Beispiel ist eine in planarem Silizium integrierte Schaltung mit Durchführungen nach außen, die mit Polyimid mittels Spincoating beschichtet wird [Naj07]. Als Wasserbarriere dient eine im Anschluss aufgebrachte Metallschicht. Hierzu wird zunächst eine dünne Startschicht aus biokompatiblem Gold aufgesputtert, die durch Aufwachsen mit Hilfe von Galvanik auf eine schützende Dicke gebracht wird.

Intraokulare Drucksensoren

Intraokulare Drucksensoren sind IOLs mit integriertem Drucksensor, mit denen ein krankhafter Anstieg des Augeninnendrucks detektiert werden und damit ein Glaukom frühzeitig erkannt werden soll [WS02, Hec10] (Abb. 1.11). Der sogenannte 'Grüne Star' ist eine Krankheit, die das Sehvermögen stark beeinträchtigen kann.

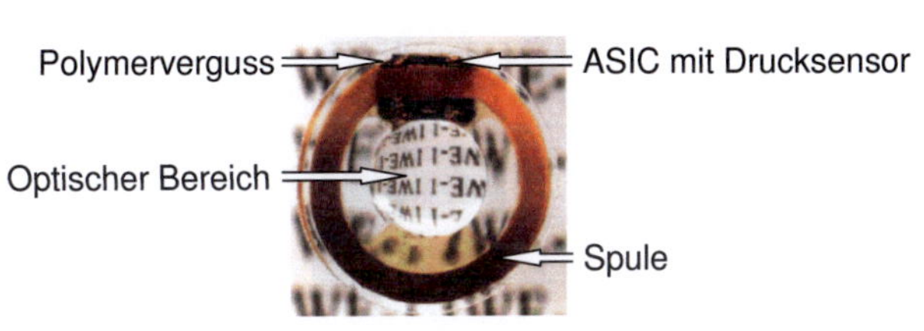

Abb. 1.11: Intraokularer Drucksensor [WS02].

Das Kernstück des Implantats bildet ein CMOS-ASIC mit einem hybrid-integrierten, mikromechanisch hergestellten kapazitiven Drucksensor. Für die drahtlose Übertragung von Energie und Messdaten wird eine goldbeschichtete Mikrospule eingesetzt, die sich auf einer ringförmigen Trägerfolie außerhalb des optischen Bereichs befindet. Zum induktiven Auslesen der im Implantat gemessenen Daten sowie zur Energieeinkopplung wird ein Brillengestell mit externer Spule und integrierter Auslesestation eingesetzt. Das faltbare Implantat hat einen Durchmesser von 10,5 mm, ist in Polydimethyldiphenylsiloxan vergossen und besitzt die optische Abbildungsqualität einer herkömmlichen IOL.

Erkenntnisse für das Künstliche Akkommodationssystem

Die Analyse des Stands der Technik zur Systemintegration von aktiven Dauerimplantaten zeigt, dass keine der derzeit bekannten Lösungen vollständig auf die Systemintegration des Künstlichen Akkommodationssystems übertragbar ist. Es existieren jedoch bereits Technologien, die zur Lösung von Teilaufgaben (vgl. Abs. 1.2.2) eingesetzt werden können. Deshalb ist eine differenzierte Betrachtung des Stands der Technik erforderlich.

1.3.3 Technologien für die Lösung von Teilaufgaben der Systemintegration

Im Folgenden werden die Technologien betrachtet, die zur Lösung der in Abschnitt 1.2.2 dargestellten Teilaufgaben einsetzbar sind. Dazu gehören Schaltungsträgertechnologien, Aufbau- und Verbindungstechniken sowie Kapselungsmethoden (vgl. [Har07]).

Ein Schwerpunkt liegt dabei auf der Dichtigkeit der Kapselung. Um eine aussagefähige Prüfung der Implantate durchzuführen, sind geeignete Testmethoden erforderlich. Der derzeitige Stand der Technik hierfür wird ebenfalls vorgestellt. Im Einzelnen werden betrachtet:

- Aufbau- und Verbindungstechnik
- Substrattechnologien für Schaltungsträger
- Kapselungstechnologien
- Kombination aus Schaltungsträger und Kapselung
- Methoden zur Prüfung der Dichtigkeit der Kapselung.

Die Analyse der existierenden verschiedenen Technologien bildet die Grundlage für die Auswahl eines geeigneten Schaltungsträgers sowie von Kapselungsmöglichkeiten für das Künstliche Akkommodationssystem, sodass Gesamtintegrationskonzepte entwickelt werden können (vgl. Kap. 3). Auf den bestehenden Verfahren zur Dichtigkeitsbestimmung basiert die Entwicklung einer neuen Prozesskette zur Durchführung von Dichtigkeits- und Alterungstests (vgl. Kap. 4).

Aufbau- und Verbindungstechnik

Elektronische und mechanische Komponenten müssen im System ausgerichtet und fixiert werden. Für den Austausch von Signalen und die Zufuhr von Energie sind elektrisch leitende Verbindungen zwischen den Komponenten erforderlich. Zur Erfüllung der genannten Teilaufgaben werden Schaltungsträger eingesetzt, auf denen die elektronischen Komponenten mit Hilfe der Aufbau- und Verbindungstechnik ausgerichtet und fixiert und die Bauteile durch elektrisch leitende Leiterbahnen verbunden werden. Bei einigen Substrattechnologien ist auch eine Fixierung von mechanischen Komponenten mit Hilfe der Schaltungsträger möglich.

Aufgrund des beschränkten Bauraums sollen im Künstlichen Akkommodationssystem die Siliziumhalbleiterchips (Integrated Circuits – ICs) ohne umgebende Kunststoffgehäuse eingesetzt werden. Im Folgenden wird deshalb insbesondere die Aufbau- und Verbindungstechnik für ungehäuste ICs betrachtet. Die untersuchten Techniken umfassen:

- Oberflächenbestückte Bauteile
- Drahtbonden
- FlipChip-Montage
- Gehäuse in Chipgröße
- Stapeln von Siliziumhalbleiterchips
- Weitere Technologien.

Oberflächenbestückte Bauteile   Die Bestückung und das Löten von oberflächenbestückten Bauteilen (Surface Mounted Devices – SMD) (Abb. 1.12 links, Anh. A.2.1) sind Standardverfahren, sowohl maschinell als auch manuell. Die kleinsten passiven SMD-Komponenten sind derzeit in einer Baugröße von 0,2 x 0,4 x 0,2 mm^3 erhältlich [Hei08b].

Drahtbonden Beim Drahtbonden [MM97] wird der ungehäuste Siliziumhalbleiterchip mit den Kontaktflächen (Pads) nach oben auf dem Substrat durch Kleben oder eutektisches Bonden (Anh. A.2.1) fixiert. Im Anschluss wird mittels dünner Drähte aus Aluminium oder Gold die Verbindung zwischen Chipkontaktfläche und Substratlandefläche hergestellt (Abb. 1.12 Mitte). Durch Drahtbonden werden unter anderem die ICs innerhalb von Kunststoffgehäusen kontaktiert.

Golddrähte werden durch Thermokompressionsbonden oder Ultraschallwarmschweißen gebondet. Durch die thermische Energiezufuhr kann der Draht-Pad-Kontakt als 'Ball' geformt werden, wodurch das Weiterführen des Bonddrahts in verschiedene Richtungen möglich ist. Aluminiumdrähte werden mittels Ultraschalldrahtbondens kontaktiert (Anh. A.2.3). Der Draht nimmt dabei auf dem Kontaktpad Keilform an. Eine Spezialform des Drahtbondens, die die Automatisierung verbessert, ist das Tape-Automated Bonding (TAB) (Anh. A.2.4).

Um zuverlässige elektrische Verbindungen zu erzeugen, muss das Drahtbonden in einer reinen und kontrollierten Umgebung durchgeführt werden. Eine genaue Abstimmung der in Kontakt tretenden Werkstoffe ist dabei für die Langzeitstabilität essentiell. Die Ausbildung von intermetallischen Phasen, z.B. zwischen Gold und Aluminium, kann zur Bildung von Hohlräumen und zur elektrischen und mechanischen Schwächung der Kontaktstelle führen [Har07]. Zum Schutz der Verbindungen wird der Chip nach dem Bonden mit einer Vergussmasse gekapselt. Vorteil des Drahtbondens ist die relative hohe Flexibilität des Drahtes, wodurch thermische und mechanische Spannungen ausgeglichen werden können.

FlipChip-Montage Bei der FlipChip-Montage wird der Siliziumhalbleiterchip kopfüber auf spiegelbildlich zu den Chipkontaktflächen angeordnete Landeflächen auf dem Substrat aufgebracht [Lau95] (Abb. 1.12 rechts). Die elektrische Verbindung entsteht über Lot- oder Klebeverbindungen (Anh. A.2.5), die Bereiche zwischen den Kontakten werden mit Füllmaterial ausgefüllt.

Generelle Vorteile der FlipChip-Technologie sind der geringe Platzbedarf und die gleichzeitig sehr hohen Kontaktzahlen. Durch ihre Anordnung unter dem Chip sind die Kontakte geschützt. Im Gegensatz zum seriellen Drahtbonden erfolgt die Kontaktierung schnell und ist zudem gut automatisierbar. Nachteilig ist die aufwendige Kontrolle, die z.B. mittels Röntgen realisiert werden muss. Die Gefahr der Entstehung von thermischen Spannungen ist relativ hoch. Die Anforderungen an die Positioniergenauigkeit sind sehr hoch und eine manuelle Kontaktierung ist nicht möglich.

Gehäuse in Chipgröße Beim Chip Scale Package (CSP) überschreitet die Gehäusegröße die Größe des Chips nur geringfügig; der Chip nimmt mindestens 80% des Ge-

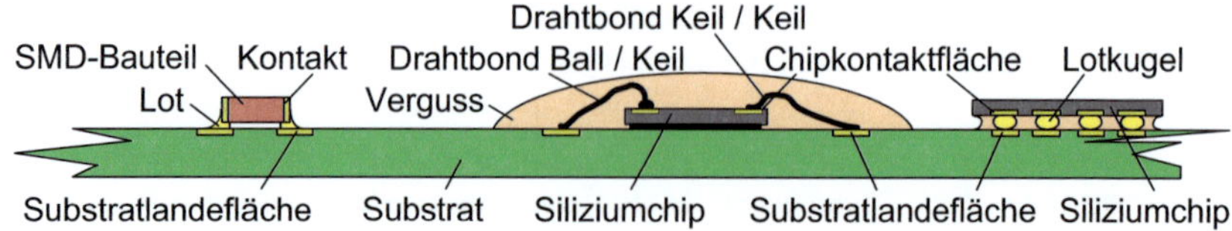

Abb. 1.12: Varianten der Aufbau- und Verbindungstechnik elektronischer Bauteile auf einem Schaltungsträger: Surface Mounted Device – SMD (links), Bestückung von ungehäusten Siliziumhalbleiterchips durch Drahtbonden (Mitte) und FlipChip-Montage (rechts). Schematische Schnittansicht.

samtvolumens ein [Har07]. Beim Einsatz von CSPs können die Vorteile der FlipChip-Montage mit dem Schutz eines gehäusten Chips kombiniert werden. Eine Option ist die direkte Kontaktierung der Chipkontaktflächen auf den Substratlandeflächen mit Lotkugeln, wobei der Chip mit einer dünnen Polymerlage gekapselt wird. Alternativ kann eine zusätzliche Umverdrahtungslage aufgebracht und somit die auf dem Chip peripher angeordneten Kontakte über die gesamte Fläche verteilt werden [TFS$^+$00]. Dadurch werden die Anforderungen an die Bestückungsgenauigkeit reduziert.

Stapeln von Siliziumhalbleiterchips   Um die benötigte Substratfläche zu minimieren, können gestapelte Chips eingesetzt werden. Für die Kontaktierung zum Substrat gibt es verschiedene Technologien. Ein Beispiel ist die Verwendung von unterschiedlich großen Chips, die über ihre peripheren Kontaktflächen alle direkt auf das Substrat kontaktiert werden, z.B. mittels Drahtbondens [Har07]. Alternativ können Durchkontaktierungen durch die Chips (Through Silicon Via – TSV) eingesetzt werden, um die einzelnen Chips miteinander zu verbinden, sodass nur der unterste mit dem Substrat kontaktiert wird [Mou08]. Eine weitere Möglichkeit ist, die Kontakte gleich großer Chips seitlich herauszuführen und über die Metallisierung der Außenflächen die gestapelten Chips elektrisch zu verbinden [CV08].

Weitere Technologien   Um die Miniaturisierung von Komponenten sowie die Integrationsdichte durch Aufbau- und Verbindungstechnik von Systemen zu erhöhen, werden ständig neue Ansätze und Technologien entwickelt. Eine relativ neue Entwicklung sind gedruckte Leiterbahnen [Hed08]. Mittels Aerosol-Metallabscheidung ist es möglich, Metallisierungen mit einer Breite von $< 10\,\mu m$ zu erzeugen. Hiermit können nicht nur Leiterbahnen auf nahezu beliebige Substrate aufgebracht werden, sondern auch die Verbindungen vom Substrat zu den Chip-Kontaktflächen direkt gedruckt werden.

Seit einigen Jahren werden zur Bauraumersparnis abgedünnte Siliziumwafer eingesetzt. ICs mit einer Dicke von $50\,\mu m$ können bereits in etablierten Prozessen gefertigt und kontaktiert werden; ein Abdünnen auf bis zu $7,5\,\mu m$ ist technisch möglich [Asc11].

Substrattechnologien für Schaltungsträger

Im Folgenden werden die möglichen Substrattechnologien für Schaltungsträger analysiert, um ihre Anwendbarkeit im Künstlichen Akkommodationssystem zu prüfen. Die betrachteten Technologien sind:

- Hochintegrierte Platinen
- Keramische Schaltungsträger
- Spritzgegossene Schaltungsträger
- Flexible Schaltungsträger.

Hochintegrierte Platinen   Moores Gesetz folgend [Moo65] verdoppelt sich die Integrationsdichte von integrierten Schaltungen (ICs) alle zwei Jahre. Auch die Schaltungsträger wurden entsprechend weiterentwickelt und miniaturisiert. Strukturbreiten ab 100 µm sind derzeit mit hochintegrierten Platinen realisierbar (High Density Interconnect – HDI). Miniaturisierte Microvias werden als Kontaktierung zwischen den einzelnen Lagen eingesetzt. Als Substratmaterial werden typischerweise Glasfasermatten genutzt, die in Epoxidharz getränkt wurden. Die Lagendicke beträgt 50 bis 100 µm. Bis zu 32 Lagen können realisiert werden, die Integration von passiven Komponenten ist möglich.

Keramische Schaltungsträger   Eine Alternative zur Platine ist ein keramischer Schaltungsträger. Low Temperature Cofired Ceramic (LTCC) ist dabei ein häufig eingesetztes Substratmaterial (Abb. 1.13 links). Bei der Herstellung wird die Metallisierung auf ungesinterte Keramiklagen aufgebracht [Sch07a]. Die Lagen können Dicken von ca. 20 µm bis einigen 100 µm besitzen und werden zu einem Schaltungsträger von einigen 100 µm Dicke laminiert. Vias werden entweder gelasert oder gestanzt und im Anschluss metallisiert. Die Keramiklagen werden gestapelt und bei Temperaturen < 980°C gesintert [MSM95]. Dadurch können, im Gegensatz zu anderen keramischen Schaltungsträgern, relativ niedrig schmelzende Metallisierungen wie Silber oder Platin eingesetzt werden.

Die realisierbaren Abmessungen und Strukturbreiten von LTCC sind mit denen der hochintegrierten Platine vergleichbar. Alle gängigen Aufbau- und Verbindungstechniken können angewendet werden und die Substrateigenschaften sind günstig für einen Einsatz in der Hochfrequenztechnik.

Spritzgegossene Schaltungsträger   Auf der Oberfläche von dreidimensionalen spritzgegossenen Schaltungsträgern (Molded Interconnect Device – MID) können metallische Leiterbahenen aufgebracht werden. Für die Metallisierung gibt es verschiedene Möglichkeiten [KPL+99]. Beim Laser-Direkt-Strukturieren wird das dreidimensionale Ausgangsteil aus einem Spezialpolymer mit Hilfe von Spritzguss gefertigt [Bäc08, Jan08]. Die Aktivierung der Oberflächen im Bereich der Leiterbahnen erfolgt mittels

Laser. Im Anschluss kann auf den aktivierten Bereichen die Metallisierung galvanisch abgeschieden werden. Damit können Strukturbreiten von $< 130\,\mu$m realisiert werden. Ein alternatives Herstellungsverfahren ist der Zwei-Komponenten-Spritzguss. Hierbei wird ein nicht-leitfähiges Polymer als Basismaterial verwendet und in die Bereiche der Leiterbahnen ein leitfähiges Polymer eingebracht, auf dem eine galvanische Abscheidung von Metall möglich ist. Mittels Zwei-Komponenten-Spritzguss können Strukturbreiten von $300\,\mu$m bis $400\,\mu$m und Wandstärken ab ca. $500\,\mu$m hergestellt werden [FUB, YSY08].

Aufgrund seiner Dreidimensionalität kann ein MID auch mechanische Aufgaben erfüllen. Eine nahezu beliebige Ausrichtung der Komponenten im Raum ist erreichbar. Einschränkungen ergeben sich bei der Laserstrukturierung, wenn der Mindesteinfallwinkel des Laserstrahls unterschritten wird [LPK08]. Sind die Oberflächen zugänglich und besitzt das MID eine ausreichende Steifigkeit für das Drahtbonden, so können die gängigen Aufbau- und Verbindungstechniken für die Bestückung eingesetzt werden [FB94, Hun05, HSG]. Mehrlagige MIDs befinden sich noch im Forschungsstadium [LMHS08].

Die Anwendungen von MIDs sind sehr vielfältig und reichen von der Integration von Leiterbahnen auf der PKW-Innenverkleidung [Jan08] über 3-D-Motorradschalthebel (Abb. 1.13 Mitte) bis hin zum Einsatz in Medizinprodukten wie Hörgeräten und einem Sensor zur Kariesdetektion [PSW08]. An einer Miniaturisierung auf den Submillimeterbereich wird gearbeitet [IHT08].

Flexible Schaltungsträger Das Substrat für flexible Leiterkarten (Flexprint) besteht aus dünnen, biegsamen Polymeren. Unterschieden werden starrflexible und vollständig flexible Schaltungsträger. Beim Starrflex dient der flexible Anteil nur als Verbindungselement zwischen konventionellen starren Platinen. Die vollständig flexible Leiterkarte (Abb. 1.13 rechts) kann auch im flexiblen Bereich bestückt werden.

Abb. 1.13: LTCC-Substrate (links), Dreidimensionaler spritzgegossener Schaltungsträger (MID) für Motorradschalthebel [BAS] (Mitte) und flexible Leiterkarte (rechts).

Für flexible Leiterkarten existieren verschiedene Fertigungsverfahren, von denen das in [BDL10] beschriebene die bisher höchste Integrationsdichte aufweist. Auf einen Träger wird mittels Spincoating eine Polyimid-Schicht von 10 µm Dicke aufgeschleudert. Darauf werden metallische Leiterbahnen abgeschieden, aufgebaut aus Kupfer, Nickel und Gold [Hig08] und mit einer weiteren Polyimid-Schicht bedeckt. Vias werden mit Hilfe von Lasern eingebracht. Bei dem bisher realisierten Maximum von vier Lagen ergibt sich eine Schaltungsträgerdicke von 50 µm. Auch Leiterbahnbreite und -abstand sind mit 15 µm bzw. 10 µm minimal. Aufgrund der Stabilisierung der Leiterkarte durch den Träger können für die Bestückung alle gängigen Verbindungstechniken eingesetzt werden, jedoch nur auf einer Seite der Leiterkarte. Im Anschluss erfolgt das Ablösen vom Träger und die Leiterkarte kann durch Falten in Schichten gestapelt werden. Für mehrmaliges Biegen ist ein Biegeradius von mindestens 500 µm einzuhalten. Anwendung findet die beschriebene Technik bereits in Medizinprodukten wie z.B. Hörgeräten [PLB$^+$08].

Kapselungstechnologien

Die Kapselung des Systems ist eine weitere Teilaufgabe der Systemintegration. Im Folgenden werden verschiedene Technologien vorgestellt, die zur Kapselung eingesetzt werden können. Dazu gehören:

- Metallgehäuse
- Polymerkapselung
- Abdichtende Beschichtung
- Glasgehäuse.

Metallgehäuse Metallgehäuse werden seit Jahrzehnten erfolgreich für die Kapselung von aktiven Implantaten eingesetzt. Insbesondere Titanlegierungen haben sich als biokompatible, langzeitstabile und hermetisch dichte Werkstoffe bewährt, die relativ gut verarbeitet werden können [Wan96]. Die Gehäuseeinzelteile für Implantate aus Titan werden in der Regel durch Schweißen gefügt. Die langzeitstabile Dichtigkeit und Stabilität dieses Fügeverfahrens ist nachgewiesen. Um die internen Komponenten vor der thermischen Belastung und vor flüssigen Metallspritzern zu schützen, sogenannten Durchschweißern, wird bei der Herstellung von Herzschrittmachern ein isolierendes Schweißband eingesetzt (Abb. 1.7). Um auf das Band verzichten und damit Bauraum sparen zu können, arbeiten die Hersteller an schonenderen Fügeverfahren.

Polymerkapselung Der Einsatz von Polymeren für ophthalmologische Implantate hat sich seit Jahrzehnten bewährt. Heutige IOLs werden hauptsächlich aus Silikon oder Acrylat gefertigt und sind somit faltbar und biokompatibel [WII$^+$09]. Größtes Problem der Kunststoffe ist jedoch die mangelnde Dichtigkeit. Die Permeabilität, d.h. die Durchlässigkeit für Flüssigkeiten oder Gase, liegt für Polymere um Größenordnungen über der von Glas oder Metall. Zur Veranschaulichung ist in Abbildung 1.14 dargestellt, wie schnell Wasser bei vergleichbarer Geometrie durch verschiedene Werkstoffe permeiert. Der Vorgang des Durchdringens oder Durchwanderns eines Stoffes, z.B. Wasser, durch einen Festkörper, wird als Permeation bezeichnet. Die Permeation ist abhängig vom Permeationskoeffizienten P, einer Materialkonstante, die sich aus dem Produkt des Diffusionskoeffizienten und der Wasseraufnahmefähigkeit berechnet. Der Massenstrom eines Mediums durch einen Stoff hängt zudem vom Partialdruck der Flüssigkeiten bzw. Gase auf beiden Seiten sowie von der Dicke und der Oberfläche des Stoffes ab.

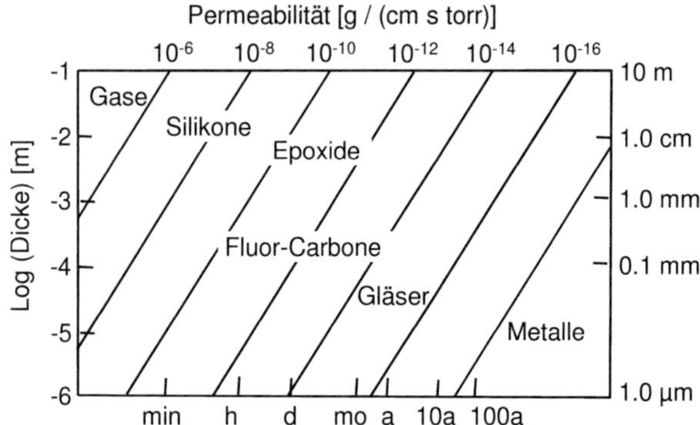

Abb. 1.14: Benötigte Zeit für die Permeation von Wasser in verschiedene Werkstoffe bei 50 % r.H. äußerer relativer Feuchtigkeit und einer definierten Geometrie (nach [Har07]).

Abdichtende Beschichtung Die Beschichtung dient als Barriere zwischen den Systemkomponenten und eindringenden Stoffen aus der Umgebung. Theoretisch genügt eine defektfreie Monolage hermetisch dichten Materials, um eine Barrierewirkung zu erzielen. Bei der Beschichtung entstehen jedoch immer Fehlstellen in der Schicht. Zudem skaliert die Barrierewirkung der Schicht mit der Schichtdicke (Abb. 1.14, [Cha96]), sodass eine Mindestdicke zur sicheren Abdichtung nötig ist. Für das Aufbringen einer Beschichtung muss die zu beschichtende Oberfläche fett- und partikelfrei sein, um eine gute Haftfestigkeit der Beschichtung zu erreichen.

Ausgewählte Beschichtungsprozesse:

- Beim Physical Vapor Deposition (PVD) werden die Teilchen für die Beschichtung aus einer Quelle mit Hilfe energiereicher Ionen herausgeschlagen [MM97,

Mad02]. Sie treffen mit hoher Geschwindigkeit auf dem zu beschichtenden Substrat auf und lagern sich dort zu einer Schicht an. Bei dem planar auftragenden Prozess muss das Substrat der Beschichtungsquelle zugewandt sein. Wie alle Dünnschichtabscheidungsverfahren wird PVD unter Vakuum durchgeführt und erfordert somit Vakuumbeständigkeit der zu beschichtenden Substrate. Der Vorteil von PVD-Verfahren, wie beispielsweise dem Sputtern, ist die relativ geringe Prozesstemperatur. Es können nahezu beliebige Werkstoffe aufgetragen werden. Schichtdicken von wenigen Nanometern bis mehreren Mikrometern sind realisierbar.

- Beim Chemical Vapor Deposition (CVD) werden die Schichten durch chemische Gasphasenabscheidung erzeugt. Dadurch können beliebige Oberflächengeometrien beschichtet werden. Die erreichbaren Schichtdicken liegen bei 5 bis 10 µm. Der Prozess erfordert jedoch eine hohe Temperaturbeständigkeit der Substrate von bis zu 1250°C [MM97] und ebenfalls Vakuumbeständigkeit.

- Bei der außenstromlosen Galvanik können Metallionen aus einer Elektrolytlösung durch chemische Reduktionsprozesse auf dem Substrat aufgetragen werden. Die technischen Schichtdicken der abscheidbaren elementaren Metalle wie Nickel oder Kupfer liegen zwischen 10 nm und 50 µm [MH90].

- Alle leitfähigen Schichten, die mit den genannten Prozessen erzeugt werden, können als Startschicht für die galvanische Abscheidung von weiteren Metallschichten genutzt werden. Durch die Aufdickung kann die Dichtigkeit erhöht werden oder durch die Abschottung von nicht biokompatiblen Schichten die Biokompatibilität verbessert werden.

Beschichtungswerkstoffe:

- Metalle weisen die beste Barrierewirkung auf. Sie können mit Hilfe von PVD, CVD oder Galvanik abgeschieden werden. Inerte Metalle wie Gold, Platin oder Titan sind biokompatibel, elektrisch leitfähig, aber außer in sehr kleinen Schichtdicken nicht optisch transparent.

- Glas lässt sich nur mit bestimmten Beschichtungsverfahren wie dem Sputtern auftragen. Es ist biokompatibel, elektrisch isolierend und transparent, jedoch spröder als Metalle.

- Diamond Like Carbon (DLC) ist aufgrund seiner niedrigen Wasserpermeabilität sowie seiner chemischen Inertheit in korrosiver Umgebung als biokompatible Barriereschicht gut geeignet. Sein hoher elektrischer Widerstand sowie die hohe thermische Leitfähigkeit ermöglichen zudem den Einsatz als Beschichtung von Halbleitern [Nat90].

- Auch Polymere können für den Schutz der Bauteile eingesetzt werden, wenn sie direkt auf die Bauteiloberflächen aufgebracht werden. Voraussetzung ist eine sehr gute Haftung, sodass zwischen Beschichtung und Bauteil keine Hohlräume für die Bildung von flüssigem Wasser entstehen. Eine geringe Wasseraufnahme der Beschichtung ist ein weiteres Kriterium, um den Kontakt von Wassermolekülen mit dem Bauteil zu verhindern. Ein häufig eingesetztes Polymer ist Parylene [SCS]. Es ist aufgrund seiner elektrischen Eigenschaften sehr gut zur Isolierung von Elektronik geeignet. Zudem ist es chemisch inert und kann mit Hilfe einer Vapor Deposition Polymerisation (VDP) unter Vakuum und sehr geringer thermischer Belastung in Schichtdicken bis zu 75 µm auf beliebige Oberflächengeometrien abgeschieden werden. Weitere Alternativen zu Parylene stellen Polymere mit geringer Wasserabsorption dar, wie Flüssigkristallpolymere (Liquid Crystal Polymer – LCP) [Ker08] oder bestimmte Epoxidklebstoffe [Epo00], die ohne spezielle Beschichtungsverfahren auf die Bauteiloberfläche aufgetragen werden können.

Glasgehäuse Aufgrund der optischen Transparenz des Werkstoffs sowie der hohen Dichtigkeit (vgl. [Sha99, SM08]) ist Glas für die Kapselung des Künstlichen Akkommodationssystems interessant. Ein Glasgehäuse wird aus mindestens zwei Gehäuseeinzelteilen aufgebaut, die gefertigt und im Anschluss hermetisch dicht gefügt werden müssen. Im Folgenden werden mögliche Fertigungs- und Fügeverfahren für Glas oder Glasverbunde vorgestellt.

Fertigungsverfahren für Gehäuseeinzelteile:

- Blankpressen bzw. Heißprägen ist ein Umformverfahren, bei dem das Werkstück in einem erhitzten Werkzeug abgeformt wird [IWM05, Nol11].
- Ultraschallbearbeitung gehört zu den abtragenden Fertigungsverfahren [MH05]. Das Werkzeug mit der abzuformenden Geometrie wird mit einer oszillierenden Bewegung in das Werkstück eingebracht. Im Spalt zwischen Werkzeug und Werkstück befindet sich eine Suspension aus Wasser und Schleifkörnern, z.B. aus Siliziumkarbid.
- Ein weiteres abtragendes Verfahren ist das Ätzen, das in der Mikrotechnik für die Erzeugung von Kavitäten in Glas eingesetzt wird [MM97, Mad02]. Hierbei wird aus einem zuvor lithographisch maskierten Substrat in den unmaskierten Bereichen chemisch Material abgetragen.
- Ein abtragendes Verfahren, das sich noch im Entwicklungsstadium befindet, ist die Glasstrukturierung durch selektives laserinduziertes Ätzen [Bau10]. Dabei wird die Ätzbarkeit transparenter Werkstoffe durch fokussierte Femtosekundenlaserstrahlung lokal erhöht. Die realisierten Unterschiede der Ätzbarkeit zwischen modifizierten und unmodifizierten Regionen liegen für Quarzglas im Bereich von 30:1 bis 100:1 [Fraa]. Somit können im Glas eingebettete Kanäle von wenigen µm Breite gefertigt werden.
- Andere abtragende Glasbearbeitungsmethoden sind Sägen, Sandstrahl- und Wasserstrahlschneiden.

Zum Fügen der Glasgehäuseeinzelteile existieren verschiedene Technologien. In der Halbleitertechnik sind Bondtechniken für Silizium-, aber auch Glas-Silizium-Verbindungen etabliert, die in der Regel hohe Temperaturen erfordern [GDMN06, Mad02, WFG03]. Hinsichtlich der Anwendung auf ein Gehäuse des Künstlichen Akkommodationssystems sind jedoch Fügeverfahren erforderlich, die die internen Komponenten thermisch nicht überlasten. Die möglichen Optionen hierfür sind die lokale Zuführung der Fügeenergie oder die Verwendung eines niedrigschmelzenden Fügehilfsstoffs.

Fügeverfahren für das Glasgehäuse:

- Durch anodisches Bonden können Borosilikatglas und Silizium gefügt werden, zwei Werkstoffe mit ähnlichen thermischen Ausdehnungskoeffizienten. Die sonst für das Bonden von Gläsern oder von Glas und Silizium erforderlichen hohen Temperaturen können dabei durch Anlegen einer elektrischen Spannung von mehreren hundert Volt auf 150 °C bis 500 °C reduziert werden. Durch die elektrostatische Kraft wird ein enger Kontakt der Fügepartner erreicht, sodass die Bildung von kovalenten Bindungen zwischen Glas und Silizium bei den erhöhten Temperaturen erreicht werden kann [Mad02]. Möglichkeiten zur Reduktion der Temperatur werden weiter erforscht [GMS$^+$99, SKT98, HSS05, Wei06, CYYL06]. Die Anwendung des anodischen Bondens ist auch für andere Werkstoffkombinationen möglich, z.B. für Borosilikatglas mit LTCC [VIA, FLM$^+$10] oder mit Titan [BWR03].
- Beim Laserbonden werden Borosilikatglas und Silizium durch lokal induzierte thermische Energie miteinander verbunden. Hierfür wird der transparente Fügepartner Glas vom Laserlicht durchdrungen. Beim Auftreffen auf den lichtundurchlässigen Partner Silizium wird die Energie durch Absorption in Wärme umgewandelt und in das Glas abgestrahlt. Der Fokus muss so eingestellt werden, dass ein Aufschmelzen vermieden wird. Die entstehenden Verbindungen zwischen Borosilikatglas und Silizium sind mit denen des anodischen Bondens vergleichbar. Das Laserbonden kann als Punktschweißverfahren [TP06] oder für die Erzeugung einer Nahtverbindung [WGP01] eingesetzt werden. Bisher wurden hauptsächlich flächige Fügebereiche durch Laser gebondet.
- Ein weiteres Fügeverfahren für Glas stellt das Laserlöten dar [BBES03, BBE$^+$05]. Nach Aufbringen einer Lotschicht auf die Fügepartner werden diese mit einer leichten Anpresskraft zusammengehalten. Die Energie zum Aufschmelzen des Lots wird lokal über Laser zugeführt. Für das Erreichen einer dichten Verbindung mittels Laserlöten ist bisher eine Mindestnahtbreite von 1 mm bis 2 mm Stand der Technik.
- Ein Fügeprozess, der sich derzeit noch im Entwicklungsstadium befindet, ist das Kugellöten [BBET08, BOA$^+$09, BHB$^+$10b, BHB$^+$10a]. Dabei werden auf eine Stoßkante zwischen metallischen oder metallisierten Fügepartnern Lotkugeln aufgebracht, die während des Flugs durch einen Laser verflüssigt werden und beim

Auftreffen auf die Oberfläche aufschmelzen. Mit Hilfe der einzeln aufgebrachten Lotkugeln kann ein metallischer abdichtender Ring erzeugt werden. Durch Kugellöten werden beispielsweise Saphirglasfenster auf Edelstahlrohre für den Einsatz bei Endoskopen mit Gold-Zinn-Lot hermetisch dicht gefügt [BHB$^+$10a].

- Beim Einsatz von reaktiven Nanofolien wird die Fügeenergie lokal durch eine exotherme Reaktion von dünnen Schichten im Fügebereich erzeugt [LSRK04, RSL$^+$05, BBWG09]. Das Fügeverfahren befindet sich im Entwicklungsstadium.
- Eine weitere Option ist das adhäsive Verbinden von zwei hermetisch dichten Glasgehäuseteilen durch polymere Klebstoffe. Mit Hilfe dieser in der Mikrosystemtechnik sehr verbreiteten Fügetechnik können nur quasi-hermetische Verbindungen erzeugt werden [NSLG06], d.h. eine langfristige Dichtigkeit ist nicht gewährleistet.

Kombination aus Schaltungsträger und Kapselung

Es gibt verschiedene Ansätze, um Schaltungsträgersubstrate gleichzeitig als Gehäuse von Mikrosystemen einzusetzen und somit Bauraum zu sparen. Match-X [Neu02] oder eGrain [Wol05] sind Anwendungsbeispiele, bei denen Platinen gleichzeitig als Gehäuse genutzt werden. Mit Hilfe keramischer Schaltungsträger können hermetisch dichte Gehäuse realisiert werden. Die Abdichtung zwischen zwei Bauteilen kann dabei durch Hartlöten, das sogenannte Brazing erfolgen [Mic06], bei dem ein auf beide Teile aufgebrachtes Lot bei ca. 400 °C aufgeschmolzen wird und eine dichte Verbindung bildet. Anwendungsbeispiele für den Einsatz von LTCC als Gehäuse werden in [Neu02, VIA, RP08, SFM$^+$08] beschrieben. Auch mittels der MID-Technik können neben anderen mechanischen Funktionen Gehäusefunktionen erfüllt werden [SGG02, BKMW05].

Methoden zur Prüfung der Dichtigkeit der Kapselung

Ein entscheidendes Kriterium zur Bewertung der Qualität der Kapselung ist die Dichtigkeit. Spezielle Testverfahren, die eine Aussage über die Dichtigkeit von Implantaten ermöglichen, sind bisher nicht standardmäßig vorgeschrieben. Da jedoch bisher 35 % der Ausfälle von Cochlear Implantaten durch Undichtigkeit verursacht werden [BLHL06], ist nach der neuen DIN EN 45502-2-3 (2010-07) [DIN10a] für aktive Implantate mit besonderen Festlegungen für Cochlear Implantatsysteme eine Prüfung gemäß der Militärnorm MIL-STD-883G [Uni06] Method 1014 vorzusehen. Das Prüfverfahren soll auch in die allgemeinen Festlegungen übernommen werden [DIN10b]. Auch zur Überprüfung der Dichtigkeit des Künstlichen Akkommodationssystems wird die im folgenden beschriebene Testmethode nach MIL-STD-883G eingesetzt. Für eine Aussage über die Langzeitstabilität ist jedoch die Durchführung von Alterungstests erforderlich (vgl. [AZDN95, HSWS07]). Deshalb wird der Entwicklungsstand zu folgenden Testmethoden betrachtet:

- Lecktests
- Beschleunigte Alterungstests.

Lecktests Die Dichtigkeit eines Systems wird in MIL-STD-883G anhand der Anzahl der Luftmoleküle definiert, die die Systemgrenze pro Zeiteinheit passieren. Die maximale Luftleckrate für ein Innenvolumen zwischen $10\,mm^3$ und $400\,mm^3$ beträgt $10^{-7}\,atm\cdot cm^3/s$ [Uni06]. Diese kann in die äquivalente Leckrate eines Indikatorgases umgerechnet werden, das sich gut detektieren lässt. Helium ist ein typisches Indikatorgas. Um zu testen, wie viele Heliumteilchen aus einer Probe herausdiffundieren, müssen die Atome zunächst ins Innere der Probe eingebracht werden. Die Probe kann hierfür unter einer Heliumatmosphäre hergestellt werden oder nach der Fertigung während des sogenannten Bombings einem definierten Heliumüberdruck ausgesetzt werden. Die Messung der Leckrate beruht auf einer Massenspektroskopie und erfordert Vakuumbeständigkeit der Probe.

In MIL-STD-883G sind zwei Methoden zur Durchführung von Lecktests normiert. Die Methode mit fixen Parametern definiert für eine Probe mit dem Innenvolumen von $210\,mm^3$ eine Heliumleckrate von $5\cdot10^{-8}\,atm\cdot cm^3/s$ als Ausfallkriterium. Voraussetzung sind eine definierte Mindestbombzeit und eine maximale Wartezeit zwischen Bombing und Lecktest sowie ein Heliumdruck von 5 bar während des Bombings. Beim Einsatz der Messmethode mit variablen Parametern ergibt sich für jede Probe ein eigenes Ausfallkriterium, definiert durch die maximal zulässige Heliumleckrate L_{He}, die durch die Howell-Mann-Gleichung [Gre00] (Formel (1.1)) beschrieben wird und abhängig vom Innenvolumen V_{innen} der Probe, der äquivalenten Luftleckrate L_L, der Bombingzeit t_B, dem Heliumdruck während des Bombings p_B sowie von der Wartezeit zwischen Bombing und Lecktest t_W ist. Zudem fließen der Umgebungsdruck p_0 sowie das Verhältnis der Molekulargewichte von Luft M_A und Helium M in die Berechnung ein. Die Messergebnisse werden deshalb normiert.

$$L_{He} \leq \frac{L_L \cdot p_B}{p_0} \sqrt{\frac{M_A}{M}} \left(1 - e^{-\frac{L_L \cdot t_B}{V_{innen} \cdot p_0} \sqrt{\frac{M_A}{M}}} \right) e^{-\frac{L_L \cdot t_W}{V_{innen} \cdot p_0} \sqrt{\frac{M_A}{M}}} \tag{1.1}$$

In Abbildung 1.15 wird anhand eines mittels Formel (1.1) berechneten Beispiels der Zusammenhang zwischen L_{He} und L_L veranschaulicht. Daraus ist erkenntlich, dass speziell für höhere Wartezeiten nach dem Bombing die Heliumleckrate nicht mehr eindeutig der äquivalenten Luftleckrate zugeordnet werden kann. Wird eine gereinge Heliumleckrate gemessen, so kann die Ursache hierfür auch ein großes Leck sein, durch das bereits ein Großteil des Heliums entwichen ist. Kann ein Grobleck mit Hilfe von ebenfalls in MIL-STD-883G beschriebenen Groblecktests ausgeschlossen werden, so spiegelt die gemessene Heliumleckrate die tatsächliche Anzahl der Heliumatome wider, die die Gehäusegrenze passieren kann.

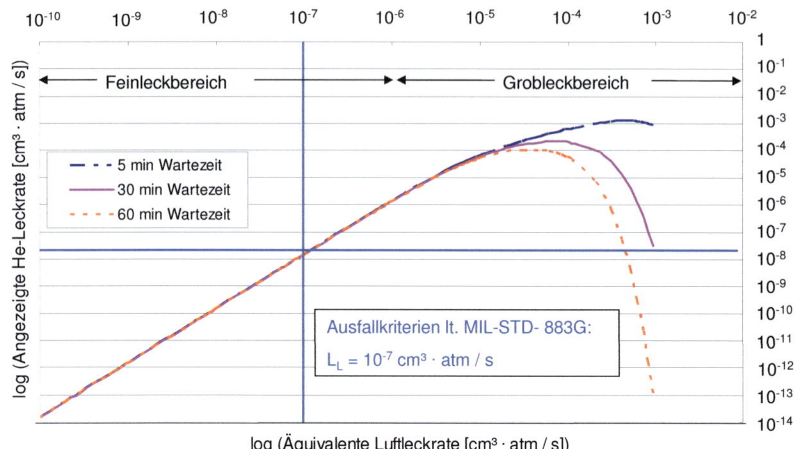

Abb. 1.15: Zusammenhang zwischen gemessener Heliumleckrate und äquivalenter Luftleckrate exemplarisch dargestellt für einen Bombingdruck von 5,2 bar, Innenvolumen von 210 mm³ und Bombingzeit von 24 h. (Berechnet mit Formel (1.1), MIL-STD-883G [Uni06], Messmethode mit variablen Parametern.)

Beschleunigte Alterungstests Die Alterung eines Bauteils mit realen Zeitkonstanten zu überprüfen, ist in der Regel nicht praktikabel. Deshalb werden beschleunigte Alterungstests durchgeführt, die die Alterung in relativ kurzer Zeit simulieren. Dabei wird die von Arrhenius beschriebene quantitative Abhängigkeit der Reaktionsgeschwindigkeit chemischer und physikalischer Prozesse von der Temperatur genutzt [Arr15].

Für Implantatgehäuse wird die beschleunigte Alterung bei erhöhter Temperatur in Wasser bzw. einem Äquivalent der Körperflüssigkeit, in der sie eingesetzt werden sollen, durchgeführt. Um die Lebensdauer der Gehäuse bezüglich der Dichtigkeit gegen Wasser zu bestimmen, wird dabei die Definition eines Versagens- oder Ausfallkriteriums genutzt [AZDN95, HSWS07]. Das Versagenskriterium ist erfüllt, sobald die Menge an Wassermolekülen im Gehäuse bei Betriebstemperatur T_B zu einer relativen Feuchte von 100 % r.H. führt, d.h. beim Erreichen des Sättigungsdampfdrucks E_W. Ab diesem Zeitpunkt ist die Bildung flüssigen Wassers und damit die Gefährdung der internen Komponenten durch Korrosion möglich. Die relative Luftfeuchtigkeit in einem System wird bestimmt durch das Verhältnis zwischen dem Partialdruck des Wassers zum Sättigungsdampfdruck E_W bei der jeweiligen Temperatur [Ste01]. Die als Versagenskriterium definierte relative Feuchtigkeit im System $r.H._V$ für die erhöhte Messtemperatur T_{Alt} lässt sich somit bestimmen aus dem Quotienten der Sättigungsdampfdrücke bei Betriebstemperatur und bei erhöhter Temperatur:

$$r.H._V(T_{Alt}) = \frac{E_W(T_B)}{E_W(T_{Alt})}. \tag{1.2}$$

Die durchschnittliche Zeit bis zum Eintritt des Versagens (Mean Time To Failure
– $MTTF$) ist ein Maß für die Geschwindigkeit, mit der die Permeation des Wassers
ins Gehäuse abläuft. Sie wird bei den beschleunigten Alterungstests gemessen und als
Reaktionsgeschwindigkeitskonstante verwendet. Damit ergibt sich der Zusammenhang
(vgl. [KO89, ZADN96, HNDN05]):

$$MTTF = A_F \cdot e^{-\frac{E_A}{k \cdot T}}. \tag{1.3}$$

Die $MTTF$ ist die Messgröße der beschleunigten Alterungstests. Sie ist abhängig von
dem Faktor A_F, der Aktivierungsenergie E_A, der Boltzmannkonstante k und der absoluten Reaktionstemperatur T.

Auch die Aktivierungsenergie E_A ist von Werkstoff und Herstellungsart des Gehäuses abhängig und muss ebenfalls mit Hilfe der beschleunigten Alterungstests ermittelt
werden. Um die durchschnittliche Lebensdauer bei Betriebstemperatur $MTTF_B(T_B)$
zu bestimmen, ist demnach die Messung der $MTTF$ bei zwei verschiedenen erhöhten
Temperaturen T_{Alt1} und T_{Alt2} erforderlich. Aus Formel (1.3) folgt dann:

$$E_A = \ln\left(\frac{MTTF_{Alt1}}{MTTF_{Alt2}}\right) \cdot \frac{k \cdot T_{Alt1} \cdot T_{Alt2}}{T_{Alt1} - T_{Alt2}} \tag{1.4}$$

und daraus (vgl. [HSWS07]):

$$MTTF_B = MTTF_{Alt1}/e^{\frac{E_A \cdot (T_B - T_{Alt1})}{k \cdot T_B \cdot T_{Alt1}}} \tag{1.5}$$

Die Messung ist dabei ereignisbasiert. Sobald das Versagenskriterium eintritt, ist der
Versuch abgeschlossen. Damit ist die Genauigkeit der Messung unter anderem vom
Messintervall zur Bestimmung des Versagenskriteriums abhängig. Die Lebensdauer
wird ausschließlich für das aufgebaute Gehäuse mit den während der Messung darin
befindlichen Komponenten bestimmt. Unberücksichtigt bleibt der Einfluss des Sensors
und anderer wasserabsorbierender Komponenten im System.

1.3.4 Schlussfolgerungen aus der Untersuchung des Entwicklungsstands

Die Untersuchung des Entwicklungsstands intraokularer Implantate zeigt, dass bisher
keine langfristige Wiederherstellung der Akkommodationsfähigkeit möglich ist. Das
Künstliche Akkommodationssystem bietet hierfür einen vielversprechenden Ansatz. Da
für den Aufbau der einzelnen Subsysteme z.T. bereits Konzepte existieren, jedoch noch
keine integrierbaren Bauteile in Zielgröße [RBG$^+$07], liegt der Fokus für die Erstellung
des Systemintegrationskonzepts auf der Auswahl des Schaltungsträgersubstrats und der
Aufbau- und Verbindungstechnik für die elektronischen Komponenten sowie auf der
Konzeption einer dichten Kapselung. Die Systemintegrationslösungen anderer aktiver
Implantate können nicht vollständig auf das Künstliche Akkommodationssystem über-

tragen werden. Deshalb wurde der Entwicklungsstand von Technologien für die Lösung von Teilaufgaben der Systemintegration untersucht. Ausgehend davon erfolgt die Konzeption der Systemintegration für das Künstliche Akkommodationssystem, die auf den vorhandenen Technologien aufbaut.

1.4 Ziele und Aufgaben

Ziel der Arbeit ist die erstmalige Erstellung eines Gesamtentwurfs der Systemintegration für das Künstliche Akkommodationssystem, das die beiden wissenschaftlichen und technischen Herausforderungen des begrenzten Bauraums und der langzeitstabilen Dichtigkeit berücksichtigt. Die Teilziele der Systemintegration sollen identifiziert werden, Konzepte für die Umsetzung der Teilziele erarbeitet und Funktionsmuster zur Validierung aufgebaut werden. Die erstellten Teilkonzepte sollen zu einem gesamtheitlichen Systemintegrationskonzept zusammengeführt werden. Dabei fließen die aktuellen Erkenntnisse aus den laufenden Arbeiten zu den Subsystemen wie Energieversorgung [Nag11], Aktorik, Sensorik und Kommunikation in die Betrachtungen zur Systemintegration mit ein.

Die wesentlichen Teilziele der Arbeit sind:

- Entwicklung von gesamtheitlichen Integrationsansätzen für das Künstliche Akkommodationssystem
- Neue Konzepte zur Systemintegration durch Einsatz verschiedener Schaltungsträgertechnologien
- Erstmalige Erstellung von Kapselungskonzepten für den sicheren und zuverlässigen Schutz des Implantats
- Konzeption zur Ausrichtung und Fixierung des Implantats im Körper
- Zusammenführung der Teillösungen zu einem Gesamtintegrationskonzept für das Künstliche Akkommodationssystem
- Entwicklung einer neuen Prozesskette zur Durchführung von Dichtigkeits- und Alterungstests
- Bauraumabschätzung für die Integration aller Subsysteme im Implantat
- Aufbau und Charakterisierung erster Funktionsmuster der Kapselung.

In Abbildung 1.16 ist die Gliederung der Ziele für die vorliegende Arbeit dargestellt. Dabei werden zudem die jeweiligen Kapitel angegeben, in denen die einzelnen Unterpunkte bearbeitet werden.

In Kapitel 2 werden zunächst die Anforderungen an die Systemintegration analysiert und dabei der begrenzte Bauraum sowie die Dichtigkeit für mehr als 30 Jahre als wesentliche Herausforderungen identifiziert. Die vorhandenen Subsysteme werden analysiert und z.T. optimiert. Im Anschluss werden eine Funktionsstruktur des Künstlichen Akkommodationssystems entwickelt und die Teilaufgaben der Systemintegration

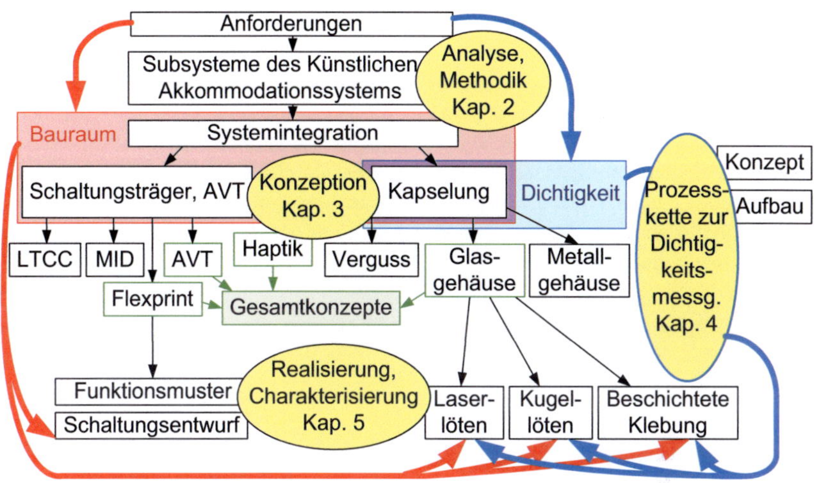

Abb. 1.16: Übersicht über die Zielsetzung der vorliegenden Arbeit.

detailliert spezifiziert. Die Hauptkomponenten zur Erfüllung der wesentlichen Teilziele sind dabei der Schaltungsträger, in Verbindung mit der entsprechenden Aufbau- und Verbindungstechnik (AVT) sowie die Kapselung. Zwei prinzipielle Lösungsansätze für die Erfüllung der Teilaufgaben werden erarbeitet.

Die Lösungsansätze für die Systemintegration dienen in Kapitel 3 als Basis für die Erstellung von Integrationskonzepten für verschiedene Schaltungsträgertechnologien sowie von unterschiedlichen Kapselungskonzepten. Untersucht werden keramische Schaltungsträger (LTCC), spritzgegossene Schaltungsträger (MID) und flexible Leiterkarten (Flexprint) als mögliche Schaltungsträger für das Künstliche Akkommodationssystem sowie Polymerverguss, Glasgehäuse und Metallgehäuse für die Kapselung des Systems. Nach der Auswahl des jeweils besten Teilkonzepts sowie einer Konzeption für die Ausrichtung und Fixierung im Körper durch Haptiken erfolgt das Zusammenführen der Teillösungen zu Gesamtintegrationskonzepten für das Künstliche Akkommodationssystem.

Durch die Konzeption und die Realisierung von Teilaufgaben der Systemintegration kann der benötigte Bauraum für Schaltungsträger, AVT und Kapselung berechnet und gemessen werden. Zur Bestimmung der Dichtigkeit der Kapselung wird in Kapitel 4 eine neue Prozesskette zur Durchführung von Dichtigkeits- und Alterungstests entwickelt, da bisher noch keine einheitlichen Prüfmethoden für aktive Dauerimplantate existieren. Die Prozesskette wird aufgebaut und in Betrieb genommen, sodass sie für die Charakterisierung von Funktionsmustern eingesetzt werden kann.

Die Realisierung und Charakterisierung von Teilaufgaben der Systemintegration erfolgt in Kapitel 5. Funktionsmuster des favorisierten Schaltungsträgers werden aufgebaut und eine erste Platinengestaltung für das Künstliche Akkommodationssystem wird entworfen. Damit ist eine Abschätzung des für alle Subsysteme benötigten Bauraums möglich. Zur Verifikation der Herstellbarkeit der in Kapitel 3 favorisierten Kapselungsmethoden werden verschiedene Funktionsmuster aufgebaut, die mit Hilfe der neuen Prozesskette bezüglich ihrer Dichtigkeit charakterisiert werden.

In Kapitel 6 wird die Arbeit zusammengefasst und ein Ausblick zur Durchführung weiterer Integrationsschritte gegeben.

2 Subsysteme und Systemintegration

Die Voraussetzung zur Erstellung eines gesamtheitlichen Systemintegrationskonzepts bildet die im Folgenden durchgeführte Analyse der Anforderungen an das System und die Systemintegration (Abs. 2.1) sowie die genaue Kenntnis der Subsysteme des Künstlichen Akkommodationssystems (Abs. 2.2). Im Anschluss können die Grundlagen der Systemintegration des Künstlichen Akkommodationssystems formuliert werden (Abs. 2.3). Abbildung 2.1 zeigt eine Übersicht über Kapitel 2.

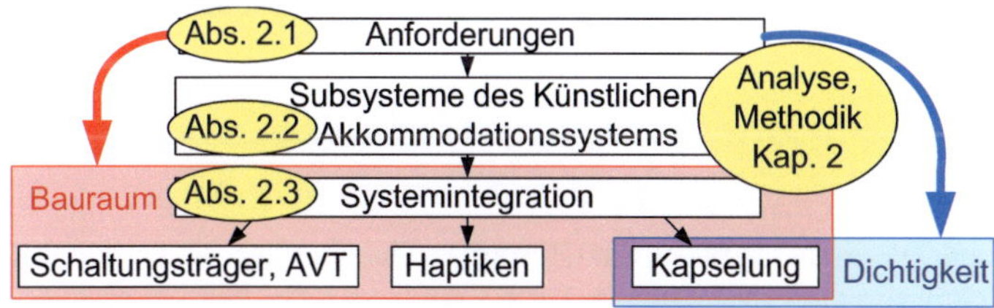

Abb. 2.1: Übersicht Kapitel 2.

2.1 Anforderungen an das Künstliche Akkommodationssystem und die Systemintegration

Die Anforderungen an das Künstliche Akkommodationssystem und die Systemintegration umfassen:

- Allgemeine Anforderungen an das Implantat (Abs. 2.1.1)

  - Geometrie
  - Optik
  - Gesamtsystem,

- Äußere Einflussfaktoren während der Fertigung, der Implantation und des Betriebs in folgenden Bereichen (Abs. 2.1.2)

  - Medizin
  - Mechanik
  - Dichtigkeit,

- Anforderungen der Subsysteme an die Systemintegration, soweit bereits definierbar (Abs. 2.1.3)
  - Anordnung und gegenseitige Beeinflussung
  - Thermische Belastung
  - Elektromagnetische Übertragung.

Im Folgenden werden die einzelnen Anforderungen kurz beschrieben und die wesentlichen Herausforderungen an die Systemintegration identifiziert (Abs. 2.1.4).

2.1.1 Allgemeine Anforderungen an das Implantat

Die allgemeinen Anforderungen an das Künstliche Akkommodationssystem sind in [Ber07] definiert.

Geometrie

Das Implantat soll durch eine möglichst kleine Inzision der Hornhaut implantiert werden können. Dauer und Aufwand der Operation sollen die einer Standard-IOL-Implantation nicht wesentlich überschreiten. Daraus ergibt sich der Wunsch nach einem einstückigen System, das komplett in den Kapselsack implantiert wird. Kammerwasserzirkulation und -stoffwechsel sowie die Irisbewegung dürfen durch das Implantat nicht beeinträchtigt werden. Zudem soll während der Operation der hintere Teil des Kapselsacks als Abgrenzung zum Glaskörper erhalten bleiben.

Die maximal mögliche Baugröße des Implantats ist ein Zylinder mit einem Außendurchmesser d_a von 10 mm und einer Höhe h_a von 4 mm (Abb. 2.2 links). Um die Implantierbarkeit zu verbessern, werden langfristig eine Reduktion dieser Dimensionen, eine anatomisch angepasstere Form sowie die Realisierung eines faltbaren Implantats angestrebt. Im mittleren axialen Bereich des Systems befindet sich der optische Bereich mit einem Durchmesser d_i von 5 mm und dem Volumen V_{OB} von

$$V_{OB} = \pi d_i^2/4 \cdot h_a = 79\,\text{mm}^3. \tag{2.1}$$

Die anderen Systemkomponenten werden ringförmig um die Optik angeordnet. Vom gesamten Volumen des Akkommodationssystems V_{AS} von

$$V_{AS} = \pi d_a^2/4 \cdot h_a = 314\,\text{mm}^3 \tag{2.2}$$

steht somit für alle nichttransparenten Bauteile inklusive Kapselung nur ein Volumen V_{BR} von

$$V_{BR} = V_I - V_{OB} = 235\,\text{mm}^3 \tag{2.3}$$

zur Verfügung. Im Folgenden wird der nichttransparente Bereich um die Optik als 'Bauteilring' und exklusive Kapselung als 'innerer Bauteilring' bezeichnet.

Optik

Im optischen Bereich muss eine Transmissionsfähigkeit von 80% für Licht der Wellenlängen 400 bis 800 nm gewährleistet sein, ebenso wie für infrarotes Nd:YAG-Laserlicht, das zur Nachstarbehandlung eingesetzt wird. Eine UV-Schutzbeschichtung ist wünschenswert. Bezüglich der Kontrastübergangsfunktion (MTF) muss die in DIN EN ISO 11979 [DIN07b] für IOLs spezifizierte Abbildungsqualität erfüllt werden.

Die geforderte Akkommodationsbreite beträgt 3 dpt. Der Patient kann somit den Fokus zwischen unendlich und Leseabstand variieren. Um Emmetropie mit Hilfe von postoperativem Refraktionsausgleich zu erreichen, muss die Brechkraft nach der Implantation angepasst werden können. Daraus ergibt sich die Anforderung an den Brechkrafthub von insgesamt 4,7 dpt [BSBG07]. Die geforderte Genauigkeit der Brechkrafteinstellung beträgt 0,25 dpt. Im Versagensfall muss das System in einen sicheren Zustand versetzt werden. Hierzu gehört, dass keine Eintrübung der Sicht entsteht und der Fokus mit 0,25 dpt auf Fernsicht eingestellt wird, vergleichbar den herkömmlichen IOLs.

Gesamtsystem

Die funktionale Lebensdauer des Systems soll größer als 30 Jahre sein. Die Dynamik des Systems soll mit einer Reaktionszeit von maximal 700 ms nach Möglichkeit der des natürlichen Systems entsprechen. Energieautonomie soll für 24 Stunden gewährleistet werden.

Alle verwendeten Fertigungsverfahren sollen für die Massenproduktion einsetzbar sein. Nach Möglichkeit sollen bereits existierende und getestete Verfahren angewandt werden. Eine individuelle Anpassung der optischen Brechkraft an vorhandene Fehlsichtigkeiten des Patienten muss möglich sein.

2.1.2 Äußere Einflussfaktoren

Medizin

Das Implantat muss sterilisierbar sein und den gesetzlichen Bestimmungen für Medizinprodukte entsprechen, z.B. DIN ISO 14971: Zuverlässigkeit für Medizinprodukte [DIN07a] und DIN EN 45502-1: Aktive implantierbare medizinische Geräte [DIN94]. Um keine Abwehrreaktionen im Körper hervorzurufen, müssen biokompatible und biostabile Kapselungswerkstoffe nach DIN EN ISO 10993 [DIN03] und 11979 [DIN07b] verwendet werden. Das Künstliche Akkommodationssystem wird dabei als biokompatibel definiert, wenn es das biologische System nicht beeinträchtigt, d.h. wenn es seine Funktion in der Körperumgebung erfüllt, ohne dabei das kontaktierte Gewebe zu schädigen. Diese Eigenschaft wird in der Literatur auch als bioinert bezeichnet [WH96].

Das Austreten möglicherweise schädigender Substanzen aus dem System in den Körper muss über die gesamte Lebensdauer verhindert werden.

Mechanik

Die Kapselung sowie die intern fixierten Komponenten müssen robust gegen alle auftretenden Kräfte sein, die während der Implantation und des Betriebs, aber auch während der Fertigung und Prüfung des Implantats auftreten. In Abbildung 2.2 rechts sind die Kräfte veranschaulicht, denen das Implantat während des Betriebs ausgesetzt ist. Sie werden verursacht durch die Differenz zwischen Augeninnendruck und Implantatinnendruck, die Kapselsackschrumpfung sowie die Sakkadenbewegungen. Die Zugkräfte der Zonulafasern während der Desakkommodation werden vom aufgeschrumpften Kapselsack aufgenommen und nicht an das Implantat weitergeleitet.

Durch die Verankerung des Implantats im Kapselsack des Auges müssen eine sichere axiale Positionierung im Strahlengang sowie eine radiale Zentrierung gewährleistet sein. Die Position darf auch durch äußere Einflüsse wie Kapselsackschrumpfung oder Sakkaden nicht verändert werden. Um Verkippungen zu verhindern, dürfen im System keine Unwuchten entstehen. Zudem wird strukturelle Biokompatibilität angestrebt [WH96], d.h. dass die Masse des Implantats der Masse der natürlichen Linse von ca. 300 mg entspricht. Die Kapselung soll an der Implantatrückseite eine radial umlaufende scharfe Kante aufweisen, um die Nachstarbildung einzuschränken [Ber07].

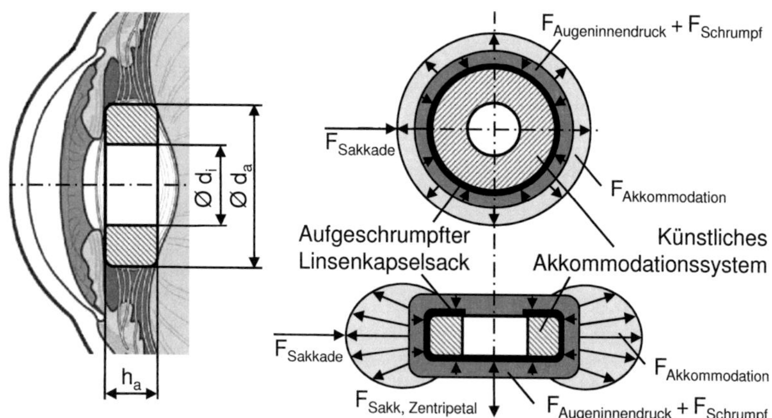

Abb. 2.2: Implantatgeometrie (links) und auftretende Kräfte auf das implantierte Künstliche Akkommodationssystems (rechts) (nach [Bru09]). Schematische, nicht maßstäbliche Schnittansichten.

Dichtigkeit

Eine wesentliche Anforderung an die Kapselung ist die Dichtigkeit gegen eindringende Körperflüssigkeit ins Implantatinnere. Damit wird durch die Kapselung zum Einen gewährleistet, dass im Implantatinneren die Bedingungen aufrecht erhalten werden, die die Funktionalität der Subsysteme ermöglichen. Zum Anderen wird der Kontakt von Körperflüssigkeit mit internen, nicht biokompatiblen Komponenten ausgeschlossen. Somit ist die Dichtigkeit der Kapselung gegebenenfalls über die funktionale Lebensdauer hinaus zu gewährleisten.

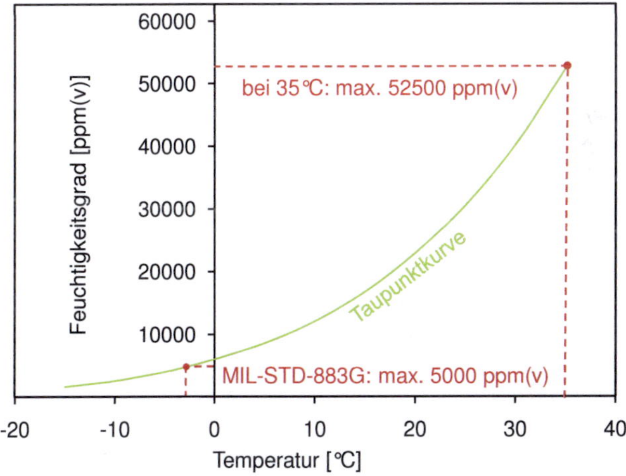

Abb. 2.3: Feuchtigkeitsgrad von Luft beim Taupunkt über der Temperatur. Sättigungsdampfdruck bestimmt mit Magnus-Formel [Wer01].

Das Versagenskriterium der Dichtigkeit ist die Bildung von flüssigem Wasser im Implantatinneren, da sich darin Substanzen lösen und in den Körper gelangen können. Auch die Korrosion der Bauteile und der Fügestellen tritt erst bei Vorliegen von flüssigem Wasser ein. In einem gasgefüllten Raum bildet sich flüssiges Wasser, sobald aufgrund der Anzahl der Wassermoleküle der Taupunkt erreicht wird ([Ste01], Abb. 2.3) und damit der Sättigungsdampfdruck E_W vorherrscht. In MIL-STD-883G [Uni06] wird die maximal zulässige Wassermenge im System mit 5000 ppm(v) (4,1 g/m^3) spezifiziert, um oberhalb von 0 °C den Taupunkt sicher zu vermeiden. Während des Betriebs bei einer Temperatur von 35 °C kann Luft jedoch bis zu 52500 ppm(v) (39,5 g/m^3) Wasser beinhalten, ohne dass sich ein flüssiger Tropfen bildet. Kleine Mengen an Wassermolekülen, die während des Betriebs eindringen, können somit vom Gas im Implantatinneren gebunden werden und sind unschädlich für die internen Komponenten. Die Anforderungen an das Künstliche Akkommodationssystem sind demnach das Vorliegen von maximal 5000 ppm(v) Wasser im gasgefüllten Hohlraum des Implantats nach der Fertigung und ein maximaler Anstieg der Wassermoleküle im Inneren auf 52500 ppm(v) über die gesamte Lebensdauer.

2.1.3 Anforderungen der Subsysteme an die Systemintegration

Anordnung und gegenseitige Beeinflussung

Die Kapselung und der Schaltungsträger dürfen möglichst wenig Bauraum beanspruchen, um das begrenzte verfügbare Volumen für die nichttransparenten Systemkomponenten von $235\,\text{mm}^3$ nicht weiter zu minimieren. Die Anordnung der einzelnen Komponenten muss eine maximale Bauraumausnutzung gewährleisten. Elektrische Durchführungen aus dem Implantatinneren in das umgebende Gewebe sind aufgrund der drahtlosen Energieversorgung und Kommunikation nicht notwendig.

Die internen Komponenten müssen dabei so angeordnet sein, dass sie montierbar sind und sich während des Betriebs nicht gegenseitig beeinträchtigen. Die entstehende Verlustwärme der internen Komponenten muss nach außen abgeleitet werden, sodass sie nicht zur Überhitzung des Systems führt.

Thermische Belastung

Die Subkomponenten des Systems müssen ohne eine Beeinträchtigung ihrer Funktionsfähigkeit integriert werden. Die maximal zulässige Temperatur, der insbesondere Akkumulatoren sowie einige Kunststoffe während der Herstellung des Implantats und damit auch während der Verkapselung ausgesetzt sein dürfen, beträgt ca. 70 °C bis 90 °C [RH01, Kera].

Elektromagnetische Übertragung

Bezüglich der elektromagnetischen Schirmung ist die EMV-Richtlinie 89/336/EWG [Rat89] einzuhalten, um sowohl die Funktionsfähigkeit der Komponenten des Implantats zu gewährleisten als auch die Umgebung vor elektromagnetischer Strahlung zu schützen. Dennoch muss die elektromagnetische Durchlässigkeit im Frequenzbereich der Energie- und Signalübertragung gegeben sein. Interessierende Frequenzen sind dabei z.B. 402 MHz bis 405 MHz bei Nutzung des MICS-Bands (Medical Implant Communication Service [ECR09]) zur Kommunikation oder 13,56 MHz für die induktive Energieübertragung [NGG⁺09, Nag11]. Elektromagnetische Wellen im Frequenzbereich oberhalb von ca. 5 GHz werden durch die Gewebedämpfung sehr stark abgeschwächt [GLG96]. Im Störfall des Systems muss die elektrische Isolation zum Augeninnenraum hin gewährleistet werden.

2.1.4 Wesentliche Herausforderungen an die Systemintegration

In Abbildung 2.4 sind die Anforderungen an die Systemintegration für das Künstliche Akkommodationssystem zusammengefasst. Die beiden wesentlichen Herausforderungen dabei sind:

- Beschränkter ringförmiger Bauraum für nichttransparente Komponenten
- Dichtigkeit der Kapselung über die gesamte Lebensdauer.

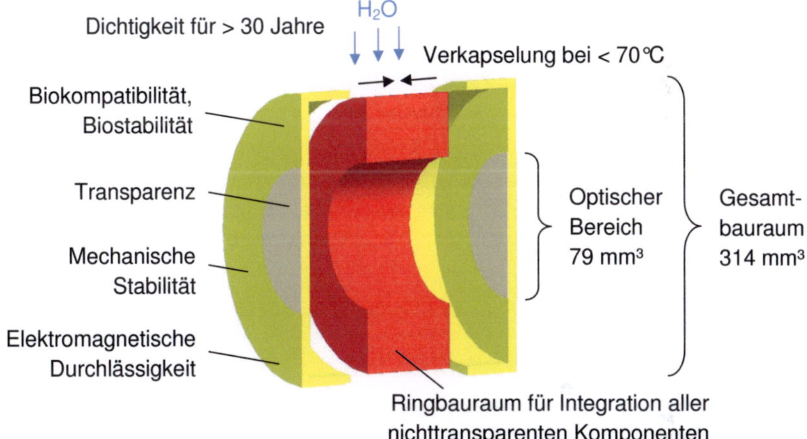

Abb. 2.4: Anforderungen an die Systemintegration des Künstlichen Akkommodationssystems.

Bauraum

Vom Gesamtbauraum von $314\,\text{mm}^3$ entfallen $79\,\text{mm}^3$ auf den zentralen optischen Bereich. Für nichttransparente Komponenten inklusive Kapselung stehen somit lediglich $235\,\text{mm}^3$ zur Verfügung, die zudem eine für die Bestückung ungünstige Ringform besitzen. Aufgrund der Bedeutung des Bauraums für die Systemintegration wird in der folgenden Beschreibung der einzelnen Subsysteme der jeweils erforderliche Bauraum abgeschätzt, der mit derzeit kommerziell verfügbaren Bauteilen für deren Aufbau erforderlich ist.

Dichtigkeit

Die zweite wesentliche Herausforderung ist die Aufrechterhaltung der Dichtigkeit über die gesamte Lebensdauer von mindestens 30 Jahren. Die Dichtigkeit ist essentiell für die Sicherheit des Künstlichen Akkommodationssystems. Ein Aspekt ist die Aufrechterhaltung der Funktionsfähigkeit der Subkomponenten. Ist es nicht möglich, das gesamte System aus inerten Werkstoffen aufzubauen, so führt ein Kontakt der Bauteile oder Verbindungselemente mit flüssigem Wasser und Ionen zu Korrosion und damit zum Funktionsausfall. Des Weiteren ist die Biokompatibilität gefährdet, wenn Stoffe die Systemgrenze passieren und somit in den Körper eindringen können.

Eine dichte, optisch transparente, biokompatible und elektromagnetisch durchlässige Kapselung, durch die die Systemkomponenten während der Herstellung thermisch nicht überlastet werden, wurde bisher noch nicht realisiert.

2.2 Subsysteme des Künstlichen Akkommodationssystems

Im Folgenden werden die z.T. bereits untersuchten, zum großen Teil parallel zur vorliegenden Arbeit entwickelten Subsysteme vorgestellt, die in Abbildung 2.5 mit den Energie- und Informationsflüssen dargestellt sind. Zwei Optimierungsansätze für bestehende Lösungen zum optischen Element sowie zur Sensorik werden auch in der vorliegenden Arbeit entwickelt.

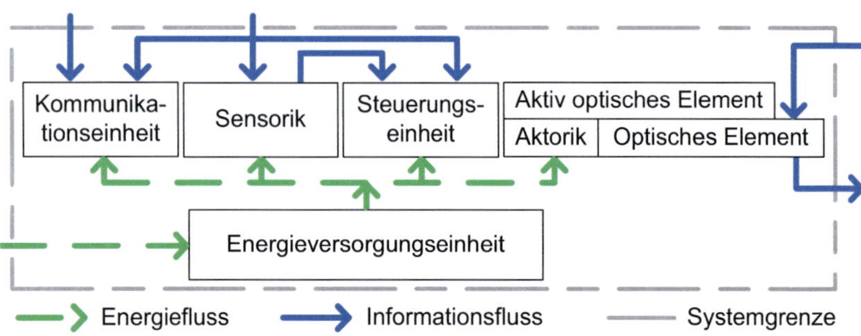

Abb. 2.5: Subsysteme und deren Energie- und Informationsflüsse im Künstlichen Akkommodationssystem (nach [Nag11]).

Zu den Subsystemen gehören das aktiv optische Element, das sich an die Gegenstandsweiten verschiedener vom Patienten fokussierter Objekte anpasst. Es besteht aus dem optischen Element (Abs. 2.2.1) und der Aktorik (Abs. 2.2.2). Grundlage zur Einstellung der optischen Brechkraft ist die Bestimmung des Abstands vom Auge zum betrachteten Objekt mit Hilfe einer Sensorik (Abs. 2.2.3). Das System ist abgeschlossen und arbeitet autonom. Die Energie muss durch die Energieversorgungseinheit (Abs. 2.2.4) drahtlos übertragen und im Inneren zwischengespeichert werden. Eine Kommunikationseinheit (Abs. 2.2.5) ermöglicht den Zugriff des Arztes auf das Implantat sowie den Datenaustausch zwischen den Implantaten beider Augen. Zur Auswertung der Abstandsinformation und zur Steuerung des gesamten Systems dient die Steuerungseinheit (Abs. 2.2.6).

Die Subsysteme werden differenziert nach Funktionen sowie nach Komponenten, die die jeweilige Funktion erfüllen. Die einzelnen Funktionen des Künstlichen Akkommodationssystems wurden in [GBG05, Ber07, BGG10] definiert und sind in (Tab. 2.1) dargestellt.

Die Funktionen können wiederum in Teilfunktionen untergliedert werden. Die Komponenten und deren Subkomponenten sind entweder Bauteile oder Softwareeinheiten. Bezüglich der Komponenten stehen bei einigen Subsystemen mehrere mögliche, bereits getestete Lösungen zur Auswahl (✔). Andere Subsysteme werden derzeit noch untersucht (//, ✎), sodass die einzelnen Komponenten zum Zeitpunkt der vorliegenden Arbeit noch nicht endgültig bekannt sind. Im Folgenden werden die einzelnen Subsysteme und Lösungsansätze zur Erfüllung der jeweiligen Funktionen vorgestellt.

2.2.1 Optisches Element

Das optische Element erfüllt die Funktion, die optische Brechkraft wiederherzustellen, die durch die Entfernung der natürlichen Linse verloren geht. Wie auch bei herkömmlichen Intraokularlinsen können dabei Fehlsichtigkeiten durch die entsprechende Anpassung der Brechkraft kompensiert werden. Im Gegensatz zu IOLs ist die Brechkraft des optischen Elements des Künstlichen Akkommodationssystems variabel und kann durch den Aktor verstellt werden. Damit wird im Gegensatz zur bisher realisierten Pseudoakkommodation (vgl. Abs. 1.3.1) erstmals eine tatsächliche Akkommodation ermöglicht.

In [BGBG07, Ber07, Rüc09, MSB⁺11] werden verschiedene Ansätze für die Realisierung einer einstellbaren Optik im vorgegebenen Bauraum beschrieben. Dazu gehören Linsensysteme, deren Brechkraftänderung durch relatives Verschieben von festen Linsen zueinander erfolgt, deformierbare elastische Linsen, Flüssigkristalllinsen sowie verschiedene Fluidlinsen. Die favorisierten Konzepte sind:

- Triple-Optik (Abb. 2.6 links)
- Alvarez-Humphrey-Linse (Abb. 2.6 Mitte)
- Mechanisch angesteuerte Fluidlinse (Abb. 2.6 rechts).

Subsysteme	Funktionen	Komponenten
Optisches Element	Variable optische Brechkraft bereitstellen	Linsensystem - Triple-Optik ✔ - Alvarez-Humphrey-Linse ✔ - Mechanisch angesteuerte Fluidlinse - Electrowettinglinse ✎
Aktorik	Variation der Brechkraft - Mechanische Verschiebung von Linsen - Fluidverschiebung	- Aktor, Treiber, Getriebe, Positionssensor // - Mikropumpe, Ansteuerung //
Sensorik	Erfassung des Akkommodationsbedarfs - Erfassung des Pupillennahreflexes - Vergenzwinkelbestimmung mit Erdmagnetfeld - Vergenzwinkelbestimmung mit Gravitation	• Sensor - Photosensor // - Magnetfeldsensor ✔ - Beschleunigungssensor ✎ • Auswerteeinheit, z.B. Mikrocontroller
Steuerungseinheit	Steuerung und Überwachung des Systems	Mikrocontroller, FPGA, Software etc. //
Energieversorgungseinheit	Energieversorgung des Systems • Empfangen der Energie • Zwischenspeicherung der Energie	• Empfänger, z.B. Spule // • Wandler, Speicher, z.B. Akku, Kondensator //
Kommunikationseinheit	• Kommunikation zwischen Implantaten • Kommunikation nach außen	Antennen, Funkchip, Mikrocontroller etc. //

Tab. 2.1: Subsysteme des Künstlichen Akkommodationssystems, differenziert nach Funktionen und eingesetzten Komponenten.
✔ : Vor Beginn der vorliegenden Arbeit ausgelegte, getestete Komponenten
// : Parallel zur vorliegenden Arbeit durch Andere entwickelte Komponenten
✎ : In der vorliegenden Arbeit von Autorin entwickelte bzw. optimierte Komponenten

Für alle Optikkonzepte wird der Großteil der optischen Brechkraft mit Hilfe von Vorsatzlinsen erzeugt. Eine patientenindividuelle Anpassung an vorhandene Fehlsichtigkeiten wird durch den Austausch der Vorsatzlinsen ermöglicht. Die Akkommodation, d.h. die Änderung der Brechkraft, ist vom optischen Prinzip abhängig. Die verschiedenen Prinzipien werden nachfolgend kurz beschrieben.

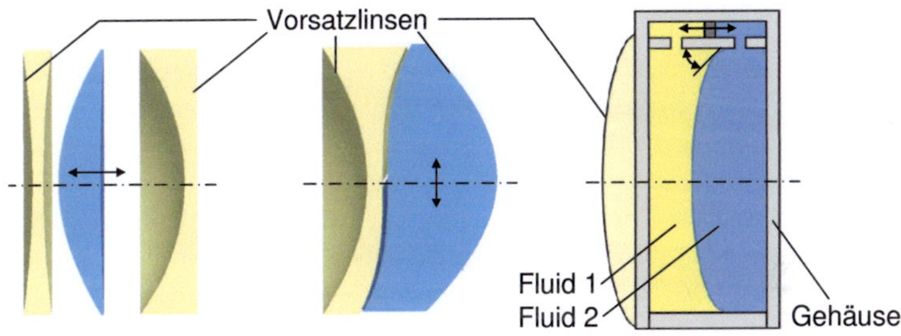

Abb. 2.6: Prinzipien für den Aufbau der in [Ber07] favorisierten aktiv optischen Elemente: Triple-Optik (links), Alvarez-Humphrey-Linse (Mitte) und mechanisch angesteuerte Fluidlinse (rechts).

Triple-Optik

Die Triple-Optik ist ein Dreilinsensystem, dessen Brechkraftänderung durch die Verschiebung der mittleren Linse entlang der optischen Achse erreicht wird. Die äußeren Linsen dienen hierbei als Vorsatzlinsen, um die Gesamtbrechkraft der Linse zur Verfügung zu stellen. Der Einsatz einer Triple-Optik erfordert einen gasgefüllten Hohlraum im Implantat, da eine Verschiebung der mittleren Linse gegen ein inkompressibles Fluid, wie z.B. Kammerwasser, sehr hohe Kräfte und den Bedarf an zusätzlichem Bauraum für die Umströmung der Linse erfordert. Die Triple-Optik ist ein theoretisch vollständig ausgelegtes aktiv optisches Element [BGBG07]; der Aufbau der Optik im Maßstab 1,5:1 erfolgt derzeit [MPG$^+$09]. Dabei wird von einem Verschiebeweg der Linse im Zielsystem von 300 µm ausgegangen [MGR$^+$11].

Alvarez-Humphrey-Linse

Die Alvarez-Humphrey-Linse besteht aus zwei Linsenkomponenten, die zueinander konjugiert geformte Oberflächen besitzen. Durch eine laterale Relativverschiebung wird die Variation der Brechkraft realisiert, wobei beide oder auch nur eine Linsenkomponente verschoben werden können [SGS08]. Die Integration von Vorsatzlinsen in die jeweils äußere Fläche der beiden Linsenkomponenten ist möglich (vgl. Abb. 2.6 Mitte). Als optisches Medium können für die Alvarez-Humphrey-Linse sowohl Gas als auch Kammerwasser genutzt werden. Der minimale Verschiebeweg in Luft beträgt ca. 60 μm, in Wasser ca. 160 μm [RSGB09]. In einem Demonstratoraufbau im Maßstab 5:1 ist die Alvarez-Humphrey-Linse als aktiv-optisches Element bereits erfolgreich integriert [GGH$^+$09].

Mechanisch angesteuerte Fluidlinse

Eine Fluidlinse besteht aus zwei Fluiden mit unterschiedlichen Brechungsindizes, deren Grenzfläche einen Meniskus bildet. Bei mechanisch angesteuerten Linsen führt eine von außen induzierte Volumenverschiebung der Fluide zur Änderung der Grenzflächenkrümmung im Inneren und damit zur Anpassung der Brechkraft. Die Fluide können durch eine dünne, transparente, elastische Membran getrennt sein, alternativ ist der Einsatz von nicht-mischbaren Fluiden möglich [Ber07]. Aufgrund der aufrechten Anordnung der Linse müssen die Fluide eine ähnliche Dichte besitzen, um eine asymmetrische Verformung der Linse durch Schwerkrafteinfluss zu vermeiden. In der Regel sind zusätzliche Vorsatzlinsen erforderlich, um mittels eines optischen Elements mit Fluidlinse die Gesamtbrechkraft der menschlichen Augenlinse wiederherzustellen. Zudem erfordert eine Fluidlinse ein eigenes Gehäuse, um die Fluide gegen die anderen Systemkomponenten abzugrenzen. Durch Volumenverschiebung mechanisch angesteuerte Fluidlinsen sind bisher nicht verfügbar.

Optimierungsansatz für die Anwendung einer Electrowettinglinse

Es ist möglich, den Benetzungswinkel eines elektrisch leitenden Fluids auf einer Elektrodenoberfläche in Abhängigkeit der dort anliegenden elektrischen Spannung zu verändern [BP00, MC02]. Die Electrowettinglinse nutzt diesen Effekt, indem ein elektrisch leitendes und ein elektrisch nicht leitendes Fluid mit unterschiedlichem Brechungsindex von einer vorzugsweise zylindrischen Elektrode umschlossen werden [Phia]. Durch Anlegen einer elektrischen Spannung im Mantelbereich kann nun der Meniskus zwischen den beiden Fluiden variiert und damit die Brechkraft der Linse eingestellt werden.

Bisher wird der Einsatz der Electrowettinglinse für das Künstliche Akkommodationssystem als kritisch eingestuft [BB06, Ber07], da die Anforderungen des postoperativen Refraktionsausgleichs und der Sicherheit im Versagensfall nicht gemeinsam erfüllt werden können (vgl. Abs. 2.1.1). Der spannungslose Zustand der Electrowettinglinse liegt systemimmanent immer am Rand des optischen Stellbereichs. Postoperative Fehlsichtigkeiten können somit nur in eine Richtung ausgeglichen werden. Alternativ kann die nicht durch die Electrowettinglinse einstellbare Richtung durch entsprechende Auslegung der Vorsatzlinsen kompensiert werden. Dadurch entsteht jedoch im spannungslosen Zustand eine Fehlsichtigkeit; die Sicherheit im Versagensfall ist nicht gewährleistet.

Wird jedoch der Ausgleich der Refraktion unabhängig vom aktiv optischen Element realisiert, z.B. durch eine inzwischen kommerziell verfügbare 'Light Adjustable Lens

(LAL)' (Abs. 1.1.2), so ist der Einsatz der Electrowettinglinse für das Künstliche Akkommodationssystem denkbar [RMN+12]. Die fluidische Linse kann ausschließlich für die Akkommodation eingesetzt werden; die LAL-Vorsatzlinsen können so abgestimmt werden, dass im spannungslosen Zustand Emmetropie erreicht wird. Damit ist die Sicherheit im Versagensfall gegeben. In Abbildung 2.7 ist exemplarisch eine Kombination aus Electrowettinglinse und einer LAL-Linse dargestellt, deren Brechkraft durch Polymerisation nachträglich erhöht wird. Electrowetting-Linsen sind kommerziell verfügbar [KH04], jedoch bisher nicht in der für das Künstliche Akkommodationssystem geforderten Geometrie.

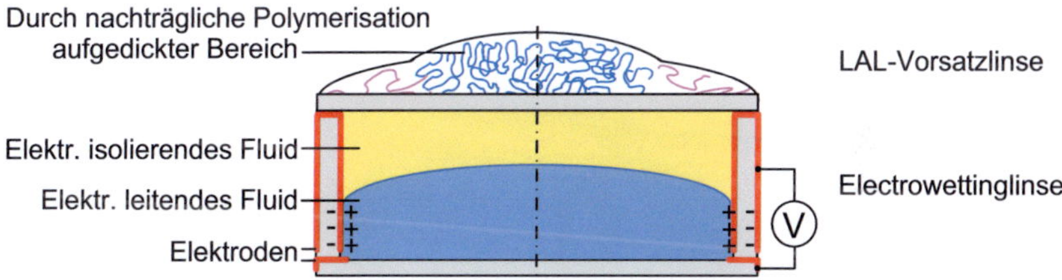

Abb. 2.7: Aktiv optisches Element aus einer Electrowettinglinse für die Brechkraftvariation (nach [KH04]) sowie einer 'Light Adjustable Lens (LAL)' für die Realisierung des postoperativen Refraktionsausgleichs am Beispiel der nachträglichen Brechkrafterhöhung (nach [Sch03]).

Bauraum

Der Bauraum für das optische Element V_{OB} ist in den Anforderungen eindeutig definiert und kann mit Formel (2.1) zu $79\,\mathrm{mm}^3$ berechnet werden.

2.2.2 Aktorik

Die Einstellung des optischen Elements erfolgt mit einem Aktor, der an das jeweils gewählte optische Prinzip angepasst wird. Die Ansteuerung ist von der Auswahl des Aktors abhängig und kann voraussichtlich z.T. in die Steuerungseinheit integriert werden. Für die Realisierung der Verschiebung der beweglichen Linsenkomponente der Triple-Optik oder der Alvarez-Humphrey-Linse werden verschiedene Aktorprinzipien untersucht [Kok06, MGBG10b]. Aufgrund ihrer Dauerfestigkeit wird der Einsatz von Piezoaktoren favorisiert. Mit Hilfe einer eigenen Positionssensorik kann die Aktoreinstellung geregelt werden. Für die mechanische Ansteuerung von Fluidlinsen sind Mikropumpen oder Kolben zur Fluidverschiebung einsetzbar. Die Untersuchungen auf dem Gebiet der Aktorik erfolgen parallel zur vorliegenden Arbeit und sind noch nicht abgeschlossen.

Bauraum

Die Abschätzung des Bauraums für die Aktorik basiert auf dem in Abbildung 2.8 dargestellten Entwurf, bei dem für die Verschiebung der mittleren Linse der Triple-Optik ein Piezobiegeaktor genutzt wird, dessen Stellweg über ein Siliziumkoppelgetriebe vergrößert wird [MPG$^+$09, MGR$^+$10]. Der Aktorik-Demonstrator, der derzeit im Maßstab 1,5:1 umgesetzt wird, umfasst zudem eine optische Positionssensorik. Aus der Skalierung des Demonstrators auf Zielgröße ergibt sich ein Bauraum von ca. 40 mm^3.

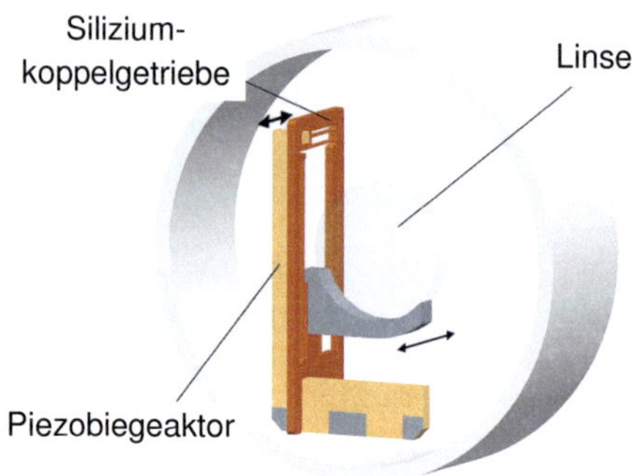

Abb. 2.8: Aktorik aus Piezobiegeaktor und Siliziumkoppelgetriebe für die Auslenkung der mittleren Linse einer Triple-Optik [MGR$^+$10].

Für die Aktoransteuerung existiert bisher nur eine erste Schaltungsauslegung, die noch nicht vollständig bauraumoptimiert ist [Baß10]. Aufgrund der hohen Ansteuerspannung von 60 V ergibt sich mit den für die Auslegung vorgesehenen, kommerziell verfügbaren Bauteilen ein Bauraum von ca. 100 mm^3. Eine Form der Bauraumoptimierung ist der Aufbau ohne Energierückgewinnung, wodurch eine Reduktion des Bauraums auf ca. 60 mm^3 möglich ist, der Energiebedarf jedoch deutlich erhöht wird [Mar11].

2.2.3 Sensorik

Der Akkommodationsbedarf kann durch die Erfassung natürlicher Signale oder durch eine direkte Abstandsmessung ermittelt werden [Kli08]. Die nutzbaren natürlichen Signalquellen sind der Pupillennahreflex, d.h. eine Kontraktion der Pupille während der

Akkommodation, die Änderung des Vergenzwinkels der Augäpfel, die Kontraktion des Ziliarmuskels und die Verlagerung des Kapselsacks während des Akkommodationsvorgangs. Die in [Kli08] favorisierten Konzepte sind:

- Erfassung des Pupillennahreflexes mit Hilfe der Messung des Pupillendurchmessers [KBG07]
- Bestimmung des Vergenzwinkels unter Nutzung des Erdmagnetfelds [KGB07].

Beide Konzepte werden im Folgenden kurz vorgestellt. Zudem erfolgt in der vorliegenden Arbeit die Konzeption einer robusten Methode zur Bestimmung des Vergenzwinkels, die auf der Erfassung der unabhängigen Signalquellen Erdmagnetfeld und Gravitationsfeld beruht.

Photosensor zur Erfassung des Pupillennahreflexes

Der Pupillendurchmesser ist von der Umfeldleuchtdichte und aufgrund des Pupillennahreflexes auch vom Akkommodationsbedarf abhängig. Zwischen den Größen besteht ein monotoner Zusammenhang, sodass nach der Messung von Durchmesser und Umfeldleuchtdichte der Akkommodationsbedarf direkt berechnet werden kann [Kli08]. Für die Messung können Photosensoren eingesetzt werden, die beispielsweise als Zeilensensor (Abb. 2.9 links) ausgeführt werden können. Die Umfeldleuchtdichte wird dabei über den mittleren Sensor erfasst, der Pupillendurchmesser über die äußeren (Abb. 2.9 rechts). Neben der Umfeldleuchtdichte und dem Akkommodationsbedarf beeinflussen auch Störgrößen wie Emotionen, Medikamente und körperliche Fitness den Pupillendurchmesser. Die Eignung des Pupillendurchmessers als Messgröße für die intraokulare Erfassung des Akkommodationsbedarfs muss deshalb vor dem Aufbau eines Pupillenweitensensors noch überprüft werden [FGBG10]. Untersuchungen hierzu werden im Rahmen von [Ebe14] durchgeführt.

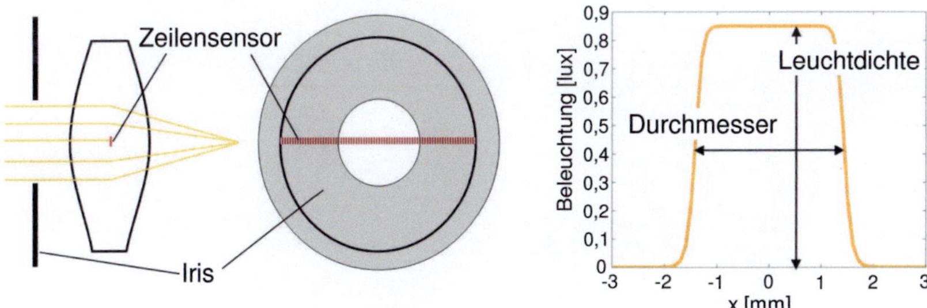

Abb. 2.9: Messung des Pupillendurchmessers und der Umfeldleuchtdichte zur Erfassung des Akkommodationsbedarfs (nach [Kli08]).

Bauraum Der für einen Versuchsstand zur Untersuchung des Pupillennahreflexes [Nag06] eingesetzte, kommerziell verfügbare Zeilensensor hat in gehäuster Form eine Baugröße von > 1800 mm^3 [Son]. Der funktionale Anteil des CCD-Sensors (Charge-Coupled Device – CCD) mit integriertem Ladungs-Spannungswandler beträgt dabei ca. 7 mm^3. Zusätzlich zum Sensor ist eine Auswertungseinheit erforderlich, die eine Signalaufbereitung für die anschließende Verarbeitung in der Steuerungseinheit durchführt. Eine individuelle miniaturisierte Lösung für den Aufbau eines Photosensors mit Auswertungseinheit wird für das Künstliche Akkommodationssystem derzeit im Rahmen von [Ebe14] entwickelt.

Magnetfeldsensor zur Vergenzwinkelbestimmung mit Hilfe des Erdmagnetfelds

Für die Bestimmung des Vergenzwinkels β wird die Orientierung jedes Auges relativ zu einem externen Referenzfeld, dem Erdmagnetfeld, erfasst. Dazu wird ein Magnetfeldsensor in jedes Auge eingesetzt und durch Erfassen der Amplitude des magnetischen Felds mit der magnetischen Flussdichte B für jede Sensorachse $x_{R,L}$ und $y_{R,L}$ kann die Ausrichtung des Implantats innerhalb des Felds bestimmt werden (Abb. 2.10). Nach Informationsaustausch über die jeweilige Augenorientierung zwischen den beiden Implantaten rechts R und links L kann über Triangulation der Abstand zum Fixationsobjekt und somit der Akkommodationsbedarf berechnet werden. Um den Akkommodationsbedarf mit der geforderten Genauigkeit von $\pm$ 0,25 dpt bestimmen zu können, muss der Vergenzwinkel auf $\pm$ 0,77 ° genau gemessen werden [KGB07, Kli08]. Durch den Einsatz eines dreiachsigen Sensors können Verkippungen kompensiert werden, die durch die Implantation oder bei der Montage des Sensors entstehen.

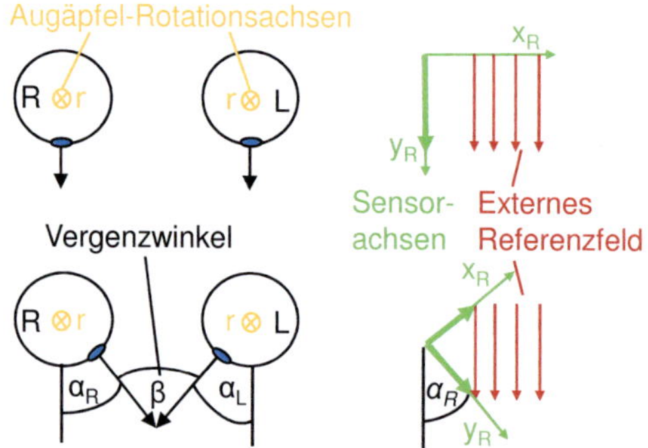

Abb. 2.10: Bestimmung des Vergenzwinkels β über die Orientierung α der Augen links L und rechts R, die jeweils relativ zu einer externen Referenz mit einem Sensor ermittelt wird.

Die Ausrichtung der Augäpfel auf das Zielobjekt kann extrakorporal gut nachgebildet werden. In einem Demonstrator wurde das Messprinzip zur Bestimmung des Vergenzwinkels relativ zum Erdmagnetfeld bereits umgesetzt und getestet [KGB07, GGH$^+$09] (Abb. 2.11). Als wesentlicher Nachteil der Magnetfeldmessung stellte sich die hohe Störanfälligkeit des Messsignals aufgrund der Ablenkung des Magnetfelds durch Metalle oder des Auftretens von Störmagnetfeldern, z.B. durch Lautsprechermagnete, heraus.

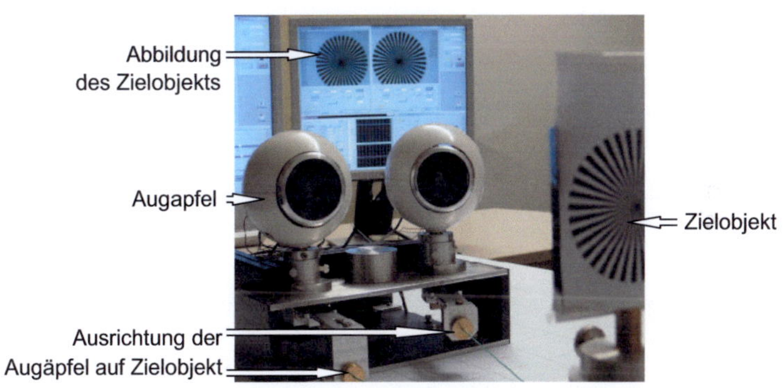

Abb. 2.11: Demonstrator des Künstlichen Akkommodationssystems im Maßstab 5:1, in dem die Vergenzwinkelmessung durch Magnetfeldsensoren zur Bestimmung des Akkommodationsbedarfs genutzt wird.

Genereller Nachteil bei der Erfassung des Vergenzwinkels mit Hilfe eines externen Felds ist, dass bei bestimmten Kopfneigungswinkeln keine Messung möglich ist. Beim günstigsten Kopfneigungswinkel ist die Rotationsachse der Augäpfel r senkrecht zu den Feldlinien. Somit kann die maximale Feldamplitude genutzt werden. Im ungünstigsten Fall ist die Rotationsachse der Augäpfel parallel zu den Feldlinien. Eine Messung des Vergenzwinkels ist nicht mehr möglich. Bis zu welchem Kopfneigungswinkel eine ausreichend genaue Vergenzwinkelmessung durchgeführt werden kann, hängt von der Sensorauflösung ab.

Beim Einsatz von Magnetfeldsensoren ist die Ausrichtung des nicht erfassbaren Bereichs aufgrund der Inklination des Erdmagnetfelds von der Position des Patienten auf dem Globus abhängig. In Äquatornähe beträgt die Inklination 0°; die günstigste Blickrichtung für die Erfassung des Vergenzwinkels ist somit horizontal mit einem Kopfneigungswinkel von 0°. In Abbildung 2.12 ist der günstigste (links) und der ungünstigste (rechts) Kopfneigungswinkel in Deutschland dargestellt. Die Inklination beträgt hier ca. 65°. Damit der Implantatträger den ungünstigsten Kopfneigungswinkel vermeiden und somit die ständige Erfassung des Akkommodationsbedarfs gewährleisten kann, müssen ihm in jeder Situation sowohl die Himmelsrichtungen als auch die Inklination des Erdmagnetfelds bekannt sein.

Um die Erfassung des Magnetfelds von Seiten der Systemintegration zu optimieren, ist beim Einsatz von zweiachsigen Sensoren für weite Teile des Globus eine Sensorausrichtung parallel zur Erdoberfläche und damit senkrecht zur planaren Stirnfläche des zylindrischen Implantats sinnvoll. Die Messprinzipien zur Erfassung von Magnetfeldern (anisotropic magnetoresistive - AMR [Dei01], giant magnetoresistive - GMR [Grü08]) beruhen auf einer Widerstandsänderung des Sensors in Abhängigkeit vom durchsetzenden Magnetfeld.

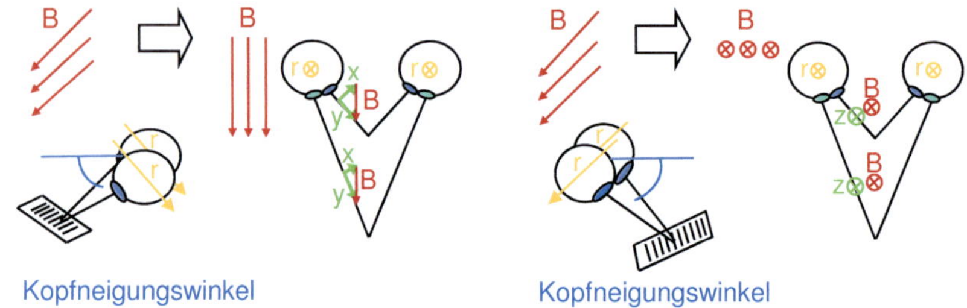

Abb. 2.12: Günstigster Kopfneigungswinkel (links) und ungünstigster Kopfneigungswinkel (rechts) zur Ermittlung des Vergenzwinkels mit Hilfe des Erdmagnetfelds in Deutschland.

Neues Konzept zur Kombination von Beschleunigungs- und Magnetfeldsensoren zur robusten Vergenzwinkelbestimmung

Um die Nachteile bei der Messung des Vergenzwinkels zu reduzieren, wurde im Rahmen der vorliegenden Dissertation ein neues Messprinzip entwickelt, das eine zusätzliche Informationsquelle als externes Referenzfeld nutzt: das Gravitationsfeld der Erde [RRN+09, RRN+10]. Die Bestimmung des Vergenzwinkels erfolgt ebenfalls mit Hilfe der in Abbildung 2.10 dargestellten Messmethode. Zur Erfassung des externen Gravitationsfelds werden Beschleunigungssensoren eingesetzt, deren internes Messprinzip auf der kapazitiven Erfassung der Auslenkung einer seismischen Masse beruht (vgl. [SWTK09]). Störsignale sind äußere Beschleunigungen durch die Bewegung von Kopf oder Körper sowie stabilisierende Augenbewegungen und Mikrobewegungen (Abs. 1.1.1). Durch die zielsuchenden Augenbewegungen wird keine unmittelbare Störung verursacht, da während der Augenbewegung keine Fixation und somit keine Akkommodation erfolgt.

Der Bereich, in dem eine Änderung des Vergenzwinkels nicht anhand des externen Gravitationsfelds erfasst werden kann, ergibt sich bei horizontaler Blickrichtung, also einem Kopfneigungswinkel von $0°$, und ist unabhängig von der Position auf der Erde. Die maximale Amplitude kann bei einem Kopfneigungswinkel von $90°$ erfasst werden. Die optimale Einbaulage eines zweiachsigen Beschleunigungssensors ist somit parallel zu den Stirnflächen des zylindrischen Implantats. In [Rit10] wurde die Vergenzwinkelerfassung exemplarisch mit Hilfe des Beschleunigungssensors KXSC7 [Kio08] aufgebaut und getestet. Eine ausreichend genaue Bestimmung des Vergenzwinkels ist bei ungestörter Signalerfassung ab einem Kopfneigungswinkel von $\pm 15°$ möglich. Mit hochauflösenderen Sensoren kann der nicht erfassbare Bereich voraussichtlich auf $\pm 5°$ reduziert werden [RRN+11].

Für den Einsatz im Künstlichen Akkommodationssystem ist es möglich, den Bereich um den ungünstigen Kopfneigungswinkel als nicht erfassbar zu definieren, d.h. sieht der Träger des Implantats geradeaus, wird Fernsicht eingestellt. Dies ist zulässig, da das Sehen auf genau horizontaler Ebene für den Menschen anstrengend ist und daher voraussichtlich nur kurzzeitig auftritt. Der bevorzugte Kopfneigungswinkel im Sitzen beträgt ca. $25°$ bis $30°$ [DIN92].

Sollen alle Kopfneigungswinkel abgedeckt werden und somit auch die seltenen Fälle, in denen bei ca. $0°$ Kopfneigungswinkel eine Akkommodation erforderlich ist, z.B. beim Lesen eines Aushangfahrplans, so kann eine Kombination aus der Nutzung verschiedener Referenzfelder eingesetzt werden. Das Gravitationsfeld sowie das Erdmagnetfeld sind unabhängige Referenzfelder (vgl. Tab. 2.2), die ausschließlich an den magnetischen Polen der Erde die gleiche Ausrichtung besitzen. Damit kann bei einer Kombination beider Referenzquellen für alle Kopfneigungswinkel der Akkommodationsbedarf des Implantatträgers bestimmt werden. Auch die Störquellen von Magnetfeld und Beschleunigungsfeld sind unabhängig, sodass eine sicherere Erfassung des Vergenzwinkels möglich ist. In [Rit10, RRN+11] wurde ein Prinzip zur Sensordatenfusion beider Informationsquellen mit Hilfe eines Kalmanfilters [ZM05] entwickelt.

Wird zusätzlich zum Vergenzwinkel der Kopfneigungswinkel bestimmt, z.B. mit Hilfe des Beschleunigungssensors, so kann eine Aussage über die erreichbare Genauigkeit der jeweiligen Sensorwerte ermittelt werden. Mit diesem Wissen können für jeden Kopfneigungswinkel die Plausibilität der jeweiligen Messung des Vergenzwinkels überprüft sowie die Messergebnisse des Magnetfeldsensors und des Beschleunigungssensors gewichtet werden. Durch Implementierung eines intelligenten Energiemanagements (vgl. [Nag11]) ist es möglich, beispielsweise die Messung des magnetischen Felds ausschließlich im Bedarfsfall einzuleiten. Dadurch kann das zusätzliche Volumen, das für den Einsatz eines zweiten Sensors erforderlich ist, durch Einsparung von Bauraum des Energiespeichers kompensiert werden. Eine weitere Option ist, einen Sensor ausschließlich für den günstigsten Kopfneigungswinkel einzusetzen und den jeweils anderen für die übrigen Winkel. Dadurch kann die erforderliche Auflösung und somit die Größe der Sensoren reduziert werden.

	Magnetfeldsensor	**Beschleunigungssensor**
Messung von	Erdmagnetfeld	Gravitationsfeld
Störung durch	Magnetfelder, Metall	Bewegungen
Blickrichtung		
Vertikal	Messung möglich +*	Messung sehr gut möglich ++
Horizontal	Messung möglich +*	Keine Messung möglich - -
nach Süden, ca. 25° geneigt, in Deutschland	Keine Messung möglich - -	Messung möglich

Tab. 2.2: Gegenüberstellung der Möglichkeiten zur Bestimmung des Vergenzwinkels mit Hilfe von Magnetfeld- und Beschleunigungssensoren. *wenn Blickrichtung nicht senkrecht zu Feldlinien

Bauraum Die Bauraumabschätzung für die Vergenzwinkelsensorik von ca. $30\,\text{mm}^3$ basiert auf dem Schaltungsentwurf für einen Demonstrator im Maßstab 2:1, bei dem für die Vergenzwinkelbestimmung eine Kombination von Magnetfeldsensor [Hon09] und Beschleunigungssensor [Kio09] eingesetzt wird (vgl. Abs. 5.1.2).

2.2.4 Energieversorgungseinheit

Die Aufgaben der Energieversorgung werden unterteilt in (vgl. [Nag11]):

- Energieeinspeisung
- Energiespeicherung
- Energiemanagement.

Das Künstliche Akkommodationssystem soll mindestens 24 Stunden autark ohne zusätzliche Hilfsmittel arbeiten. Ziel ist es, die Komponenten so energieeffizient zu betreiben, dass die durchschnittliche Leistungsaufnahme des Systems maximal 1 mW beträgt. Hierzu ist ein intelligentes Energiemanagement sowohl auf Hardware- als auch auf Softwareebene nötig. Dazu gehören beispielsweise die Detektion von Schlafphasen des Patienten, in denen das System in den Ruhezustand versetzt wird sowie die Anwendung effizienter Algorithmen zur Berechnung von Stellgrößen [NBH$^+$10]. Die Grundlage zur Abschätzung des Energiebedarfs bildet die Kenntnis der Akkommodationshäufigkeit [NGG$^+$10, NBR$^+$12].

Das derzeit favorisierte Energieversorgungskonzept sieht die induktive Einkopplung und anschließende Zwischenspeicherung der Energie vor [Nag11]. Dazu setzt der Patient voraussichtlich einmal täglich für ca. eine Stunde eine Brille auf, die die Primärspulen enthält (vgl. Abb. 2.13). Induktiv wird die Energie in die Sekundärspulen der Implantate eingekoppelt. Die Zwischenspeicherung erfolgt in Akkumulatoren, bevorzugt Lithium-Polymer-Akkumulatoren [MHB$^+$09]. Spannungsspitzen können beispielsweise mit Hilfe von Kondensatoren, sogenannten SuperCaps, abgefangen werden.

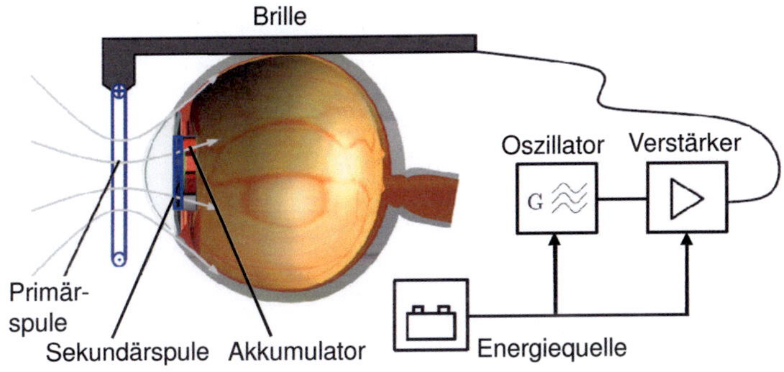

Abb. 2.13: Prinzipdarstellung der induktiven Energieübertragung (nach [Nag11]).

Verschiedene Möglichkeiten des Energy Harvesting, d.h. der Nutzung vorhandener Energie aus der Umgebung, werden ebenfalls untersucht. Energiequellen stellen hierbei das ins Auge einfallende Licht, die Glukose im Kammerwasser, die Augenbewegung während der Sakkaden [God10] sowie Temperaturgradienten [NSG+10] innerhalb des Systems dar. Bisherige Untersuchungen zeigen jedoch, dass die nutzbare Energie dieser Quellen nicht ausreicht, um dem System die benötigte Leistung von 1 mW zur Verfügung zu stellen.

Die Entwicklung der Energieversorgungseinheit des Systems erfolgt parallel zur vorliegenden Arbeit.

Bauraum

Der Bauraum für die Energieversorgung ergibt sich aus dem Akkumulator, der Ansteuerungselektronik (vgl. Abs. 5.1.2) sowie der Innenspule für die induktive Energieübertragung. Lithium Phosphorus Oxynitride (LiPON) werden als Energiespeicher des Künstlichen Akkommodationssystems favorisiert [Nag11] und sind derzeit kommerziell mit einer Leistungsdichte von 42 mWh/cm^3 verfügbar [Fro09]. Bei der Leistungsaufnahme von maximal 1 mW und einer Ladezykluszeit von 24 Stunden ergibt sich ein Bauraum für den Akkumulator von ca. 570 mm^3. Die Ansteuerungselektronik mit Innenspule beansprucht ca. 10 mm^3.

2.2.5 Kommunikationseinheit

Die Kommunikation wird unterteilt in interne Kommunikation zwischen zwei Implantaten und externer Kommunikation zwischen Implantat und beispielsweise dem Augenarzt. Die externe Kommunikation ist nur sporadisch erforderlich und dient der Kalibrierung nach der Implantation [BRG+12] sowie Anpassungen während des Betriebs. Wird die Bestimmung des Vergenzwinkels für die Erfassung des Akkommodationsbedarfs eingesetzt, so wird eine kontinuierliche interne Kommunikation zum Datenaustausch zwischen den Implantaten benötigt. Untersuchungen zur Realisierung von Funkkommunikation werden derzeit durchgeführt [BNG+10, BSN+10, Kar11]. Dabei ist die Verwendung des Frequenzbands zwischen 402 und 405 MHz vorgesehen, das für die Funkkommunikation aktiver Implantate freigegeben ist (Medical Implant Communication Service – MICS, [ECR09]).

Bauraum

Für die Kommunikation ist derzeit der Einsatz eines Funkchips ([Tex07], vgl. Abs. 5.1.2) mit Antenne vorgesehen. Ist die Antenne im Schaltungsträger integrierbar, wird ein Bauraum von ca. 20 mm^3 für die Kommunikation benötigt.

2.2.6 Steuerungseinheit

Mit Hilfe der Steuerung wird der Informationsaustausch zwischen den Subsystemen koordiniert. So wird beispielsweise die Information über den Akkommodationsbedarf in ein Steuersignal für die Aktorik umgewandelt. Weitere Aufgaben sind das Energiemanagement und die Systemüberwachung, die auf Ausnahmen reagiert und das System im Versagensfall in einen sicheren Zustand überführen kann. Mögliche Komponenten zur Umsetzung der Steuerung sind Mikrocontroller oder Field Programmable Gate Arrays (FPGA), d.h. Halbleiterchips, die bereits einen Prozessor enthalten oder in die die logischen Schaltungen programmiert werden können (vgl. [Nag11]).

Bauraum

Mikrocontroller sind bereits mit Gehäusen in Chipgröße (CSP, vgl. Abs. 1.3.3) kommerziell verfügbar ([Tex06b], vgl. Abs. 5.1.2). Der damit für die Steuerungseinheit benötigte Bauraum beträgt ca. 10 mm^3.

2.2.7 Bauraum der Subsysteme

In den Abschnitten 2.2.1 bis 2.2.6 wurde der Bauraum für das jeweilige Subsystem soweit derzeit möglich abgeschätzt. Der Bauraum für Elektronikkomponenten ergibt sich dabei aus einer Kombination von Siliziumhalbleiterchips und SMD-Bauteilen. Die Grundlage für die Bestimmung der Größenordnung der Elektronikkomponenten bildet der Schaltungsentwurf für einen Demonstrator im Maßstab 2:1 (vgl. Abs. 5.1.2), für den derzeit kommerziell verfügbare, größtenteils gehäuste elektronische Bauteile vorgesehen sind. Für noch nicht vollständig definierte Schaltungselemente wie die Aktoransteuerung ist nur eine grobe Abschätzung des erforderlichen Bauraums möglich. Für die Abschätzung der Baugröße der Empfangsspule sowie der Antenne wird von der Möglichkeit zur Integration in den Schaltungsträger ausgegangen.

Eine Übersicht über den für alle Subsysteme erforderlichen Bauraum ist in Tabelle 2.3 dargestellt. Daraus ist ersichtlich, dass die Energieversorgung aufgrund des Volumens des Energiespeichers bereits deutlich mehr Bauraum beansprucht, als im Implantat mit $314\,\text{mm}^3$ insgesamt zur Verfügung steht. Doch selbst bei einem Aufbau ohne Energiespeicher, d.h. mit permanenter Energieeinspeisung, wird durch die Subsysteme in Summe ein Volumen von ca. $250\,\text{mm}^3$ beansprucht. Hinzu kommt der Bauraum für die Komponenten der Systemintegration.

Subsystem	Bauraum in mm^3
Optisches Element	79
Aktorik	
• Aktor und Getriebe	40
• Ansteuerung	60
Sensorik (Vergenz)	30
Steuerungseinheit	10
Kommunikationseinheit	20
Energieversorgungseinheit	
• Energiespeicher	570
• Ansteuerung	10

Tab. 2.3: Abschätzung des derzeit benötigten Bauraums für die einzelnen Subsysteme im Künstlichen Akkommodationssystem. (Schätzwerte sind auf Vielfache von $5\,\text{mm}^3$ gerundet.)

Der Bauraum der einzelnen Komponenten muss durch weitere Optimierung deutlich reduziert werden. Hierzu gehört zunächst die Auslegung der Subsysteme, sodass möglichst wenige und kleine Bauteile zum Einsatz kommen. Ein weiterer wichtiger Punkt ist jedoch die Optimierung der Bauteilgeometrie. Insbesondere für Siliziumhalbleiterchips ist dies die Aufgabe der Systemintegration. Durch die Anwendung der aktuellen technologischen Möglichkeiten lassen sich die Bauteile z.T. deutlich verkleinern. Im Gegenzug ist jedoch eine aufwendige Aufbau- und Verbindungstechnik erforderlich. Die Technologien hierfür müssen analysiert und auf ihre Anwendbarkeit für das Künstliche Akkommodationssystem geprüft werden.

In Abschnitt 5.1.3 werden die Ergebnisse der Bauraumreduktion der Subsysteme des Künstlichen Akkommodationssystems durch die jeweilige Optimierung sowie durch die Reduktion der Bauteilgeometrie mit Hilfe der Technologien zur Systemintegration zusammengefasst.

2.3 Grundlagen der Systemintegration des Künstlichen Akkommodationssystems

Im Anschluss an die Analyse der Anforderungen an das System und die Systemintegration sowie der Subsysteme können im Folgenden die Grundlagen der Systemintegration des Künstlichen Akkommodationssystems erarbeitet werden. Nach der Definition der Problemstellung (Abs. 2.3.1) wird die Systemintegration mit Hilfe der Funktionsstruktur in Teilaufgaben untergliedert (Abs. 2.3.2). Daraufhin werden kurz die prinzipiellen Lösungsansätze vorgestellt (Abs. 2.3.3), die die Grundlage für die Erstellung der Systemintegrationskonzepte bilden (vgl. Kap. 3).

2.3.1 Problemstellung

In Abschnitt 2.2 wurden die verschiedenen Subsysteme des Künstlichen Akkommodationssystems vorgestellt. Die Zielsetzung der Systemintegration besteht darin, alle Subsysteme zu einem funktionalen implantierbaren Gesamtsystem zusammenzuführen (Abb. 2.14). Mögliche Komponenten zur Erfüllung der Funktionen der Systemintegration sind:

- Schaltungsträger
- Gehäuse oder Verguss
- Haptiken.

Bei der Integration eines Mikrosystems sind die speziellen technologischen Herausforderungen der Mikrosystemtechnik zu berücksichtigen ([MM97, RLA$^+$08]). Im Gegensatz zu den meisten existierenden Implantaten (vgl. Abs. 1.3.2) enthält das Künstliche Akkommodationssystem dabei elektronische, optische sowie mechanisch bewegliche Komponenten. Zudem soll eine Kommunikation nach außen ermöglicht werden. Ein sicheres, zuverlässiges und energieeffizientes Zusammenwirken der einzelnen Subsysteme muss realisiert werden. Der verfügbare Bauraum von $314\,\text{mm}^3$ ist extrem klein und die angestrebte Lebensdauer mit 30 Jahren ist sehr lang. Der Bauraum tritt dabei in Konflikt mit Langzeitstabilität und Zuverlässigkeit. Beispiele hierfür sind in Tabelle 2.4 dargestellt.

Da sich der Großteil der Subsysteme noch im Forschungsstadium befindet (vgl. Abb. 2.14), ist die Definition der endgültigen Anordnung der einzelnen Komponenten im Implantat derzeit nicht möglich. Im Folgenden werden deshalb die Teilaufgaben der Systemintegration definiert, die durch die vorliegende Arbeit gelöst werden können.

2.3.2 Funktionsstruktur der Systemintegration

Um die komplexe Aufgabe der Systemintegration zu strukturieren, wird sie in Teilaufgaben untergliedert, die relativ unabhängig voneinander erfüllt werden können. Hierzu ist zunächst die Konkretisierung der in Abschnitt 1.2.2 eingeführten Funktionsstruktur

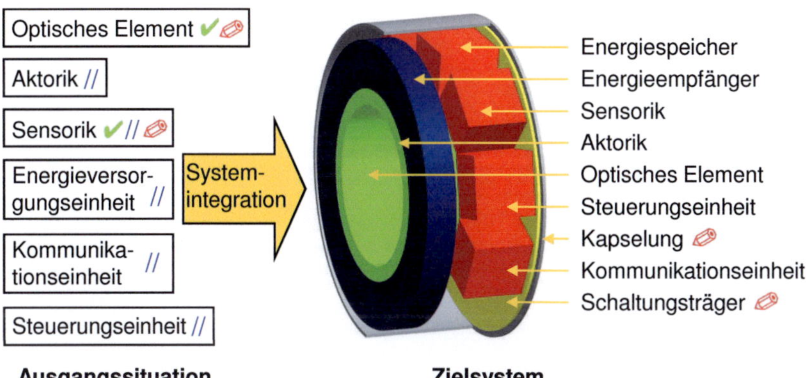

Abb. 2.14: Problemstellung der Systemintegration des Künstlichen Akkommodations-system.

✔ : Vor Beginn der vorliegenden Arbeit ausgelegte, getestete Komponenten

// : Parallel zur vorliegenden Arbeit durch Andere entwickelte Komponenten

✏ : In der vorliegenden Arbeit von Autorin entwickelte Komponenten

Zuverlässigkeit, Dichtigkeit	Bauraum
Redundante Ausführung von Systemkomponenten	Möglichst kleine Systemkomponenten
Keine gegenseitige Beeinflussung der Subsysteme	Sehr hohe Packungsdichte
Möglichst hoher Permeationswiderstand durch dicke Wandstärke	Möglichst dünne Wandstärke

Tab. 2.4: Konflikte zwischen Zuverlässigkeit bzw. Dichtigkeit und Bauraum.

für die Anwendung auf das Künstliche Akkommodationssystem nötig (Abb. 2.15). Die Teilaufgaben der Systemintegration des Künstlichen Akkommodationssystems sind:

- Elektrisch leitende Verbindung der Komponenten
- Ausrichtung und Fixierung der Komponenten
- Kapselung des Systems
- Ausrichtung und Fixierung im Körper.

Die Komponenten zur Erfüllung der Teilaufgaben werden im Rahmen der vorliegenden Arbeit detailliert untersucht. In Abbildung 2.15 sind die entsprechenden Abschnitte hierfür angegeben. Bei der Erstellung der Teilkonzepte muss stets berücksichtigt werden, dass sich die einzelnen Konzepte später zu einem Gesamtintegrationskonzept zusammenführen lassen können.

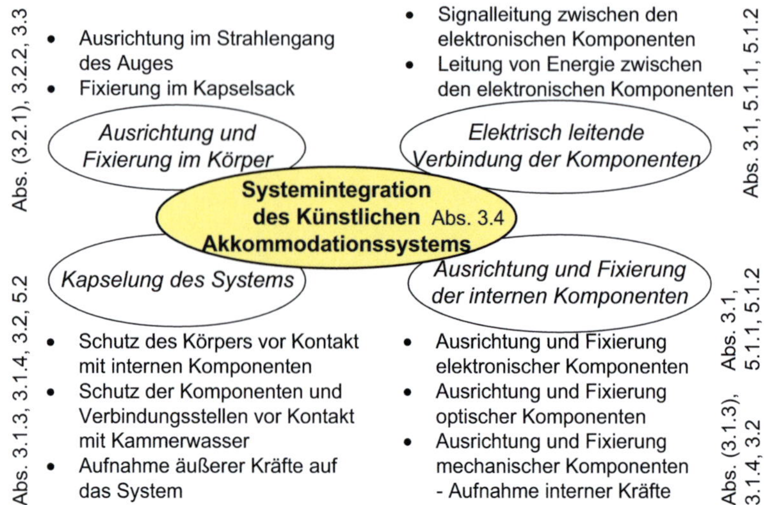

Abb. 2.15: Teilaufgaben der Systemintegration für das Künstliche Akkommodationssystem, untersucht in den jeweils vertikal angegebenen Abschnitten. (): untersuchte Komponenten bedingt für die Erfüllung der jeweiligen Teilaufgabe vorgesehen, z.B. in Kombination mit Zusatzkomponenten.

Elektrisch leitende Verbindung der Komponenten

Die Teilaufgabe der elektrisch leitenden Verbindung dient der Signalleitung und damit der Realisierung von Schnittstellen zwischen den einzelnen elektronischen Bauteilen sowie der Energieversorgung. Die Lösung der Teilaufgabe erfolgt in der Regel durch einen Schaltungsträger in Kombination mit der entsprechenden Aufbau- und Verbindungstechnik für die Komponenten. Die Herausforderung ist, die elektronischen Komponenten und den Schaltungsträger so klein wie möglich auszulegen, wobei die Zuverlässigkeit der Komponenten selbst sowie die der elektrisch leitenden Verbindung gewährleistet werden muss (vgl. Abs. 3.1, 5.1.1, 5.1.2).

Ausrichtung und Fixierung der Komponenten

Die Ausrichtung und Fixierung der internen Komponenten ist eine weitere Teilaufgabe. Besondere Bedeutung kommt dabei der Ausrichtung der Sensorik zu: Photosensoren zur Erfassung der Pupillenweite müssen im Strahlengang der Optik positioniert werden; für zweiachsige Magnetfeldsensoren zur Erfassung des Vergenzwinkels wird eine Ausrichtung horizontal zur Erdoberfläche bevorzugt. Die Fixierung der optischen und mechanischen, z.T. beweglichen Komponenten muss in einer sehr präzisen Position erfolgen. Durch Halterungselemente müssen Gegenkräfte zu denen der Linsenbewegung aufgebracht werden. Die Ausrichtung und Fixierung kann durch den Schaltungsträger erfolgen (vgl. Abs. 3.1, 5.1.1, 5.1.2) und/oder durch die Kapselung des Systems (vgl. Abs. 3.2), in die jeweils bereits Halterungselemente integriert werden können.

Kapselung des Systems

Die Kapselung gewährleistet den Schutz des Körpers vor Kontakt mit nicht biokompatiblen internen Komponenten. Zudem werden die internen Komponenten vor dem Eindringen von Körperflüssigkeit, z.B. Kammerwasser geschützt, um ihre Funktionsfähigkeit über die gesamte Lebensdauer hinweg sicherzustellen. Eine weitere Funktion der Kapselung ist die Aufnahme aller äußeren Kräfte, um diese nicht an die Subsysteme weiterzuleiten. Um den Bauraum für die Subsysteme nicht zu stark zu reduzieren, muss die Kapselung dabei so dünn wie möglich ausgeführt werden. Verschiedene Kapselungskonzepte unter Anwendung von Gehäusen oder Verguss werden in den Abschnitten 3.1.3, 3.1.4, 3.2 erstellt und analysiert. Um die Charakterisierung bezüglich der Dichtigkeit und somit der Langzeitstabilität des gesamten Systems zu ermöglichen, wird in Kapitel 4 eine neue Prozesskette zur Durchführung von normierten Dichtigkeitstests und beschleunigten Alterungstests konzeptioniert, mit der erste Funktionsmuster charakterisiert werden können (Abs. 5.2).

Ausrichtung und Fixierung im Körper

Die Ausrichtung des Künstlichen Akkommodationssystems bestimmt dessen Position im Strahlengang des Auges und damit die erzielbare Abbildungsqualität. Die Fixierung im Kapselsack ist erforderlich, um die Position langzeitstabil beizubehalten. Lösungskonzepte für diese Teilaufgabe werden in Abschnitt 3.3 vorgestellt. Auch der Einsatz der in den Abschnitten 3.2.1, 3.2.2 untersuchten Komponenten zur Ausrichtung und Fixierung ist denkbar.

Bei der Lösung der dargestellten Teilaufgaben müssen die in Abschnitt 2.1) definierten Anforderungen an das System erfüllt sein. Für die Validierung von einzelnen Lösungskonzepten ist der Aufbau von Funktionsmustern vorgesehen (vgl. Kap. 5). Sowohl die Herstellbarkeit als auch die Erfüllung der geforderten Eigenschaften können damit untersucht werden.

2.3.3 Methodik für die Systemintegration

Zur Lösung der in Abschnitt 2.3.2 definierten Teilaufgaben der Systemintegration werden im Folgenden zwei prinzipielle Methoden unterschieden, in der folgenden Beschreibung auch Lösungsansätze genannt:

- Integration verschiedener Funktionen
- Trennung der Funktionen.

Ansatz 1: Integration verschiedener Funktionen

Bei der Integration verschiedener Funktionen erfüllt ein Bauteil mehrere Teilaufgaben, um den erforderlichen Bauraum zu minimieren. Möglichkeiten der mehrfachen Nutzung eines Bauteils sind:

- Integration von Gehäuse und Schaltungsträger
- Integration von Halterungsstrukturen für einzelne Komponenten oder Widerlager für die Aktorik in den Schaltungsträger oder das Gehäuse
- Integration von Vorsatzlinsen in das Gehäuse
- Integration von Haptiken in die Kapselung.

Die Vorteile der Integration verschiedener Funktionen sind:

- Bauraumersparnis durch Bauteilersparnis
- Präzise Positionierung elektronischer Komponenten, z.B. des Photosensors, relativ zum Gesamtsystem, da Montagetoleranzen zwischen Gehäuse und Schaltungsträger entfallen
- Präzise Positionierung von Vorsatzlinsen
- Präzise Positionierung und Stabilisierung mechanischer Bauteile durch Verzicht auf Fügestellen.

Im Folgenden bezieht sich die Diskussion zur Integration verschiedener Funktionen in ein Bauteil auf die beiden Hauptkomponenten der Systemintegration, d.h. die Nutzung des Schaltungsträgers als Gehäuse des Implantats. Die Integration von Gehäuse und Schaltungsträger ist insbesondere dann sinnvoll, wenn das Schaltungsträgersubstrat bei einer ausschließlichen Nutzung als Schaltungsträger zu viel Bauraum einnimmt, oder wenn das Substrat bereits für die Erfüllung weiterer Funktionen ausgelegt ist. Unabhängig vom verwendeten Substratmaterial ergeben sich durch die Integration von Gehäuse und Schaltungsträger in einem Bauteil bestimmte Randbedingungen:

- Die Bestückung der inneren Oberfläche des zylindrischen Implantats mit elektronischen Bauteilen ist nur auf den Stirnflächen sinnvoll, da die planaren Bauteile nicht auf der gekrümmten Oberfläche des Zylindermantels bestückt werden können. Die Abflachung des Mantels führt zu Bauraumverlust. Somit ergeben sich maximal zwei Bestückungsflächen für die elektronischen Bauteile.
- Die Randbereiche der Stirnfläche sind aufgrund der vertikalen Wände schwer zugänglich für die Bestückung.
- Um eine elektrische Kontaktierung der beiden Schaltungsteile zu realisieren, muss eine entsprechende Schnittstelle zwischen den Gehäuseeinzelteilen erzeugt werden. Hierfür können vertikale zylindrische Wände aus Schaltungsträgersubstrat eingesetzt werden, die über Lotkugeln oder leitfähige Klebstoffe mit anderen Teilen des Schaltungsträgers kontaktiert werden. Die entstehende elektrische Schnittstelle muss gegen Kammerwasser abgedichtet werden. Während der elektrischen

Kontaktierung dürfen die internen Komponenten keiner zu hohen Temperaturbelastung ausgesetzt werden.

In den Abschnitten 3.1.2, 3.1.3 und 3.1.4 wird die Umsetzung von Ansatz 1 mit Hilfe von hochintegrierten Platinen, keramischen Substraten und spritzgegossenen Schaltungsträgern diskutiert.

Ansatz 2: Trennung der Funktionen

Bei der Trennung der Funktionen ist die Funktion eines Bauteils im Wesentlichen auf die Erfüllung einer Teilaufgabe beschränkt. Der Schaltungsträger übernimmt ausschließlich die Funktion, die elektronischen Komponenten zu fixieren und elektrisch zu kontaktieren. Das Kapselungskonzept ist unabhängig vom Schaltungsträger.

Der Einsatz eines eigenen Bauteils zur Erfüllung einer Teilaufgabe hat den Vorteil, dass eine Spezialisierung auf diese Funktion möglich ist. Die Auswirkungen sind:

- AVT: Durch den Einsatz ebener Schaltungsträger wird die vollständige Bestückung der gesamten Fläche unter Einsatz von Standardbestückungstechniken sowie die Stapelung von Schaltungsträgern ermöglicht.
- Das Fügen von Gehäuseteilen kann auf Dichtigkeit hin optimiert werden, ohne Einschränkungen durch elektrische Kontaktierungen.
- Für jede Funktion kann das jeweils kleinste Bauteil ausgewählt und somit der Bauraum optimiert werden.
- Ein Zusammenspiel verschiedener Bauteile kann vorgesehen werden, z.B. die mechanische Fixierung einer flexiblen Leiterkarte durch das Gehäuse.

In Abschnitt 3.1.5 wird ausgehend von Ansatz 2 die Umsetzung der Schaltungsträgerfunktionen mit Hilfe einer flexiblen Leiterkarte beschrieben, getrennt von der Kapselung, die in Abschnitt 3.2 entwickelt wird.

Weiteres Vorgehen

Die wesentlichen Systemintegrationskomponenten sind der Schaltungsträger und die Kapselung. Die grundlegende Entscheidung für die Konzeption ist daher, ob die Integration beider Teilaufgaben in ein Bauteil von Vorteil ist. Hierzu ist die Betrachtung verschiedener Substrattechnologien sowie deren Eignung für den Einsatz als Gehäuse erforderlich. Entsprechende Konzepte werden in Abschnitt 3.1 erarbeitet. Die Vor- und Nachteile der Anwendung von Ansatz 1 und Ansatz 2 werden dabei analysiert. Nach der Entscheidung für Ansatz 2, die Trennung der Funktionen, werden in den Abschnitten 3.2 und 3.3 vom Schaltungsträger unabhängige Konzepte zur Kapselung sowie zur Ausrichtung und Fixierung vorgestellt. Die Entscheidung für Ansatz 2 ist dabei auf die Trennung von Schaltungsträger- und Kapselungsfunktion beschränkt. Die Integration von Vorsatzlinsen in das Gehäuse beispielsweise erweist sich als sinnvoll, die Umsetzung ist lediglich von den Fertigungstechniken abhängig.

In den folgenden Kapiteln werden die Teilaufgaben, die durch das jeweils betrachtete Bauteil erfüllt werden sollen, farblich gekennzeichnet. Die Legende hierfür ist in Abbildung 2.16 dargestellt. Die Realisierung und Charakterisierung der konzeptionierten Schaltungsträger und Gehäuse erfolgt in Kapitel 5.

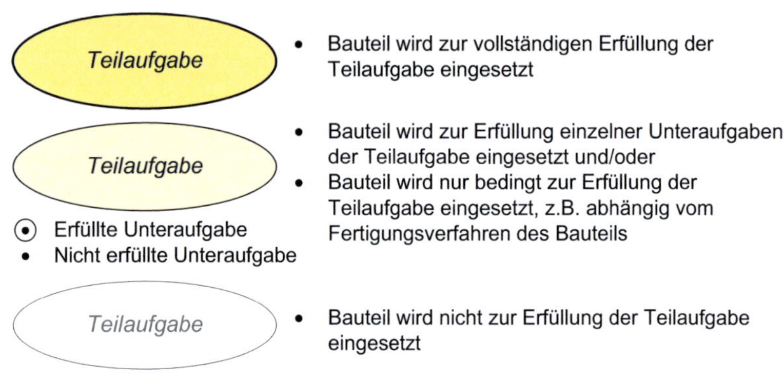

Abb. 2.16: Legende für die Kennzeichnung von Teilaufgaben, die durch ein Bauteil erfüllt werden sollen (vgl. verschiedene Konzepte in Kap. 3).

2.4 Zusammenfassung

In Kapitel 2 wurden zunächst die Anforderungen an das Künstliche Akkommodationssystem und an dessen Systemintegration spezifiziert. Im Anschluss wurden die einzelnen Subsysteme vorgestellt. Dabei wurden neue Optimierungsansätze für die Anwendung einer Electrowettinglinse als aktiv optisches Element sowie für die robuste Erfassung des Vergenzwinkels zur Bestimmung des Akkommodationssystems entwickelt. Nach der Definition der Problemstellung der Systemintegration wurde die komplexe Gesamtaufgabe mit Hilfe einer Funktionsstruktur in detaillierte Teilaufgaben untergliedert. Zur Lösung der Gesamtintegration wurden zwei prinzipielle Ansätze identifiziert: die Integration verschiedener Funktionen in einem Bauteil und die bauteilspezifische Trennung der Funktionen. Im Folgenden werden unter Anwendung der vorgestellten Integrationsansätze verschiedene Konzepte für die Lösung aller Teilaufgaben der Systemintegration erstellt und analysiert.

3 Neue Integrationskonzepte für das Künstliche Akkommodationssystem

Im Abschnitt 2.3 wurden die Grundlagen der Systemintegration des Künstlichen Akkommodationssystems betrachtet und die Hauptkomponenten identifiziert. Im Folgenden werden Teilkonzepte für die Anwendung jeder der Komponenten erstellt:

* Schaltungsträger, in die gegebenenfalls zusätzliche Funktionen integriert werden können (Abs. 3.1)
* Kapselung für das Implantat (Abs. 3.2)
* (Haptiken (Abs. 3.3)).

Die Auswahl des Schaltungsträgers beeinflusst insbesondere den Bauraum des Gesamtsystems, und somit die erste wesentliche Herausforderung der Systemintegration. Bei der Kapselung muss neben dem Bauraum auch die zweite Herausforderung berücksichtigt werden, die Dichtigkeit für mindestens 30 Jahre (vgl. Abb. 3.1).

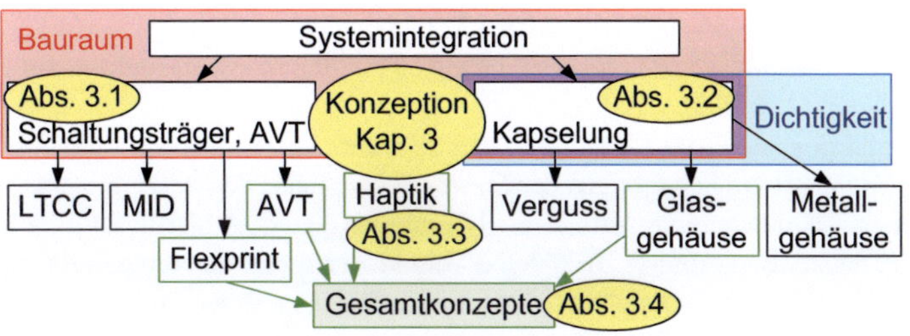

Abb. 3.1: Übersicht Kapitel 3.

In Abschnitt 3.4 werden die einzelnen Teilkonzepte zu Gesamtintegrationskonzepten der Systemintegration des Künstlichen Akkommodationssystems zusammengeführt.

3.1 Neuartige Integrationskonzepte für verschiedene Schaltungsträgertechnologien

Im Folgenden wird zunächst die im Künstlichen Akkommodationssystem einsetzbare Aufbau- und Verbindungstechnik analysiert (Abs. 3.1.1). Darauf aufbauend werden Integrationskonzepte mit dem Einsatz verschiedener Schaltungsträgersubstrate erstellt. Betrachtet werden dafür:

- Hochintegrierte Platinen (Abs. 3.1.2)
- Keramische Schaltungsträger (Abs. 3.1.3)
- Spritzgegossene Schaltungsträger (Abs. 3.1.4)
- Flexible Leiterkarten (Abs. 3.1.5).

Die Teilaufgaben 'Elektrisch leitende Verbindung der Komponenten' sowie 'Ausrichtung und Fixierung elektronischer Komponenten' sind die Grundfunktionen des Schaltungsträgers in Kombination mit der entsprechenden Aufbau- und Verbindungstechnik. Bei einigen Konzepten können zudem, entsprechend dem ersten Ansatz der Systemintegration (vgl. Abs. 2.3.3), die Teilfunktionen 'Ausrichtung und Fixierung optischer / mechanischer Komponenten' sowie 'Kapselung des Systems' mit realisiert werden. Im Abschnitt 3.1.6 werden die verschiedenen Teilkonzepte verglichen und bewertet. Anhand der Bewertung wird die Auswahl des prinzipiellen Lösungsansatzes für die Systemintegration des Künstlichen Akkommodationssystems getroffen.

3.1.1 Aufbau- und Verbindungstechnik

Die Aufbau- und Verbindungstechnik wird hier hinsichtlich der Kontaktierung elektronischer Bauteile betrachtet. Damit dient sie der Realisierung eines Teils der elektrisch leitenden Verbindung zwischen einzelnen Komponenten sowie zur Ausrichtung und Fixierung von elektronischen Komponenten auf einem Schaltungsträger bzw. auf anderen Komponenten (Abb. 3.2).

Aufgrund des begrenzten Bauraums von $235\,\text{mm}^3$ im Bauteilring inklusive Kapselung ist für integrierte Schaltungen der Einsatz von ungehäusten Siliziumhalbleiterchips vorgesehen. Die bevorzugte Aufbau- und Verbindungstechnik hierfür ist die FlipChip-Montage, da sie das geringste zusätzliche Volumen erfordert und temperaturempfindliche Bauteile adhäsiv kontaktiert werden können. Die derzeitigen Probleme der Verfügbarkeit von ungehäusten Chips können im Rahmen einer Massenproduktion des Künstlichen Akkommodationssystems gelöst werden.

Um den Bauraum der Siliziumhalbleiterchips weiter zu reduzieren, sollen anwendungsspezifische integrierte Schaltungen (ASIC) eingesetzt werden. In diese können verschiedene Halbleiterbauteile integriert werden, wobei jeweils ausschließlich die benötigte Funktionalität implementiert wird und keine Kontaktierung zwischen den einzelnen Bauteilen nötig ist. Eine Kombination der verschiedenen Technologien der Halbleitertechnik (CMOS) und der analogen Mikrosystemtechnik (MOEMS) ist möglich

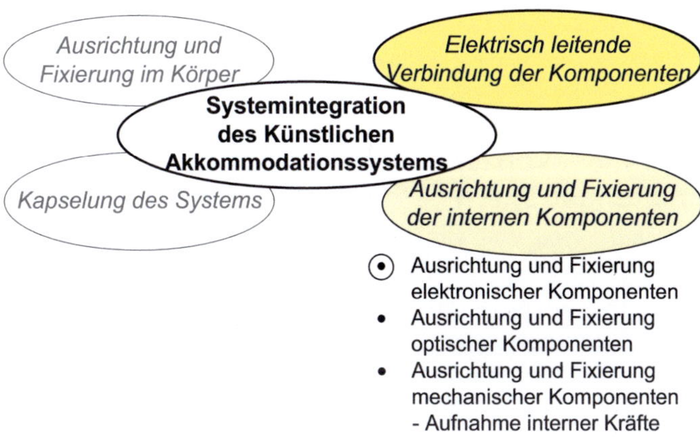

Abb. 3.2: Durch die Aufbau- und Verbindungstechnik erfüllbare Teilaufgaben der Systemintegration. Legende siehe Abb. 2.16.

(vgl. [WS02, WBBW11]), aus fertigungstechnischen Gründen jedoch nach Möglichkeit zu vermeiden [Bro11]. Die Produktion von ASICs ist aufgrund der hohen Entwicklungskosten erst bei großen Stückzahlen kostengünstiger als die Kombination bestehender Siliziumhalbleiterchips.

Die Siliziumhalbleiterchips sind unter Anwendung des Sägens zum Vereinzeln in der Regel rechteckig. Bei einer Bestückung der planaren Stirnseite des zylindrischen Implantats werden sie um das optische Element angeordnet. Die Zwischenbereiche werden mit passiven Bauteilen bestückt. Eine andere Option ist die Ausführung eines ASIC in Form einer Siliziumscheibe mit einer Aussparung im optischen Bereich. Die Fertigungsprozesse der Halbleiterindustrie sind jedoch auf eine kosteneffiziente Ausnutzung der Siliziumwafer ausgerichtet. Runde Formen und Abfallstücke sind bisher nicht vorgesehen.

Das Stapeln von Chips kann eingesetzt werden, um Bestückungsfläche zu sparen. Durch Abdünnen von Siliziumhalbleiterchips kann das Volumen der elektronischen Schaltung weiter reduziert werden.

3.1.2 Integrationskonzept mit hochintegrierten Platinen

Aufgrund der hohen Lagendicken nimmt eine hochintegrierte Platine bei mehrlagigem Aufbau einen Großteil des Gesamtvolumens des Implantats ein. Für eine vertikale Kontaktierung mehrerer Platinen zur Integration von Gehäusefunktionen mit Hilfe von Rahmen und Federleisten ist eine Wandstärke von mindestens 1 mm erforderlich (vgl. [Neu02, Wol05]). Eine Alternative ist die vertikale Kontaktierung über Lotkugeln, deren Durchmesser von der zu überbrückenden Höhe zwischen den Platinen abhängig ist [RP08]. Dennoch sind keine Baugrößen realisierbar, die im Künstlichen Akkommodationssystem eingesetzt werden können. Zudem stellt ein Platinengehäuse weder eine dichte noch eine biokompatible Kapselung dar. Aus diesen Gründen wird der Einsatz von Platinen für das Künstliche Akkommodationssystem ausgeschlossen.

3.1.3 Integrationskonzept mit keramischen Schaltungsträgern

Aufgrund seiner Abmessungen ist der Einsatz des keramischen LTCC als Schaltungsträger für das Künstliche Akkommodationssystem nur vorstellbar, wenn neben den Grundfunktionen des Schaltungsträgers 'Elektrisch leidende Verbindung der Komponenten' und 'Ausrichtung und Fixierung elektronischer Komponenten' weitere Funktionen, wie 'Kapselung des Systems' und 'Ausrichtung und Fixierung weiterer Komponenten' integriert werden (Abb. 3.3). Das hermetisch dichte Substrat kann gleichzeitig als Gehäuse genutzt werden. Intern können an dem LTCC-Gehäuse nicht nur elektronische Bauteile, sondern auch optische und mechanische Komponenten fixiert und ausgerichtet werden. Für die Bestückung mit ungehäusten Siliziumhalbleiterchips können, vorbehaltlich der Zugänglichkeit des zu bestückenden Substrats, alle Standardbestückungsverfahren eingesetzt werden [Mül00].

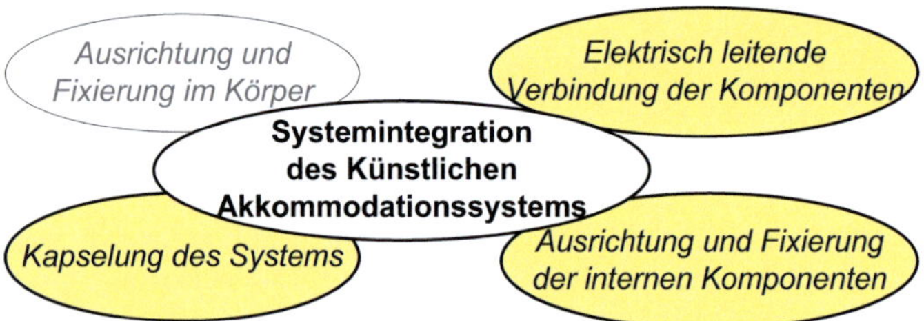

Abb. 3.3: Durch keramische Schaltungsträger erfüllbare Teilaufgaben der Systemintegration. Legende siehe Abb. 2.16.

Abbildung 3.4 links zeigt Variationen des Einsatzes von LTCC als Schaltungsträger und Implantatgehäuse. Beide Stirnflächen werden für die Bestückung elektronischer Komponenten genutzt; eine andere Ausrichtung der Bauteile ist aufgrund des Lagenaufbaus von LTCC nicht möglich. Für die elektrische Kontaktierung der einzelnen Gehäuseteile werden Lotkugeln oder alternativ Kugeln aus Leitklebstoff eingesetzt, sodass die internen Komponenten nicht thermisch belastet werden. Die Zwischenräume werden mit Füllmaterial ausgefüllt. Geometrisch ist die Auslegung aus zwei symmetrischen Gehäusehälften möglich, die mittig gefügt werden (A), aus zwei flachen Schaltungsträgern, die über einen kontaktierenden Rahmen miteinander verbunden werden (B) oder einem flachen Schaltungsträger, der mit einem LTCC-Deckel versehen wird. Zwei flache Schaltungsträger sind bezüglich der Bauteilbestückung von Vorteil, erfordern jedoch eine zusätzliche Fügestelle.

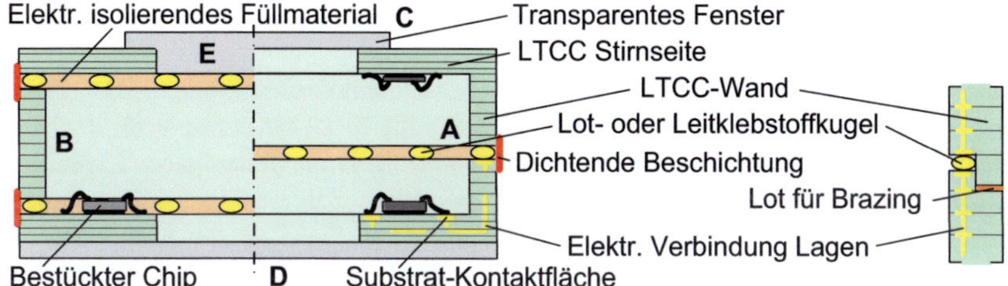

Abb. 3.4: Konzeptvarianten zur Integration von Gehäusefunktionen in einen keramischen Schaltungsträger (LTCC). Zwei mittig gefügte Gehäusehälften (A), zwei flache Schaltungsträger kontaktiert über einen zylindrischen Rahmen (B), geometrische Auslegungsformen des transparenten Fensters (C, D, E) (links). Fügestelle zweier LTCC-Bauteile mit elektrischer Kontaktierung über Lotkugeln und Abdichtung durch Brazing (rechts). Schematische Schnittansichten.

Zur Abdichtung der Fügestellen ist die äußere Beschichtung des Füllmaterials mit einem hermetisch dichten Werkstoff vorgesehen. Das Standardverfahren zum hermetisch dichten Verbinden von LTCC-Schaltungsträgerteilen, das Brazing, kann nicht eingesetzt werden, da die notwendige geometrische Trennung der Funktionen 'elektrische Kontaktierung' und 'hermetische Abdichtung' zu einer starken Verbreiterung der Gehäusewand führt (Abb. 3.4 rechts) [RGB10]. Zudem ist die thermische Belastung durch Brazing zu hoch für die internen Komponenten.

Im optischen Bereich wird ein transparentes Fenster aus Glas hermetisch dicht in das LTCC integriert. Das Fenster kann entweder nur wenig über den optischen Bereich hinausragen (C) oder die gesamte Fläche des LTCC abdecken (D). Letzteres führt zu einer erhöhten Dichtigkeit der Fügestelle, erfordert jedoch mehr Bauraum. Um die Stabilität zu erhöhen, kann das Fenster in die Aussparung des Trägers hineinragen (E). Möglich ist auch die Integration von Vorsatzlinsen, die in planare Wafer eingebettet werden können (vgl. [Pla08]). Wird Borosilikatglas eingesetzt, kann dieses mittels anodischen Bondens mit dem LTCC gefügt werden (vgl. [VIA]). Biokompatibles LTCC ist nicht Standard; eine zusätzliche Beschichtung muss hierfür aufgebracht werden.

In einer Machbarkeitsstudie [Bey08] wurde gezeigt, dass ein zylindrischer Rahmen aus LTCC schwer zu realisieren ist, da er, wie der gesamte Schaltungsträger, aus mehreren LTCC-Lagen aufgeschichtet werden muss. Die Folgen sind Konizität sowie eine Mindestwandstärke von 1 mm. Bei einer Mindestwandstärke der Schaltungsträgerstirnflächen von 300 µm (vgl. [Adv]) sowie dem Einsatz von Glasfenstern ergibt sich ein

Volumenbedarf von ca. 150 mm³, davon ca. 140 mm³ im Bauteilring. Das hohe Volumen des LTCC-Gehäuses führt zum Ausschluss von LTCC als Substratmaterial für die Anwendung im Künstlichen Akkommodationssystem.

3.1.4 Integrationskonzept mit spritzgegossenen Schaltungsträgern

Interessant für die Anwendung im Künstlichen Akkommodationssystem ist der spritzgegossene Schaltungsträger MID, wenn es gleichzeitig als Gehäuse eingesetzt wird und damit neben den Grundfunktionen des Schaltungsträgers die Teilaufgabe 'Kapselung des Systems' erfüllt. Zudem können sowohl Vorsatzlinsen als auch interne Halterungsstrukturen integriert werden, d.h. die 'Ausrichtung und Fixierung der Komponenten' ist möglich. Auch das Angießen von Haptiken für die 'Ausrichtung und Fixierung im Körper' ist vorstellbar. Damit ist ein MID potentiell geeignet, alle Teilaufgaben der Systemintegration durch ein Bauteil zu realisieren (Abb. 3.5).

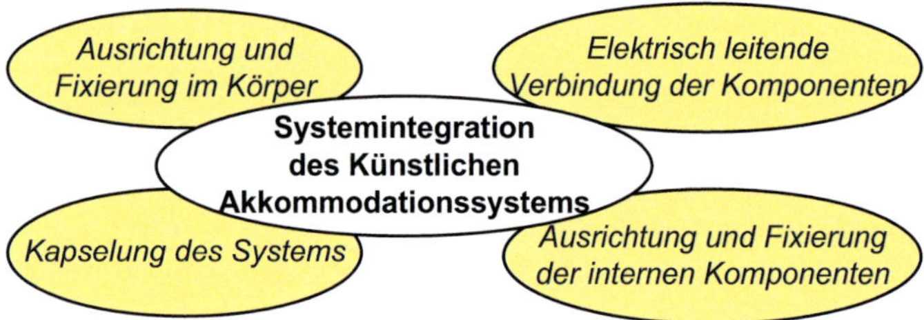

Abb. 3.5: Durch spritzgegossene Schaltungsträger erfüllbare Teilaufgaben der Systemintegration. Legende siehe Abb. 2.16.

Die Bestückung von Bauteilen ohne spezielle Anforderungen an die Orientierung erfolgt auch beim MID auf den Stirnflächen. Zwar ist theoretisch die Bestückung eines MID in jeder Raumrichtung möglich, doch neben den in Abschnitt 2.3.3 beschriebenen Nachteilen muss ein Bauteil während des Lötvorgangs horizontal ausgerichtet sein. Pro Ausrichtung im Raum ist somit ein Lötvorgang nötig, währenddessen das Ablösen bereits gelöteter Bauteile z.B. durch Verwendung von Loten mit unterschiedlichen Schmelztemperaturen verhindert werden muss. Eine Alternative ist adhäsive Kontaktierung, die auch auch zur Kontaktierung von verschiedenen MID-Gehäuseteilen eingesetzt werden kann.

Soll ein gasgefüllter Hohlraum im Inneren des Implantats aufrecht erhalten werden, so ist aufgrund der unzureichenden Dichtigkeit von Polymeren eine abdichtende Beschichtung aufzubringen. In Abbildung 3.6 links oben/unten sind hierfür zwei Variatio-

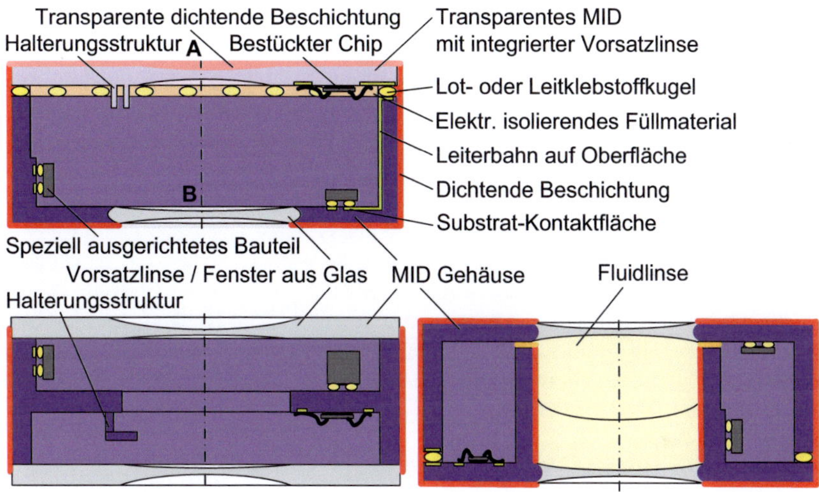

Abb. 3.6: Konzepte zur Integration verschiedener Funktionen, wie Gehäuse, Halterung und Optik in einen spritzgegossenen Schaltungsträger (MID). Transparentes MID (A) und nicht-transparentes MID mit integrierter Glaslinse (B) bei Einsatz des Schaltungsträgers als komplettes Implantatgehäuse (oben), MID teilweise als Gehäuse genutzt in Verbindung mit gläsernen Stirnflächen (unten links), Einsatz eines MID als Gehäuse für eine Fluidlinse (unten rechts). Schematische Schnittansichten.

nen dargestellt. Abbildung 3.6 links oben zeigt die Nutzung des MID als vollständiges Gehäuse. Die beiden Schaltungsträgerteile werden durch Lot- oder Leitklebstoffkugeln elektrisch kontaktiert. Die Optik kann theoretisch direkt in das MID integriert werden (A). Die Integration von Vorsatzlinsen in das MID erfordert jedoch ein transparentes Substrat sowie eine transparente, dichte, biokompatible Beschichtung. Optisch transparente dichte Beschichtungen sind schwierig zu realisieren [Cha96] (Abs. 1.3.3); optisch transparente MIDs stehen im Widerspruch zur Laserstrukturierung. Die Integration der Optik in den Schaltungsträger wird somit ausgeschlossen. Alternativ können Glaslinsen in Kombination mit einer nicht-transparenten Beschichtung im nicht-optischen Bereich des MID verwendet werden (B).

Eine weitere Option ist, nur die zylindrischen Wände des MID als Kontaktfläche mit dem Kammerwasser auszuführen und den eigentlichen Schaltungsträger ins Innere des Systems zu positionieren (Abb. 3.6 unten links). Die Vorteile gegenüber der Variante in Abbildung 3.6 oben links sind die erhöhte Dichtigkeit, da die Stirnflächen vollständig aus dichtem Glas bestehen, und dass die elektrische Kontaktierung von Gehäuseeinzelteilen und deren Abdichtung entfällt. Nachteilig ist jedoch der zusätzliche Volumenbedarf für die gläsernen Stirnflächen.

Abbildung 3.6 unten rechts zeigt ein Konzept zur Kapselung einer Fluidlinse mit Hilfe des MID. Hierbei wird der Schaltungsträger sowohl als Gehäuse für das Gesamtsystem als auch für die Fluidlinse eingesetzt. Die Gehäuseteile sind derart ausgelegt, dass jeweils eine gute Zugänglichkeit für Laserstrukturierung und Bestückung gewährleistet ist. Die Mantelflächen des äußeren Teils bilden die Kapselung nach außen, die des inneren nehmen die Fluidlinse auf. Um die Diffusion der Fluide aus der Linse in den Bereich der Elektronik zu verhindern, müssen die Mantelflächen der Fluidlinse beschichtet werden. Die Verbindung der beiden MID-Teile muss ebenfalls dicht ausgeführt werden.

Die Wandstärke eines MID ist abhängig vom Spritzguss und von der Bauteilgeometrie und beträgt bei den benötigten Aspektverhältnissen mindestens 100 µm. Ob die Steifigkeit bei sehr dünnen Wandstärken ausreichend ist, um Drahtbonden einsetzen zu können, muss überprüft werden; der Einsatz von FlipChips und SMD-Bauteilen ist möglich (vgl. [SGG02, Hun05]). Die realisierbaren Strukturbreiten sind vergleichbar mit denen von HDI oder LTCC.

Die Vorteile des MID sind:

- Nutzung des Schaltungsträgers als Gehäuse
- Integration von Halterungsstrukturen
- Fixierung der optischen Komponenten
- Nahezu beliebige Ausrichtung von elektronischen Bauteilen im dreidimensionalen Schaltungsträger.

Demgegenüber stehen jedoch auch entscheidende Nachteile:

- Die Entwicklung von mehrlagigen MID, wie sie für Bauteile mit hoher Kontaktdichte benötigt werden, ist noch im Forschungsstadium [LMHS08].
- Für die sichere hermetische Abdichtung des MID ist eine zusätzliche Beschichtung nötig, die biokompatibel ist und eine elektrische Kontaktierung der Gehäusehälften nicht beeinträchtigt.

Somit ist die Verwendung eines MID als Gehäuse für das Künstliche Akkommodationssystem zwar theoretisch möglich, jedoch mit einem sehr hohen Forschungs- und Entwicklungsaufwand sowohl bezüglich Fertigungs- und Bestückungstechnologien als auch bezüglich der Dichtigkeit verbunden. Die Synergieeffekte aus der Integration verschiedener Funktionen überwiegen nicht die hier und in Abschnitt 2.3.3 genannten Nachteile.

3.1.5 Integrationskonzept mit flexiblen Leiterkarten

Eine flexible Leiterkarte kann ausschließlich die Funktion eines Schaltungsträgers erfüllen (Abb. 3.7). Die Integration weiterer Funktionalitäten ist nicht möglich.

Für den Einsatz im Künstlichen Akkommodationssystem gibt es verschiedene Möglichkeiten der Anordnung der Leiterkarte. Bei 'Umwickeln' des optischen Bereichs mit

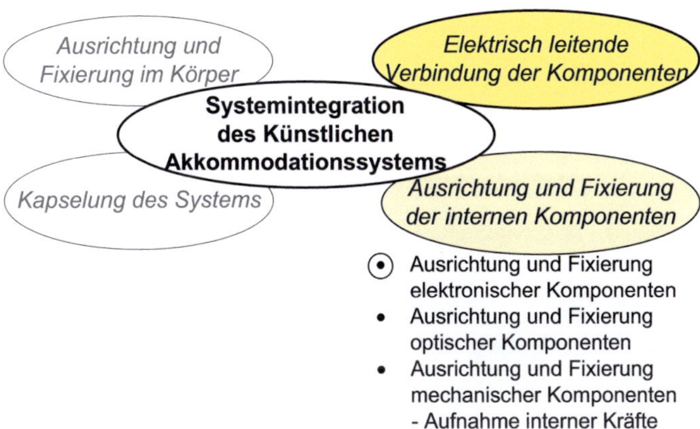

Abb. 3.7: Durch flexible Leiterkarten erfüllbare Teilaufgaben der Systemintegration. Legende siehe Abb. 2.16.

der Leiterkarte werden die darauf platzierten Bauteile und ihre Verbindungen auf Biegung beansprucht. Die Bauraumausnutzung ist nicht optimal, ebenso wie beim vertikalen Falten und gefächerten Platzieren um den optischen Bereich. Das Integrationskonzept sieht deshalb eine Anordnung der Leiterkarte parallel zur Stirnfläche vor, wobei der optische Bereich ausgespart ist (Abb. 3.8 oben). Mehrere Bestückungslagen können mit Hilfe von übereinanderliegenden Schaltungsteilen realisiert werden. Diese sogenannten Satelliten sind über Festkörpergelenke aus Leiterkartensubstrat miteinander verbunden, auf denen Leiterbahnen verlaufen. Eine spezielle Ausrichtung von Bauteilen ist durch Biegen der Leiterkarte möglich. Die Fixierung eines abgewinkelten Bauteils in seiner Zielposition kann jedoch durch die Leiterkarte allein aufgrund der geringen Steifigkeit der Leiterkarte nicht gewährleistet werden.

Während der Fertigung sind alle Satelliten planar auf dem Träger angeordnet (vgl. Abs. 1.3.3, Abb. 3.8 unten) und werden erst nach der vollständigen Bestückung endgültig ausgerichtet. Ein einmaliges Knicken der Satelliten um 180° ist ohne Berücksichtigung des minimalen Biegeradius' möglich [Kap08]. Bei Bedarf kann die Leiterkarte derart geformt und gefaltet werden, dass nur ein Teilbereich der Stirnfläche bedeckt ist. Dadurch können andere Subkomponenten die volle Höhe des Implantats ausfüllen. Der Schaltungsträger kann vergossen oder mit Hilfe eines Gehäuses gekapselt werden.

Die Hauptvorteile der flexiblen Leiterkarte sind:

- Sehr geringer Volumenbedarf
- Sehr kleine Strukturbreiten
- Einsetzbarkeit aller Standardbestückungstechnologien.

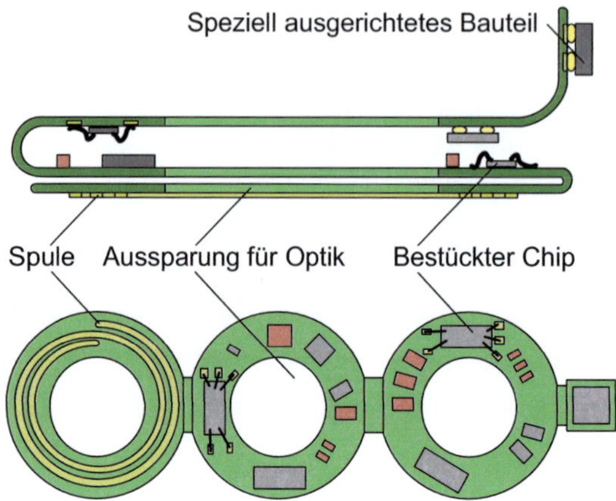

Abb. 3.8: Gefaltete flexible Leiterkarte für den Einsatz im Künstlichen Akkommodationssystem (oben), Fertigungsanordnung der Leiterkarte mit Satelliten (unten). Schematische Darstellung.

Die in Abbildung 3.8 dargestellte flexible Leiterkarte benötigt bei vierlagiger Ausführung ein Volumen von unter $10\,\text{mm}^3$. Dadurch ist die Technologie gut für die Anwendung in Implantaten geeignet. Die Fertigung von mehr als den bisher maximal realisierten vier Lagen ist technisch möglich [Bur09], aber voraussichtlich für das Künstliche Akkommodationssystem nicht nötig.

3.1.6 Vergleich und Bewertung der Integrationskonzepte für verschiedene Schaltungsträgertechnologien

Im Folgenden werden die in den vorangegangenen Abschnitten erstellten Integrationskonzepte verglichen und mit Hilfe von Bewertungskriterien, die aus den Anforderungen an die Systemintegration hergeleitet werden (vgl. Abs. 2.1), bezüglich ihrer Anwendbarkeit im Künstlichen Akkommodationssytem bewertet.

Bewertungskriterien

Allgemeine Bewertungskriterien:

- **Bauraum:** Der Träger darf nur wenig Volumen einnehmen, um den geringen Bauraum für die Komponenten von $235\,\text{mm}^3$ inklusive Kapselung nicht weiter zu reduzieren. Ein im Vergleich zum Gesamtbauraum unverhältnismäßiger Volumenbedarf des Schaltungsträgers führt zum Ausschluss des Integrationskonzepts.
- **Anwendbarkeit der Aufbau- und Verbindungstechniken:** Bei der Entscheidung für einen Schaltungsträger muss die Anwendbarkeit der Aufbau- und Ver

bindungstechniken für die einzelnen Bauteile im Zusammenspiel mit dem Substrat betrachtet werden. Die Bestückung mit SMD-Bauteilen sowie ungehäusten Siliziumhalbleiterchips muss möglich sein.

- **Mehrlagiger Schaltungsaufbau:** Um die Verbindungen zu kleinen und komplexen Bauteilen zu entflechten, sind sehr kleine Strukturbreiten sowie ein mehrlagiger Schaltungsträger nötig. Durch den Einsatz von Hochfrequenztechnik ist zudem mindestens eine Massefläche vorzusehen. Daraus ergibt sich die Anforderung von drei bis vier Lagen des Schaltungsträgers.

- **Spezielle Positionierung von Bauteilen:** Beim Einsatz von zweiachsigen Magnetfeldsensoren ist eine spezielle Ausrichtung von Vorteil, Photosensoren müssen im Strahlengang positioniert werden. Bewertet wird, inwieweit die betrachteten Schaltungsträger diese Anforderung ohne den Einsatz zusätzlicher Komponenten erfüllen können.

Bewertungskriterien bei Anwendung von Ansatz 1:

- **Zahl der integrierten Funktionen:** Die Integration von anderen Funktionen, wie Kapselung, Optik oder Halterungsstrukturen in den Schaltungsträger ist im Ansatz 1 vorgesehen, um dadurch eine Bauraumersparnis gegenüber der Ausführung als getrennte Bauteile zu erreichen, die Präzision der Ausrichtung der Komponenten zueinander zu erhöhen und gegebenenfalls den Fertigungs- bzw. Montageaufwand zu reduzieren.

- **Biokompatibilität:** Das Kriterium der Biokompatibilität des Schaltungsträgers muss erfüllt sein, wenn Gehäusefunktionen in den Schaltungsträger integriert sind. Es kann gegebenenfalls durch eine zusätzliche Beschichtung erfüllt werden.

- **Dichtigkeit des Gehäuses:** Dient der Schaltungsträger als Gehäuse, so ist die Dichtigkeit zu gewährleisten. Nichterfüllung des Kriteriums führt zum Ausschluss des Konzepts.

Bewertung der Integrationskonzepte

Zur Beurteilung der Erfüllung der Bewertungskriterien durch die verschiedenen Substrattechnologien werden u.a. die sogenannten Design-Regeln genutzt. Darin werden durch die Hersteller die realisierbaren Grenzwerte für bestimmte geometrische Abmessungen festgelegt [And06, Bas08, Hof07, Sch07b, Wür04, Adv, Mic06, VTT04, FS06, FUB, Bäc08, LPK08, KPL$^+$99, Hig08, Min07, Opt, Wür06, Wür08]. Zu den definierten Geometrien gehören z.B. die Mindestdicke des Schaltungsträgers, die Breite von Leiterbahnen und deren Abstand zueinander sowie die Lagendicke und die Geometrie von Vias, d.h. Durchkontaktierungen zwischen Leiterbahnen mehrerer Lagen. Für die Bewertung einer Schaltungsträgertechnologie werden aus den durch eine Marktrecherche ermittelten Design-Regeln verschiedener Hersteller jeweils die des Herstellers herangezogen, der insgesamt die höchste Integrationsdichte erzielt.

Aufgrund des hohen Bauraumbedarfs von Schaltungsträgern mit HDI-, LTCC- oder MID-Substrat können die genannten Technologien nur unter Anwendung von Ansatz 1 in Betracht gezogen werden, d.h. wenn die Integration weiterer Funktionen möglich ist. Die flexible Leiterkarte hingegen eignet sich nicht für die Integration anderer Funktionen und kann somit ausschließlich mit Ansatz 2, einer Trennung der Funktionen, eingesetzt werden.

Die Bewertung der einzelnen Konzepte wird anhand der in den Abschnitten 3.1.2 bis 3.1.5 beschriebenen Eigenschaften der jeweiligen Schaltungsträger durchgeführt und ist in Tabelle 3.1 dargestellt. Eine Gewichtung der Bewertungskriterien ist aufgrund des Eintretens von verschiedenen Ausschlusskriterien nicht erforderlich. Bei der Bewertung entsprechen:

++:	Vollständige Erfüllung des Kriteriums
+:	Gute Erfüllung des Kriteriums
0:	Neutrale Bewertung
-:	Schlechte Erfüllung des Kriteriums
- -:	Kriterium nicht erfüllt.

	Ansatz 1: Integration verschiedener Funktionen				Ansatz 2: Trennung Funktionen	Allgemeine Anforderungen an den Schaltungsträger		
	Zahl integrierter Funktionen	Bauraum	Biokompatibilität*	Dichtigkeit Gehäuse*	Bauraum	AVT	Mehrlagen	Spezielle Ausrichtung
HDI	-	- -	- -	- -	- -	++	++	- -
LTCC	0	- -	-	+	- -	++	++	- -
MID	++	0	0	- -	-	+	- -	+
Flex	- -				++	++	+	+

Tab. 3.1: Vergleich der Integrationskonzepte für verschiedene Substrattechnologien. * ohne zusätzliche Beschichtung Ausschlusskriterium

Bewertung der Konzepte mit Ansatz 1: Der Bauraumbedarf von hochintegrierten Platinen ist zu hoch für den Einsatz im Künstlichen Akkommodationssystem. LTCC bietet den Vorteil eines hermetischen Substrats, das gleichzeitig als Gehäuse genutzt werden kann. Die daraus resultierende Bauraumersparnis kompensiert jedoch nicht die Nachteile wie große Wandstärken, zusätzliche Integration eines transparenten Fensters und aufwendige Kontaktierung und Abdichtung der Gehäuseteile. Das MID bietet die Möglichkeit zur Integration von Gehäuse, Halterungsstrukturen und eventuell Optik in den Schaltungsträger. Das polymere Gehäuse ist jedoch schwierig abzudichten, Mehrlagen-MIDs und damit die Möglichkeit zur Bestückung komplexer Bauteile sind noch nicht verfügbar. Somit müssen die Konzepte, die eine Integration des Gehäuses im Schaltungsträger vorsehen, ausgeschlossen werden. Die Synergieeffekte aus der Integration verschiedener Funktionen kompensieren nicht die in Abschnitt 2.3.3 genannten Nachteile des Integrationsansatzes 1.

Bewertung des Konzepts mit Ansatz 2:   Die favorisierte Substrattechnologie für den Einsatz im Künstlichen Akkommodationssystem ist die flexible Leiterkarte. Sie beansprucht selbst nur einen minimalen Bauraum und erfüllt alle allgemeinen Anforderungen an den Schaltungsträger. Deshalb wird für die Systemintegration des Künstlichen Akkommodationssystems der Integrationsansatz 2 gewählt, d.h. die Trennung der Funktionen der einzelnen Bauteile.

In Abschnitt 3.1 wurde zunächst die einzusetzende Aufbau- und Verbindungstechnik für die Kontaktierung und Fixierung der elektronischen Komponenten auf dem Schaltungsträger ausgewählt. Diese Auswahl floss in die Erstellung der Schaltungsträgerkonzepte aus verschiedenen Substraten ein. Betrachtet wurde die Option, in hochintegrierte Platinen, keramische Schaltungsträger oder spritzgegossene Schaltungsträger andere Funktionen, beispielsweise die der Kapselung zu integrieren. Alternativ wurde ein Konzept zum Einsatz einer flexiblen Leiterkarte erarbeitet, die ausschließlich die Funktion des Schaltungsträgers erfüllt. Der abschließende Vergleich der verschiedenen Konzepte zeigte, dass die Integration anderer Funktionen zum derzeitigen Stand der Technik nicht sinnvoll ist, da der benötigte Bauraum der Substrattechnologien zu hoch ist oder keine Dichtigkeit des Substrats als Gehäuse realisierbar ist. Deshalb wird der Integrationsansatz 2 der Trennung der Funktionen umgesetzt, mit Hilfe einer flexiblen Leiterkarte für die Erfüllung der Teilaufgaben 'Elektrisch leitende Verbindung der Komponenten' sowie des Unterpunkts 'Ausrichtung und Fixierung elektronischer Komponenten'. Diese Schaltungsträgerauswahl bildet die Grundlage für die anschließende Ausarbeitung von separaten Kapselungskonzepten.

3.2 Neue Kapselungskonzepte

Nach der Entscheidung für den Lösungsansatz 2 'Trennung der Funktionen' bezüglich der Hauptkomponenten der Systemintegration, des Schaltungsträgers und der Kapselung, werden im Folgenden Kapselungskonzepte betrachtet, die für die Teilaufgaben 'Kapselung des Systems' und z.T. 'Ausrichtung und Fixierung der Komponenten'

eingesetzt werden. Dabei werden die Konzepte anhand der verschiedenen Kapselungswerkstoffe unterschieden:

- Metallgehäuse (Abs. 3.2.1)
- Polymerkapselung (Abs. 3.2.2)
- Glas- und Glasverbundgehäuse (Abs. 3.2.3)
- (Keramikgehäuse (Abs. 3.2.4)).

Die Kapselung muss die in Abschnitt 2.1 genannten Anforderungen bezüglich Geometrie, Dichtigkeit, optischer Transparenz, Biokompatibilität, Sterilisierbarkeit etc. erfüllen. Faltbarkeit wird auf lange Sicht angestrebt. Der Einfluss der Kapselung auf den
thermischen Widerstand des Systems ist vernachlässigbar (Anh. A.4). Die Anforderungen an die elektrische Isolationswirkung der Kapselung müssen von Seiten der Energieversorgung definiert werden.

Um die Sicherheit im Versagensfall zu erhöhen, wird in Abschnitt 3.2.5 ein Konzept
zum internen Verguss von Gehäusen entwickelt. Der erforderliche Bauraum für die verschiedenen Kapselungskonzepte, deren Auswahl wiederum Einfluss auf den Bauraum
der Subsysteme hat, wird in Abschnitt 3.2.6 abgeschätzt. Im Rahmen der vorliegenden
Arbeit wird dabei vorerst ein rein zylindrisches Gehäuse betrachtet. Zukünftig ist die Integration von zusätzlichen Funktionen, wie beispielsweise Halterungsstrukturen für die
Aktorik oder Vorsatzlinsen für das optische Element geplant. Zudem soll es im Hinblick
auf weitere Anpassungen der Gehäuseform an die Implantationstechniken möglich sein,
abgerundete Zylinderkanten oder Gehäuse in Linsenform herzustellen. Diese Überle-
gungen fließen in die Untersuchung geeigneter Fertigungstechniken für die Kapselung
mit ein.

Aus den Anforderungen werden in Abschnitt 3.2.7 die Bewertungskriterien zum Vergleich der verschiedenen Kapselungskonzepte hergeleitet. Damit ist es möglich, das
derzeit am besten für die Kapselung des Künstlichen Akkommodationssystems geeignete Verfahren auszuwählen.

3.2.1 Konzeption eines Metallgehäuses

Metallgehäuse erfüllen die Teilaufgabe einer hermetisch dichten Kapselung des Systems (Abb. 3.9). Zudem können intern Komponenten am Gehäuse befestigt werden.
Die Fixierung elektronischer Bauteile ist jedoch nur mit einer zusätzlichen Isolierung
möglich. Die Option einer Integration von Haptiken im Gehäuse zur Ausrichtung und
Fixierung im Kapselsack ist von der Wahl der Fertigungstechnik abhängig.

In [Bru09] werden verschiedene metallische Werkstoffe für den Einsatz im Künstlichen Akkommodationssystem verglichen. Aufgrund der Biokompatibilität werden Titan bzw. Titanlegierungen ausgewählt, obgleich deren Bearbeitbarkeit schlechter ist als
die vieler anderer Metalle. Das Konzept der Kapselung mittels eines Titangehäuses umfasst den Aufbau zweier Gehäuseteile, die im Bereich der Zylinderwände gefügt werden. Um die für das Künstliche Akkommodationssystem geforderte optische Transpa-

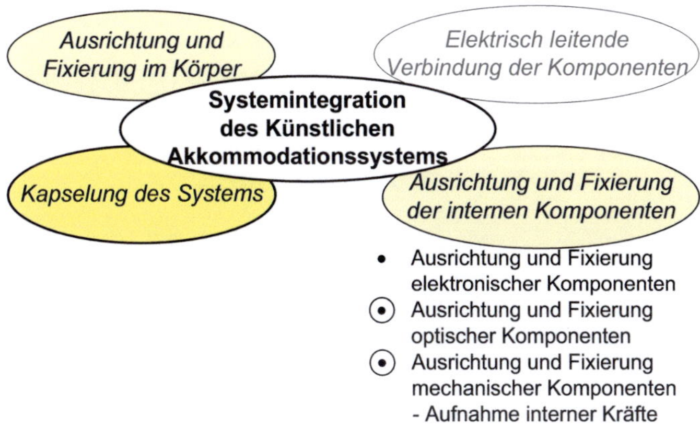

Abb. 3.9: Durch Metallgehäuse erfüllbare Teilaufgaben der Systemintegration. Legende siehe Abb. 2.16.

renz zu gewährleisten, ist die Integration eines Glasfensters im optischen Bereich vorgesehen [RBGB09]. Dieses Fenster kann optische Flächen enthalten, die als Vorsatzlinse dienen. Abhängig von der Fertigungstechnik ist die Integration von Halterungsstrukturen zur Befestigung der internen Komponenten möglich.

Zur Bearbeitung von Titan und Titanlegierungen können Tiefziehen, Druckguss und Sintern, Fräsen und Schleifen eingesetzt werden. Zum Schneiden und zur Oberflächenstrukturierung eignet sich auch die Laserbearbeitung [MMM11]. Beim Tiefziehen ist die Formgebung eingeschränkt. Scharfe Kanten oder integrierte Halterungsstrukturen können mit dem Verfahren nicht gefertigt werden (Abb. 3.10 links). Mit Druckguss oder Fräsen ist die Fertigung von Freiformflächen und zusätzlichen geometrischen Elementen möglich (Abb. 3.10 rechts). Wandstärken zwischen 250 und 500 µm können durch Druckguss und Sintern erzeugt werden [RISH06, EOS08, Lan08]. Mit Hilfe des Mikrofräsens werden bereits Stege mit Wandstärken von 8 µm hergestellt [Den09], für Werkstücke aus Titan mit hohen Aspektverhältnissen können Wandstärken von 50 µm realisiert werden [SMR$^+$04, MMM11]. Die erzielbaren Wandstärken für das Künstliche Akkommodationssystem sind jedoch von dessen endgültiger Geometrie sowie den Fertigungsparamentern abhängig. Bei angemessenem Fertigungsaufwand beträgt die Wandstärke voraussichtlich ca. 100 µm.

Die Gehäuseeinzelteile werden durch Laserschweißen gefügt (vgl. [BCLM02]). Die Integration des Glasfensters kann durch ein flächiges Fügeverfahren, z.B. das anodische Bonden, realisiert werden. Hierzu ist jedoch eine flächige Überlappung der Fügepartner nötig, die zusätzlich Bauraum beansprucht und die Variationsmöglichkeiten der Gehäusegeometrie einschränkt.

Die Vorteile eines Metallgehäuses liegen in der sehr guten Dichtigkeit des Titans sowie in relativ geringen Wandstärken. Die Fertigung und das Fügen von Titangehäu-

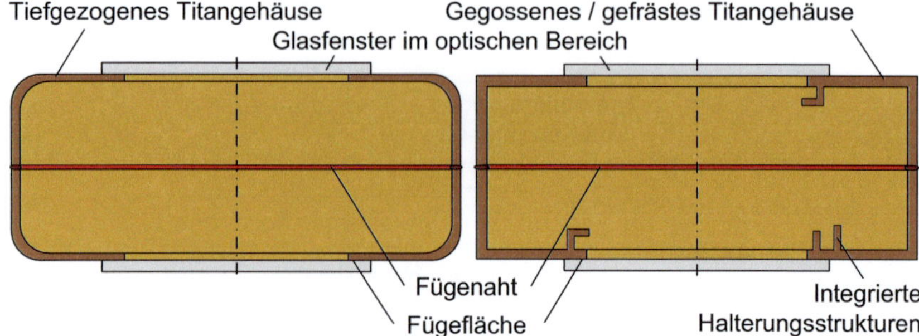

Abb. 3.10: Schematische Darstellung eines tiefgezogenen Titangehäuses mit Glasfenster im optischen Bereich (links) und eines gegossenen oder gefrästen Titangehäuses mit Glasfenster im optischen Bereich und integrierten Halterungsstrukturen (rechts).

seteilen sind etablierte Herstellungsprozesse. Die Biokompatibilität von Titan ist durch den jahrzehntelangen Einsatz als Implantatgehäusewerkstoff bestätigt.

Die Bauraumvorteile werden jedoch durch die Integration eines transparenten Fensters relativiert. Aufgrund der Überlappung der Fügepartner wird zusätzlicher Bauraum beansprucht. Die Fügeverfahren für Titan und Glas sind relativ neu (vgl. [BWR03]) und mit erhöhtem Fertigungsaufwand verbunden. Zudem steigt die Gefahr von Undichtigkeiten, da das Gehäuse zwei zusätzliche Fügestellen aufweist.

Hauptnachteil beim Einsatz eines metallischen Gehäuses ist die elektrische Leitfähigkeit. Die dadurch verursachte elektromagnetische Dämpfung führt zu einem erhöhten Energiebedarf bei der Kommunikation sowie zur Gefahr der Erwärmung des Gehäuses und damit des umliegenden Gewebes während einer induktiven Energieeinkopplung. Da der geschlossene metallische Ring des Gehäuses des Künstlichen Akkommodationssystems eine kurzgeschlossene Spule mit einer Windung darstellt, wird hier von einer zu hohen Dämpfung ausgegangen [RBGB09]. Der tatsächliche Einfluss muss in Simulationen oder Messungen ermittelt werden. Möglicherweise können die Wandstärken soweit reduziert werden, dass die Dämpfung im akzeptablen Bereich liegt. Dafür ist jedoch ein sehr hoher Entwicklungs- und Fertigungsaufwand erforderlich.

3.2.2 Konzeption einer Polymerkapselung

Die folgenden vier Vorgehensweisen zur Polymerkapselung werden näher betrachtet:

- Polymergehäuse mit transparenter Außenbeschichtung
- Polymerverguss
- Polymerverguss mit Außenbeschichtung
- Polymerverguss mit direkter Beschichtung der einzelnen Bauteile.

Die Polymerkapselung dient dabei der 'Kapselung des Systems'. Zudem ist die 'Ausrichtung und Fixierung der Komponenten' möglich (Abb. 3.11); für die Aufnahme interner Kräfte kann der Polymerverguss dabei nur begrenzt eingesetzt werden. Die 'Ausrichtung und Fixierung im Körper' kann ebenfalls realisiert werden, z.B. durch an- oder eingegossene Haptiken.

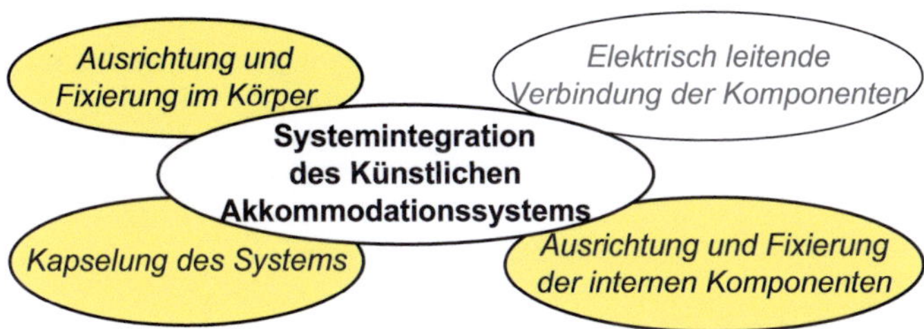

Abb. 3.11: Durch Polymerkapselung erfüllbare Teilaufgaben der Systemintegration. Legende siehe Abb. 2.16.

Polymergehäuse mit transparenter Außenbeschichtung Mittels Spritzguss können transparente polymere Gehäuse in vielfältigen Geometrien kostengünstig hergestellt werden, sodass die Integration von Vorsatzlinsen, Halterungsstrukturen und der Aufbau eines Gehäuses in Linsenform o.ä. leicht realisierbar sind.

Das Hauptproblem in polymeren Gehäusen stellt jedoch die Permeabilität für Wasser dar (Abs. 1.3.3). Zur Veranschaulichung wird für verschiedene Polymere die Zeit bis zum Eindringen der kritischen Wassermenge in das Künstliche Akkommodationssystem abgeschätzt. Dafür wird das System vereinfachend als vollständig mit trockener Luft gefüllt betrachtet. Die Permeationsrate wird mit Hilfe des Fickschen Diffusionsgesetzes für den stationären Fall bestimmt [Jou59]: In einem Gehäuse der Wandstärke 0,3 mm aus Silikon ($P = 5,85 \cdot 10^{-8} m^2/(s \cdot atm)$ [Don91]) wird die kritische Wassermenge theoretisch innerhalb von Mikrosekunden überschritten; beim Einsatz des IOL-Werkstoffs Polydimethylsiloxan (PDMS, $P = 1,39 \cdot 10^{-12} m^2/(s \cdot atm)$ [BAS$^+$97]) innerhalb von Sekunden. Auch bei Gehäusen aus Polymeren mit relativ geringer Wasseraufnahmefähigkeit wie Polyvinylidenchlorid (PVDC) oder flüssigkristallinen Polymeren (Liquid Crystal Polymers – LCP) liegen die Eindringzeiten bei der geringen Wandstärke weit unter der für das Künstliche Akkommodationssystem geforderten Lebensdauer von 30 Jahren (vgl. [EEH05, Ker08]).

Ein Ansatz, um die Bildung flüssigen Wassers im Implantat zu verhindern, ist die Gewährleistung eines ionenfreien Inneren des Implantats [Don91]. In der umgebenden Körperflüssigkeit sind stets freie Ionen enthalten, sodass sich dann aufgrund der

Ungleichverteilung der Ionen zwischen Implantatinnerem und dem Körper ein osmotischer Druck aufbaut und im Implantat enthaltenes Wasser nach außen in die ionenhaltige Körperflüssigkeit diffundiert. Ein weiterer Effekt eines ionenfreien Implantats ist die Verhinderung von Korrosion der Bauteile, die nur bei Vorliegen von Ionen abläuft. Ein ionenfreier Aufbau des Künstlichen Akkommodationssystems ist jedoch aufgrund seiner Komplexität und der Verwendung elektronischer Komponenten unrealistisch.

Deshalb ist für die Aufrechterhaltung eines gasgefüllten Hohlraums in einem Polymergehäuse eine dichte, transparente, biokompatible, langzeitstabile und flexible Beschichtung erforderlich, die bei niedrigen Temperaturen aufgebracht werden kann. Eine derartige Beschichtung ist jedoch bisher nicht realisierbar (vgl. Abs. 1.3.3). Die Kapselung des Künstlichen Akkommodationssystems mittels eines Polymergehäuses wird vorerst ausgeschlossen.

Polymerverguss Eine Möglichkeit zur Kapselung des Künstlichen Akkommodationssystems ist der Verguss der Systemkomponenten im äußeren Ring um die Optik. Die verwendbaren aktiv optischen Elemente sind hierbei die Alvarez-Humphrey-Linse und die Fluidlinse. Der Einsatz einer Triple-Optik ist nicht möglich, da ein gasgefüllter Hohlraum im optischen Bereich durch Polymerverguss nicht aufrecht erhalten werden kann.

In Abbildung 3.12 ist der Verguss des Bauteilrings um eine Alvarez-Humphrey-Linse dargestellt. Mit Hilfe des Vergusses werden alle erreichbaren Hohlräume verschlossen und somit der Kontakt der Komponenten mit flüssigem Wasser vermieden (vgl. [Don91]). Beim Vergießen wird das System evakuiert und in flüssiges Polymer eingebracht. Hierfür ist der Einsatz von Silikonen oder Acrylaten möglich, die sich aufgrund ihrer Biokompatibilität bereits durch für die Anwendung bei Intraokularlinsen bewährt haben (vgl. Abs. 1.1.2). Eine Dicke von 100 µm ist ausreichend, um eine geschlossene Polymeraußenlage um die jeweilige Komponenten zu realisieren; je nach Polymer kann der Verguss bei Raumtemperatur durchgeführt werden [Ste08].

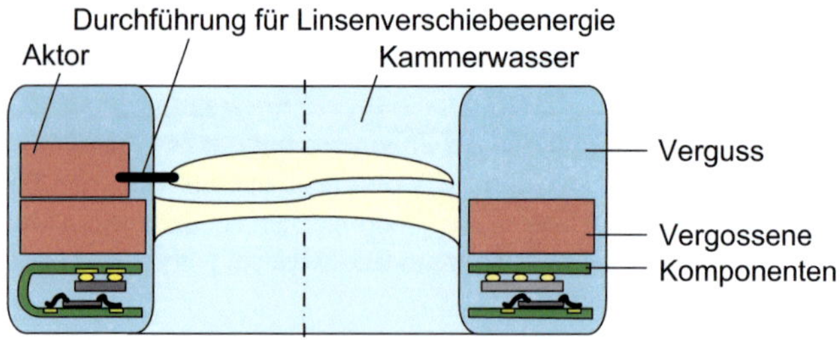

Abb. 3.12: Verguss der Komponenten im Bauteilring. Schematische Schnittansicht.

Das Vergießen ist relativ einfach und kostengünstig zu realisieren. Ein weiterer Vorteil ist die Flexibilität von Vergussmassen und damit die potentielle Faltbarkeit des Implantats.

Die Gefahr, dass unvergossene Hohlräume an Grenzflächen zu Bauteilen im System verbleiben oder durch Delamination neue Hohlräume entstehen, sodass sich flüssiges Wasser bilden kann, ist jedoch in komplexen Systemen sehr groß. Insbesondere die beweglichen Aktorteile, die beim Einsatz der Alvarez-Humphrey-Linse mindestens eine der Linsenkomponenten verschieben, sind schwierig zu vergießen. Ein Teil der Aktorik muss deshalb dem Kammerwasser ausgesetzt werden.

Polymerverguss mit Außenbeschichtung Auf den Verguss des Bauteilrings wird eine hermetisch dichte, biokompatible und langzeitstabile Beschichtung thermisch schonend aufgebracht, das optische Element wird im unvergossenen zentralen Bereich montiert (Abb. 3.13). Selbst wenn das Implantat nicht faltbar ist, muss die Beschichtung zumindest so flexibel wie das Vergussmaterial sein, um bei der Handhabung Delamination zu vermeiden.

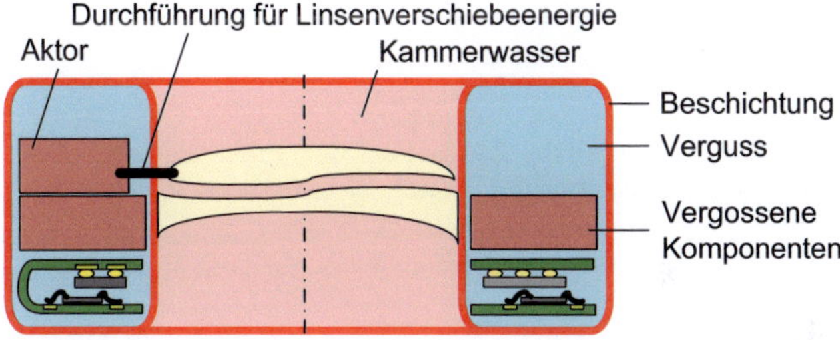

Abb. 3.13: Verguss des Bauteilrings abdichtender Beschichtung. Schematische Schnittansicht.

Aufgrund der geringen thermischen Belastbarkeit der internen Komponenten können für die Beschichtung nur Niedrigtemperaturprozesse wie Sputtern oder außenstromlose Galvanik eingesetzt werden. Die Beschichtung des gesamten Systems von außen ist mit Hilfe von planaren Prozessen wie dem Sputtern nicht zuverlässig zu realisieren, weil die zylindrische Innenfläche des vergossenen Rings aufgrund von Abschattungseffekten nicht sicher beschichtet werden kann. Mit außenstromloser Galvanik werden alle Oberflächen erreicht. Es entsteht jedoch eine nicht biokompatible, geschlossene metallische Schicht, die mittels eines weiteren biokompatiblen Metalls zusätzlich verstärkt wird und somit zu elektromagnetischer Dämpfung und zur Versteifung des Implantats führt. Die Dichtigkeit eines von außen beschichteten Systems wird als kritisch eingestuft (vgl.

[HSWS07]). Das Implantat enthält Elemente aus verschiedensten Werkstoffen, deren Verguss und Belastung während des Betriebes zu mechanischen Spannungen und zum Reißen der Beschichtung führen können. Ein weiterer Nachteil des Konzepts ist, dass ein Teil des Aktors mit beschichtet oder mittels einer abgedichteten Durchführung nach außen geführt werden muss.

Polymerverguss mit Beschichtung der einzelnen Bauteile Die Alternative ist die direkte Beschichtung der einzelnen Bauteile. Einige Komponenten besitzen möglicherweise eine eigene Kapselung, andere müssen durch die Beschichtung abgedichtet werden. Im Konzept ist die Beschichtung der gesamten Oberfläche des Schaltungsträgers vorgesehen (Abb. 3.14), da die flexible Leiterkarte nicht hermetisch dicht ist. Bei einer einseitigen Beschichtung kann das Wasser von der Schaltungsträgerseite aus zu den elektrischen Kontaktstellen und zu den Bauteilen diffundieren.

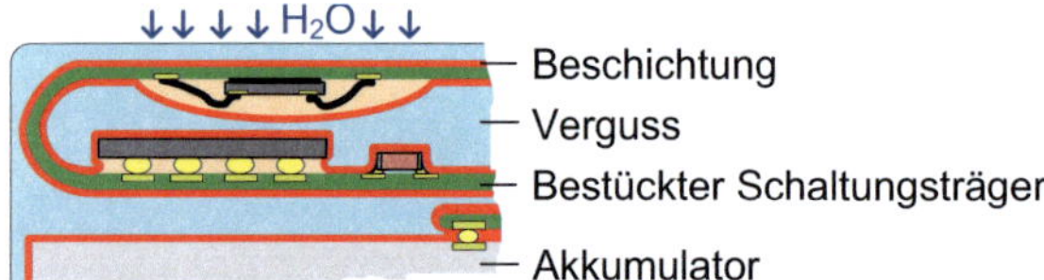

Abb. 3.14: Direkte Beschichtung der Bauteile auf dem Schaltungsträger mit anschließendem Polymerverguss des Systems. Schematische Schnittansicht.

An die Beschichtung ergeben sich somit die Anforderungen nach Dichtigkeit, elektrischer Isolation und einer thermisch schonenden Fertigungsmethode. Bei mehr als einer Bestückungsfläche muss der Schaltungsträger und damit auch die Beschichtung um 180° gebogen werden können. Vor Aufbringen der Beschichtung werden alle Hohlräume gefüllt, beispielsweise durch Füllmaterial unter FlipChips. Die Kontaktstellen zu Bauteilen außerhalb des Schaltungsträgers, z.B. dem Akkumulator, werden ebenfalls geschützt.

Für die Beschichtung kann das elektrisch isolierende Diamond Like Carbon (DLC) eingesetzt werden, muss jedoch aufgrund der thermischen Belastungen beim CVD mittels PVD und somit flächig aufgetragen werden. Alternativ können elektrisch isolierende Polymerschichten aufgebracht werden, die im Anschluss durch außenstromlose Galvanik metallisiert werden. Um mechanische Belastungen abzufangen, kann ein Mehrlagenaufbau verwendet werden, der im Wechsel aus Polymer- und Barrierelagen besteht (vgl. [HS95]). Mechanische Spannungen können zunächst vom elastischen Polymer ausgeglichen werden. Übersteigt die Belastung die Streckgrenze, so reißt die äußere Schicht, auf die die Hauptlast wirkt, ohne dass die inneren Schichten geschädigt werden. Somit bleibt die Barrierewirkung erhalten. Durch die beschriebene Anordnung entsteht jedoch eine mehrlagige metallische Schirmungsfläche.

Von Vorteil ist der direkte Bauteilschutz, der gegebenenfalls an spezielle Anforderungen eines Bauteils wie z.B. Temperaturempfindlichkeit angepasst werden kann. Die Flexibilität des Polymervergusses bleibt erhalten.

Die Beschichtung ist jedoch aufwendig und die Kosten eines Polymervergusses werden dadurch deutlich erhöht. Durch flächige Beschichtungsverfahren können Hinterschnitte von montierten Bauteilen oder bereits gefaltete Teile des Schaltungsträgers nicht sicher erreicht werden. Das Biegen der Leiterkarte nach dem Beschichten belastet wiederum die Beschichtung sehr stark, sodass die Gefahr des Reißens oder Abplatzens besteht. Ob eine ausreichende und dauerhaft zuverlässige Barrierewirkung erzielt werden kann, ist fraglich und muss in Versuchen getestet werden.

3.2.3 Konzeption von Glas- und Glasverbundgehäusen

Mit Hilfe eines Gehäuses aus gläsernen Einzelteilen, die gegebenenfalls mit anderen Werkstoffen kombiniert und hermetisch dicht miteinander gefügt werden, ist die Lösung der Teilaufgaben 'Kapselung des Systems' sowie 'Ausrichtung und Fixierung interner Komponenten' vorgesehen (Abb. 3.15).

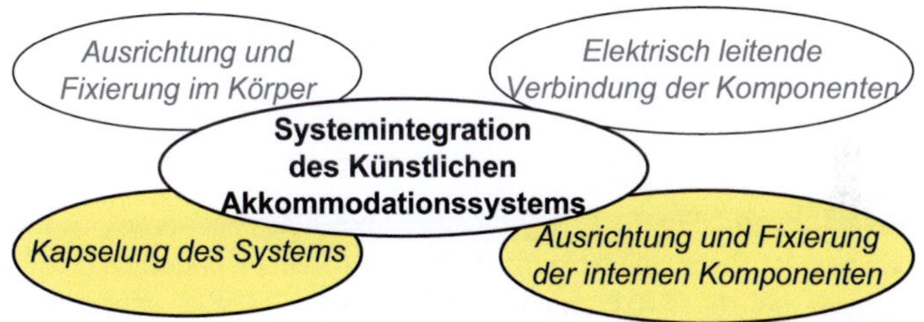

Abb. 3.15: Durch Glasgehäuse erfüllbare Teilaufgaben der Systemintegration. Legende siehe Abb. 2.16.

Glas ist transparent, biokompatibel, hermetisch dicht und elektromagnetisch durchlässig. Da Glasgehäuse die Aufrechterhaltung eines gasgefüllten Hohlraums im Implantatinneren ermöglichen, sind sie sehr gut für die Kapselung des optischen Elements, der beweglichen Aktorik sowie empfindlicher elektronischer Bauteile geeignet. Die Fertigung von dünnwandigen Gehäuseteilen und das hermetisch dichte Fügen stellen jedoch eine Herausforderung dar.

Auswahl geeigneter Fertigungsverfahren für die Gehäuseeinzelteile

Aufbau und Form Die gewählte Geometrie der einzelnen Gehäuseteile ist unter anderem von den Fertigungs- und Fügetechniken abhängig. Um die zylindrische Form des Implantats zu erzeugen, ist es möglich, einen Hohlzylinder mit zwei runden Glasdeckeln zu versehen (Abb. 3.16 links). Der Hohlzylinder kann dabei aus einem anderen Werkstoff gefertigt werden, soll aufgrund der elektromagnetischen Durchlässigkeit aber nicht elektrisch leitfähig sein. Vorteil dieser Geometrie ist die einfache Bearbeitung der Stirnflächen, um optische Qualität zu erreichen; nachteilig ist die Notwendigkeit von zwei Fügestellen. Eine weitere Möglichkeit ist die Fertigung eines Glastopfs, d.h. eines Hohlzylinders mit Boden, sowie eines Glasdeckels (Abb. 3.16 Mitte). Eine dritte Option besteht in zwei flachen Glastöpfen (Abb. 3.16 rechts). Hierbei ist die Einbringung einer flacheren Kavität in jedes Gehäuseeinzelteil nötig.

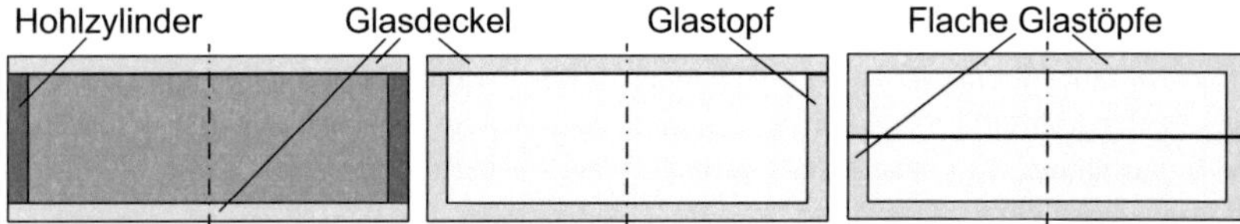

Abb. 3.16: Varianten von Aufbau und Form eines Glasgehäuses für das Künstliche Akkommodationssystem: Hohlzylinder mit zwei runden Glasdeckeln (links), Glastopf mit Deckel (Mitte), zwei flache Glastöpfe (rechts). Schematische Schnittansichten.

Fertigungsverfahren Für die Fertigung eines Implantatgehäuses aus Glas können alle Gläser eingesetzt werden, die biokompatibel, transparent im optischen Frequenzbereich und hermetisch dicht sind. Glasrohre sowie Deckel sind als Standardkomponenten im Handel verfügbar, jedoch stark toleranzbehaftet. Für die individuelle Herstellung der Gehäuseeinzelteile werden die in Abschnitt 1.3.3 beschriebenen Möglichkeiten des Umformens oder der abtragenden Bearbeitung eines Halbzeugs, z.B. eines Wafers, in Betracht gezogen. Grundsätzlich existieren hierbei zwei Optionen der Fertigung:

- Herstellung eines Gehäuseeinzelteils in einem Fertigungsschritt
- Unterteilung des Herstellungsprozesses in die Schritte
    - Kavität einbringen
    - Äußere Form heraustrennen

Bei einer unterteilten Fertigung können für die Einzelschritte verschiedene, jeweils optimierte Technologien eingesetzt werden.

- Das Blankpressen [IWM05, Nol11] ist gut für die Massenproduktion geeignet. Optische Qualität und vielfältige Geometrien sind erzielbar. Da das Prägen jedoch auf einer Materialverdrängung beruht, ergeben sich undefinierte Geometrien im Kantenbereich, die im Anschluss nachbearbeitet werden müssen. Die Auswahl der pressbaren Gläser ist beschränkt. Zudem ist die Abformung von Bauteilen mit hohen Aspektverhältnissen schwierig. Ein linsenförmiges Gehäuse ist hierbei vorteilhaft gegenüber einem zylindrischen Gehäuse. Das Blankpressen ist mit hohen Werkzeugkosten verbunden und nicht für die Musterfertigung geeignet. Der Einsatz des Blankpressens ist vorstellbar, wenn das Verfahren weiterentwickelt und für die Herstellung eines Gehäuses für das Künstliche Akkommodationssystem optimiert wird, beispielsweise durch einen mehrstufigen Prägeprozess.

- Interessant für den Aufbau von Mustern, aber auch für die Massenproduktion einsetzbar, ist die Bearbeitung mittels Ultraschall. Vielfältige Geometrien und Wandstärken von wenigen 100 µm sind herstellbar [MH05]. Mit der Standardkörnung ist jedoch keine optische Qualität der Oberfläche erzielbar [Gro], eine Nachbearbeitung ist erforderlich. Im Kantenbereich der erzeugten Kavität ergibt sich ein Radius, der abhängig von der Schleifkorngröße ist. Kritisch bei der Anwendung von Ultraschall ist die Gefahr der Einbringung von Mikrorissen, die sich nach der Bearbeitung ausbreiten und zum Zerspringen des spröden Glases führen können. Eine Möglichkeit zur Nachbearbeitung der Oberfläche ist die abschließende Ultraschallbearbeitung mit sehr feinen Korngrößen, um sowohl die Tiefe größerer Risse zu reduzieren, als auch eine optische Oberfläche zu erzeugen. Eine weitere Option zur Reduzierung von Mikrorissen ist das Anätzen mit Flusssäure nach der Fertigung [BLE10]. Mittels Ultraschallbearbeitung können Kavitäten eingebracht und die äußere Form herausgetrennt werden.

- Die Größenordnungen der durch Ätzen erzeugten Tiefen von Kavitäten liegen im Bereich von einigen 10 µm [BN06a]; die Anwendung für Glasdicken im Millimeterbereich ist aufgrund der Abnutzung der Masken ineffizient. Zudem ist die Herstellung von Freiformen mit dem planaren Fertigungsprozess nicht möglich. Die Anwendung für die Gehäusefertigung des Künstlichen Akkommodationssystems beschränkt sich damit maximal auf ausgewählte Einzelfertigungsschritte.

- Das laserinduzierte Ätzen ist ein vielversprechendes neues Fertigungsverfahren [Her10]. Die bisher maximal mit einem Fertigungsschritt realisierten Bauteilhöhen liegen mit 2 mm in der richtigen Größenordnung für die Anwendung auf das Künstliche Akkommodationssystem. Die erzielbare Oberflächenrauigkeit R_a beträgt derzeit 300 nm, geringe Wandstärken im Bereich von wenigen 10 µm sind fertigbar. Das Verfahren kann sowohl für die Erzeugung von Kavitäten, als auch zum Heraustrennen beliebiger Geometrien eingesetzt werden. Für die Gehäusefertigung des Künstlichen Akkommodationssystems ist jedoch eine Optimierung der Fertigungsparameter nötig.

- Sägen wird bevorzugt für gerade Schnitte eingesetzt, bei Sand- und Wasserstrahlschneiden sind die Belastungen des Werkstücks relativ hoch. Diese Verfahren können für den Prozessschritt 'Äußere Form heraustrennen' in Betracht gezogen werden. Die Erzeugung von Kavitäten der geforderten Qualität ist damit nicht möglich.

Auswahl Für den Aufbau von Funktionsmustern wird die Ultraschallbearbeitung eingesetzt. Für eine spätere Massenproduktion des Gehäuses des Künstlichen Akkommodationssystems werden neben der Ultraschallbearbeitung auch das Blankpressen und das laserinduzierte Ätzen in Betracht gezogen.

Neuartige generische Kapselungskonzepte mit verschiedenen Fügeverfahren

Für das Fügen von Einzelteilen zu einem Gehäuse werden zwei generelle Ansätze unterschieden:

- Fügen ohne Fügehilfsstoff
- Fügen mit Fügehilfsstoff.

Da die Schmelztemperaturen von Gläsern im Bereich von mehreren 100 °C liegen, ist das direkte Fügen zweier Glasbauteile ohne Hilfsstoff mit einem hohen Energieeintrag und damit einer starken Erwärmung des Systems verbunden. In der Halbleitertechnik werden Bondtechniken von Gläsern mit Silizium angewendet, die zumeist ebenfalls sehr hohe Temperaturen erfordern [Mad02]. Für die Reduktion der thermischen Belastung der internen Komponenten während des Fügens werden im Folgenden drei Ansätze betrachtet:

- Lokale Zuführung der Fügeenergie, z.B. durch Laser
- Verwendung eines niedrigschmelzenden Fügehilfsstoffs
- Lokale Einbringung der Fügeenergie in einen relativ niedrigschmelzenden Fügehilfsstoff.

Laserbonden Der Entwurf eines Gehäuses für das Künstliche Akkommodationssystem, gefügt mittels Laserbonden, sieht drei Teile vor. Abbildung 3.17 zeigt Varianten eines solchen Gehäuses. Das Mittelstück besteht aus Silizium und ist als Zylinder bzw. Scheibe ausgeführt. Die beiden äußeren Teile sind Scheiben bzw. Töpfe aus Borosilikatglas. Die Fügeenergie wird lokal durch Laser zugeführt. Aufgrund der schwierigen Fokussierung des Lasers beim Durchdringen einer schmalen hohen Glaswand ist die linke Variante fertigungstechnisch von Vorteil. Bei der mittleren und der rechten Variante ist die Implementierung von Halbleiterkomponenten im Silizium denkbar. Eine Optimierungsmöglichkeit ist das Erzeugen der ersten Verbindung des unbestückten Gehäuses mittels anodischem Bonden.

Der Vorteil des Laserbondens liegt in der Ähnlichkeit der erzeugten Verbindung zum anodischen Bonden, mit dem bereits hermetisch dichte Verbindungen vergleichbarer

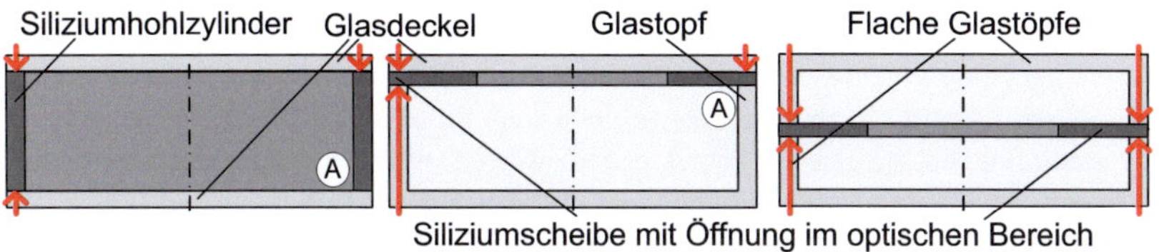

Abb. 3.17: Geometrievarianten für die Fertigung eines Gehäuses aus einem Siliziumbauteil (dunkelgrau) und zwei Glasbauteilen (hellgrau). Fügen durch Laserbonden ↓, Fügen durch anodisches Bonden Ⓐ. Schematische Schnittansichten.

Geometrie erzielt wurden ([DAN97], vgl. Abs. 1.3.2). Die Dichtigkeit von lasergebondeten großflächigen Verbindungen ist ebenfalls nachgewiesen [WGP01]. Aufgrund der ähnlichen Wärmeausdehnungskoeffizienten der Fügepartner wird eine Rissbildung während des Abkühlens verhindert. Die Biokompatibilität der Werkstoffe ist nachgewiesen [UFK$^+$99, FSF$^+$11].

Von Nachteil ist, dass zwei Fügestellen erforderlich sind. Borosilikatglas hat im Verhältnis zu anderen Gläsern eine deutlich geringere Festigkeit, sodass bezüglich der Wandstärke weniger Optimierungspotential besteht (Abs. 3.2.6). Beim Laserbonden werden zudem sehr hohe Anforderungen an die Oberflächengüte der Fügepartner gestellt.

Laserlöten Beim Laserlöten sind die Glasgehäuseeinzelteile aus einem Topf mit flachem dünnen Deckel aufgebaut, um die Fokussierung des Lasers auf den Fügebereich zu ermöglichen. Durch den Laser wird das Lot geschmolzen und die Fügepartner werden miteinander verbunden.

Ein Vorteil des Laserlötens ist, dass nahezu beliebige Gläser miteinander oder mit anderen Werkstoffen gefügt werden können. Als Lotwerkstoff kann beispielsweise das biokompatible AuSn [HM08] eingesetzt werden. Die Lotdicke beträgt nur wenige μm, wodurch eine geringe elektromagnetische Dämpfung zu erwarten ist. Ein weiterer Vorteil ist, dass nur zwei Gehäuseeinzelteile aus Glas durch eine Fügestelle verbunden werden müssen. Somit wird sowohl die Anzahl der Prozessschritte während der Fertigung reduziert, als auch die Gefahr von Undichtigkeiten minimiert.

Nachteilig ist die bisher nicht bestätigte Dichtigkeit für schmale Lotnähte. Zudem kann die lokale Erwärmung von Fügepartnern mit unterschiedlichen Ausdehnungskoeffizienten zur Induktion thermischer Spannungen bei der Abkühlung der Verbindung führen.

Anpassung des Laserlötens für die Gehäusefertigung des Künstlichen Akkommodationssystems Um trotz der bisher nötigen Nahtbreite von 1 mm bis 2 mm für das Erreichen von Hermetizität die geforderten Wandstärken für das Künstliche Akkommodationssystem zu realisieren, wird ein eigener Fertigungsprozess entwickelt [RGBG10b, RGBG10a]. Hierbei werden in einen Glaswafer zylindrische Kavitäten eingebracht, die den Innenraum des Implantats bilden (Abb. 3.18 oben). Im Anschluss wird das Lot flächig auf die verbleibenden Stege dieses Wafers sowie einseitig auf einen dünnen gläsernen Deckwafer aufgetragen, wobei die optisch transparenten Bereiche jeweils vorab maskiert werden. Das System wird bestückt und mittels Laser gelötet (Abb. 3.18 Mitte). Dabei können die Nahtbreiten im mm-Bereich liegen. Beim Vereinzeln des Gesamtsystems wird schließlich die endgültige Wandstärke erreicht (Abb. 3.18 unten), z.B. mit Ultraschallbearbeitung.

Vorteil des neuen Verfahrens ist neben der Fertigung dünner Wandstärken beim Laserlöten die Handhabung von Wafern über den gesamten Fertigungsprozess, wodurch die Anwendung für die Massenfertigung ermöglicht wird. Das Verfahren ist somit auch interessant für den Einsatz beim Laserbonden. Nachteilig ist die Belastung der Fügestelle sowie der internen Komponenten durch die Vereinzelung.

Aus den Ergebnissen der praktischen Umsetzung des neuen Waferfertigungsverfahrens mit Hilfe des Laserlötens (vgl. Abs. 5.2.3) geht hervor, dass die Fügestelle durch die thermische Einwirkung sowie durch die Vereinzelung zu stark belastet wird. Um die Belastung durch die Vereinzelung zu reduzieren, ist zukünftig die Verwendung speziell geformter Ausgangsteile möglich (Abb. 3.19). Für die Fügestelle wird dabei nur ein dünner Halterahmen ausgebildet. Die Fertigung ist mit Hilfe von Ultraschallbearbeitung eines Wafers möglich oder durch Ur- bzw. Umformen. Aufgrund der deutlich reduzierten herauszutrennenden Glashöhe ist nun auch ein Vereinzeln mit Hilfe von für die internen Komponenten schonenderen Verfahren wie Ätzen oder Laserschneiden möglich.

Kugellöten Auch für die Anwendung des Kugellötens zur Herstellung des Gehäuses für das Künstliche Akkommodationssystem wird ein Glastopf mit flachem Deckel eingesetzt. Um eine Stoßkante zu erzeugen, wird der Durchmesser des Deckels etwas kleiner ausgelegt als der Außendurchmesser des zylindrischen Topfs (Abb. 3.20). Die Wandstärke des Topfs setzt sich somit mindestens zusammen aus Deckelauflage, Kugeldurchmesser und Ausgleich von Fertigungstoleranzen der Fügeteile. Vor dem Aufbringen der Lotkugeln von ca. 100 µm Durchmesser ist die Metallisierung des Stoßbereichs erforderlich.

Ein Vorteil des Kugellötens ist die ausschließliche Verwendung von hermetisch dichten Werkstoffen. Damit ist es ein vielversprechendes Verfahren für die Erzeugung einer dichten und zuverlässigen Verbindung. Vielfältige Gläser können gefügt werden. Durch die lokal eingebrachte Energie werden die internen Komponenten nicht thermisch belastet.

Nachteilig ist die Möglichkeit, dass thermische Spannungen während des Fügeprozesses induziert werden können. Aufgrund des Fertigungsprozesses können die Gehäuse bisher nur als Einzelteile gehandhabt werden; die erforderliche Mindestwandstärke für den Glaszylinder ist aufgrund der erforderlichen Auflagefläche für den Deckel relativ hoch. In ersten Versuchen werden ultraschallbearbeitete Töpfe mit einer Wandstärke

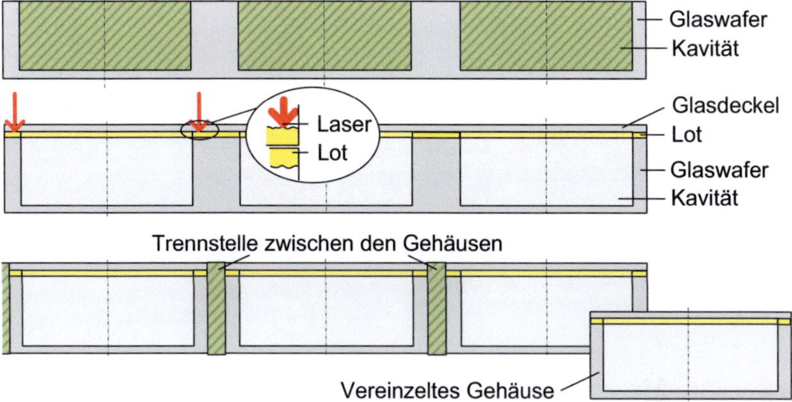

Abb. 3.18: Neuer Waferprozess zur Fertigung von Glasgehäusen: Einbringen der Kavitäten (oben), Auflöten eines dünnen Deckwafers (Mitte), Vereinzeln der Glasgehäuse (unten). Schematische Schnittansichten ohne interne Komponenten, Integration von Linsen etc.

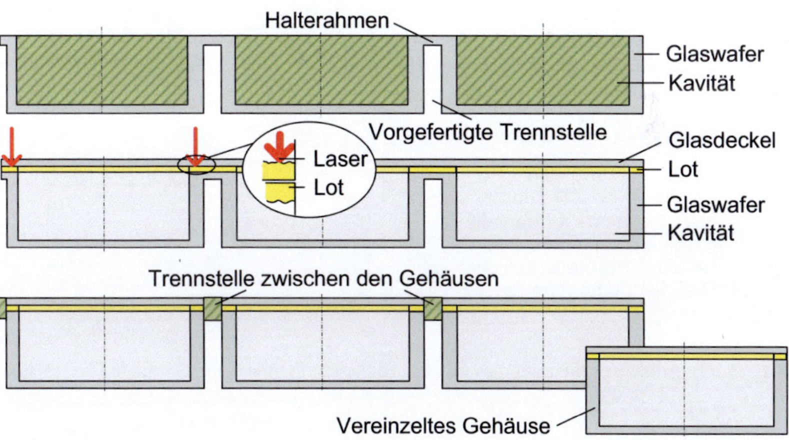

Abb. 3.19: Optimierung des Waferprozesses zur Fertigung von Glasgehäusen (vgl. Abb. 3.18).

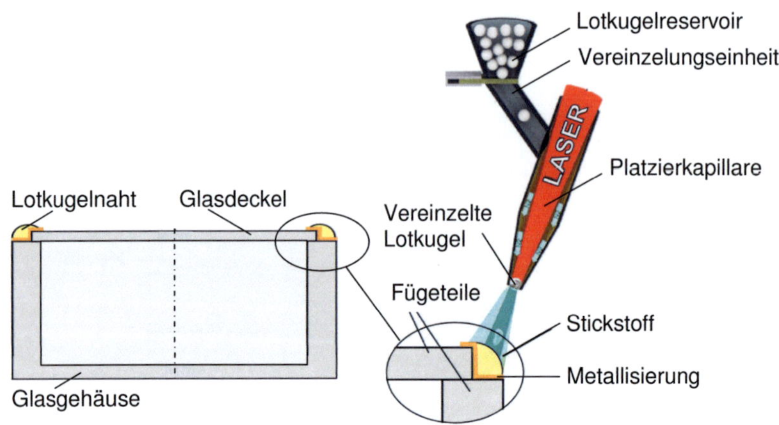

Abb. 3.20: Prinzipdarstellung des Kugellötens (nach [BHB$^+$10a]) für das Künstliche Akkommodationssystem. Schematische Schnittansicht.

von 400 µm verwendet (vgl. Abs. 5.2.4). Wie stark der metallische Lotring elektromagnetisch dämpfend wirkt, muss im Versuch ermittelt werden [Ebe14].

Beschichtete Klebung Da Klebstoff ein Polymer ist und somit permeabel für das Eindringen von Körperflüssigkeit, muss bei Anwendung einer adhäsiven Verbindung eine zusätzliche Abdichtung erfolgen. Hierfür wird eine Beschichtung aufgebracht, z.B. durch Sputtern oder galvanische Abscheidung von hermetischen Materialien wie Glas oder Metall im Bereich der Klebenaht (Abb. 3.21).

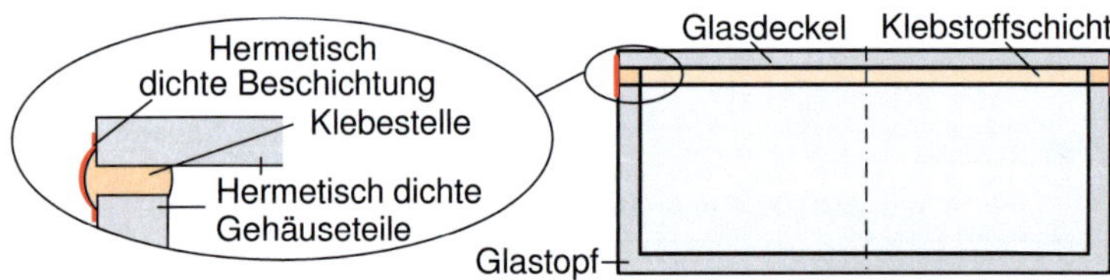

Abb. 3.21: Adhäsive Verbindung zweier hermetisch dichter Gehäuseteile mit abdichtender Beschichtung im Bereich der Klebenaht. Schematische Schnittansicht.

Der Vorteil des Klebens mit anschließender Beschichtung liegt darin, dass die eingesetzten Niedrigtemperaturfertigungsprozesse die internen Komponenten nicht thermisch belasten. Der metallisierte Bereich ist minimal, sodass die elektromagnetische

Dämpfung voraussichtlich vernachlässigbar ist. Im Gegensatz zur Außenbeschichtung des polymer vergossenen Systems (Abs. 3.2.2) werden die mechanischen Belastungen während der Handhabung nicht vollständig auf das Polymer und dessen Beschichtung aufgebracht, wodurch die mechanischen Spannungen reduziert werden. Dennoch ist auch hierfür der Einsatz einer mehrlagigen Beschichtung vorteilhaft (vgl. Abs. 3.2.2, [RLG$^+$12]). Mit Hilfe des Klebstoffs können leichte Unebenheiten in der Oberfläche der Fügepartner ausgeglichen werden. Dadurch sind die Ansprüche an die Oberflächenqualität geringer als bei anderen Verfahren. Der Klebstoff kann zudem als Gettermaterial, d.h. als wasserbindende Komponente, für das wenige Wasser eingesetzt werden, das die Beschichtung über die Lebensdauer hinweg durchdringt [RLG$^+$12]. Von Nachteil sind die verschiedenen Ausdehnungskoeffizienten von Glas, Polymer und Metall. Ob eine langzeitstabile sichere Abdichtung mit diesem Konzept realisiert werden kann, muss überprüft werden.

3.2.4 Überlegungen zu Keramikgehäusen

Keramik ist biokompatibel, hermetisch dicht und elektromagnetisch durchlässig, jedoch mit Ausnahme von Glaskeramiken nicht transparent. Der Fertigungsaufwand ist mit dem von Glas vergleichbar, sodass der Einsatz von Keramiken keinen Vorteil gegenüber Glas bietet und somit nicht weiter untersucht wird.

3.2.5 Neues Konzept zum Verguss innerhalb von Gehäusen

Bisher werden Implantate gekapselt, indem sie entweder vergossen oder von einem Gehäuse umschlossen werden. Eine Erweiterung dieser Kapselungsmethoden stellt der Verguss innerhalb eines Gehäuses dar. Dabei wird das gesamte System von einem Gehäuse umgeben und die Komponenten im inneren Bauteilring werden zusätzlich vergossen (Abb. 3.22). Vorab kann eine Schutzbeschichtung der einzelnen Komponenten durchgeführt werden. Dadurch sind zusätzliche Fertigungsschritte erforderlich und die Masse des vergossenen Gesamtsystems ist etwas größer als die des unvergossenen. Diese Vorgehensweise hat jedoch wesentliche Vorteile:

- Die Sicherheit im Versagensfall, d.h. bei Eindringen von Körperflüssigkeit in das Gehäuse, wird deutlich erhöht.

  - Die Biokompatibilität des Systems geht nicht verloren, da durch den Verguss ein Kontakt zwischen Bauteil und Körperflüssigkeit verhindert wird. Der Schutzeffekt kann durch eine zusätzliche Beschichtung verstärkt werden.

  - Der Verguss fungiert als Gettermaterial und bindet eindringende Wassermoleküle, sodass ein Ansteigen der relativen Luftfeuchtigkeit im Hohlraum des optischen Bereichs verzögert wird.

  - Die Elektronik ist durch den Verguss geschützt und bleibt funktionsfähig.

- Die Stabilität des Gehäuses gegen von außen wirkende Kräfte wird erhöht, da der Verguss als Widerlager für die Stirnseite des Gehäuses dient. Dadurch können gegebenenfalls die Wandstärke des Gehäuses und damit dessen Bauraum und Masse reduziert werden.

- Die thermische Anbindung der elektronischen Komponenten wird verbessert. Dadurch wird die Bauteiltemperatur während des Betriebs reduziert und die Lebensdauer erhöht. (Richtwert: 10 K Temperaturerhöhung entsprechen einer Halbierung der Lebensdauer [SW93].)

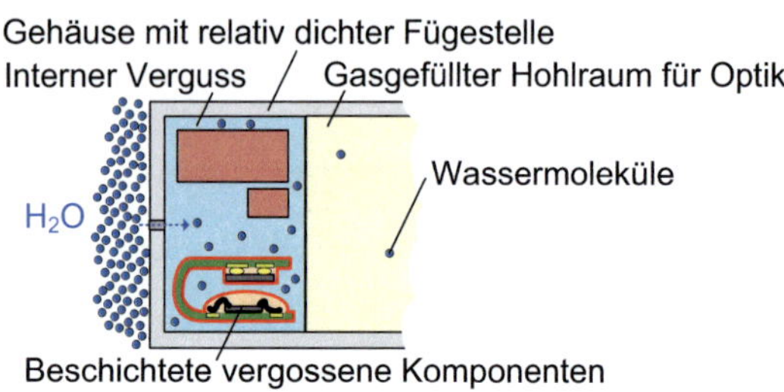

Abb. 3.22: Schematische Darstellung der Getterfunktion des internen Vergusses in einem Gehäuse, in das einzelne Wassermoleküle eindringen.

Durch diese zusätzliche Option können alle vorgestellten Gehäusekonzepte optimiert werden.

3.2.6 Bauraum und Masse der Kapselung

Da der Bauraum ein entscheidendes Kriterium bei der Auswahl eines Kapselungskonzepts darstellt, wird im Folgenden die mechanische Auslegung durchgeführt und damit die Mindestwandstärke für Gehäuse aus verschiedenen Werkstoffen bestimmt. Zudem wird der Einfluss des jeweiligen Kapselungskonzepts auf den für die Subkomponenten benötigten Bauraum analysiert.

Masse des Implantats

Aufgrund der noch nicht genau bekannten Abmessungen der Komponenten wird die Gesamtmasse des Implantats für den ungünstigsten Fall abgeschätzt. Der Bauteilring mit dem Volumen V_{BR} (vgl. Formel (2.3)) ist dabei vollständig mit Silizium der Dichte ρ_{Si} von 2,33 g/cm^3 [HKN$^+$99] gefüllt. Metallische Verbindungselemente mit höherer Dichte als Silizium werden dabei kompensiert durch polymere Komponenten wie beispielsweise den Schaltungsträger. Der optische Bereich mit dem Volumen V_{OB} (vgl. Formel (2.1)) wird als vollständig mit PMMA der Dichte ρ_{PMMA} von 1,18 g/cm^3 [HKN$^+$99] gefüllt angenommen. Beim Einsatz von Gas als optisches Medium mit sehr kleiner Dichte wird der entstehende Gewichtsvorteil wiederum durch Bereiche aus Glas mit höherer Dichte kompensiert.

Mit den vereinfachten Annahmen für den ungünstigsten Fall ergibt sich die maximale Masse des Implantats m_{max} zu

$$m_{max} = V_{BR} \cdot \rho_{Si} + V_{OB} \cdot \rho_{PMMA} \approx 640\,\text{mg} \tag{3.1}$$

und damit etwa dem Doppelten der Masse der natürlichen Linse.

Kräfte auf das Implantat durch Handhabung und Test

Einzellast Die beispielsweise durch eine Pinzette beidseitig auf das Implantat wirkende Haltekraft lässt sich ermitteln aus der abgeschätzten Implantatmasse m_{max} und dem Reibkoeffizienten μ. Aufgrund der Flüssigkeitsschmierung mit Spüllösung und Augenflüssigkeit während der Operation wird von einem sehr kleinen Reibkoeffizienten ausgegangen, $\mu = 0,01$ (vgl. Stahl und Eis mit Wasserschmierung bzw. Knorpel und Knorpel mit Ringerlösungschmierung [WH08]). Für ein beidseitiges Halten des Implantats mit Hilfe einer Pinzette lässt sich die Haltekraft F_{Halt} auf einer Seite bestimmen mit

$$F_{Halt} = F_{Normal} \geq \frac{F_{Reibung}}{\mu} = \frac{1}{2} \cdot \frac{F_{Gewicht}}{\mu} = \frac{1}{2} \cdot \frac{m_{max} \cdot g}{\mu} \tag{3.2}$$

$$\text{zu } F_{Halt} \geq 314\,\text{mN}. \tag{3.3}$$

Dabei sind F_{Normal} die Normalkraft, $F_{Reibung}$ die Reibungskraft und $F_{Gewicht}$ die Gewichtskraft. Die Gegenkraft des Gewebes während der Implantation ist voraussichtlich höher als die reine Gewichtskraft des Implantats. Hierbei lässt sich jedoch unter anderem der Angriffspunkt der Kraft optimieren, um die induzierten Spannungen im Implantat zu reduzieren.

Der ungünstigste Belastungsfall ist das Angreifen einer Kraft, z.B. der Haltekraft, in der Mitte der Stirnflächen. Die Stirnfläche des Implantats entspricht dabei einer Kreisplatte mit eingespanntem Rand. Die radiale sowie die tangentiale Spannung $\sigma = \sigma_r = \sigma_t$ sind für die betrachtete Geometrie und Belastung in der Mitte größer als am Rand. Die Spannung wird berechnet mit [LM01]

$$\sigma = 1,95(b/r_{KP})^2[0,25(b/r_{KP})^2 - ln(b/r_{KP})] \cdot [F/(\pi b^2)]r_{KP}^2/h^2. \tag{3.4}$$

Dabei sind r_{KP} der Radius der eingespannten Kreisplatte, b der Radius der zur Kreisplatte konzentrischen Kreisfläche, auf der die Kraft F angreift, und h die Dicke der Platte.

Belastung durch Druck Wird das Implantat gleichmäßig belastet, z.B. durch das Einbringen in Vakuum bei der Fertigung oder während des Heliumlecktests, so lässt sich die maximale Spannung mit dem Modell einer durch die Druckdifferenz Δp von einem bar gleichmäßig belasteten eingespannten Kreisplatte [LM01] berechnen. Dabei sind die auftretenden Spannungen im Randbereich höher als in der Mitte und die Radialspannungen σ_r höher als die Tangentialspannungen σ_t.

$$\sigma_r = \sigma_t/\nu = 0,75 \cdot \Delta p \cdot r_{KP}^2/h^2, \tag{3.5}$$

mit der Querkontraktionszahl $\nu << 1$. Im Bereich des Zylindermantels treten Spannungen in Umfangsrichtung σ_ϕ und in Längsrichtung σ_x auf [LM01].

$$\sigma_\phi = 2 \cdot \sigma_x = \frac{\Delta p \cdot r_Z}{h_M} \tag{3.6}$$

Dabei sind r_Z der Radius des Zylinders, h_M die Wandstärke des Mantels und Δp die Differenz zwischen Innen- und Außendruck. Die Spannungen im Mantel liegen jedoch für die betrachteten Randbedingungen mindestens eine Größenordnung unterhalb derer der Stirnflächen.

Kräfte auf das Implantat während des Betriebs

In [MBU$^+$09] werden die auftretenden Beschleunigungen auf das Implantat während der Sakkaden mit Hilfe einer FEM-Simulation ermittelt. Grundlage hierfür bilden ein Zonulafasermodell [BJC02] sowie die konservative Abschätzung der Implantatmasse als das Doppelte der Linsenmasse. Die maximale Beschleunigung auf das Implantat während einer 40°-Sakkade beträgt demnach 6 m/s^2; die resultierenden Beschleunigungskräfte liegen im Bereich von wenigen Millinewton.

Die höchsten Frequenzen der Sakkaden treten während der REM-Schlafphasen auf und liegen im einstelligen, maximal zweistelligen Hertz-Bereich [CD05]. Die aufgrund der Kapselsackschrumpfung auf das Implantat wirkenden Kräfte werden derzeit untersucht. Ihre Größenordnung wird jedoch ebenfalls die der Handhabungskräfte weit unterschreiten, sodass die während des Betriebs wirkenden Kräfte für die Auslegung der Stabilität vernachlässigbar sind.

Mindestwandstärken für verschiedene Belastungsfälle und verschiedene Werkstoffe

Für die Abschätzung der Mindestwandstärken der Kapselung werden verschiedene Belastungsmöglichkeiten gewählt:

- Der ungünstigste Fall bei der Handhabung ist die Anwendung einer sehr spitzen Pinzette, die eine annähernd punktförmige Belastung mittig auf der Stirnfläche erzeugt. Die Haltekraft F_{Halt} wirkt auf einem Radius b von 100 µm.

- Das Operationswerkzeug kann für die Handhabung des Künstlichen Akkommodationssystems optimiert werden. Exemplarisch wird hier eine breite Pinzette mit dem Radius $b = 2,5\,\text{mm}$ angenommen, mit der die Haltekraft F_{Halt} aufgebracht wird.

- Eine weitere Optimierungsmöglichkeit ist der Verguss des inneren Bauteilrings des Implantats. Kann fertigungstechnisch erreicht werden, dass die stirnseitigen Kreisplatten sich auf dem Ring abstützen, so reduziert sich der Radius r_{KP} der eingespannten Kreisplatte auf 2,5 mm.

- Bei der Herstellung bzw. beim Testen werden die Implantate in Vakuum eingebracht. Damit ergibt sich eine Druckdifferenz von $\Delta p = 1\,\text{bar}$ zum Innendruck.

- Wird ein transparenter Werkstoff ausschließlich im optischen Bereich eingesetzt (Borosilikatglasfenster in Titangehäuse) und an dessen Umfang auf einen anderen Werkstoff gefügt, so kann die Belastung durch Vakuum auf dieses Fenster mit $r_{KP} = 2,5\,\text{mm}$ berechnet werden.

Einige Werkstoffe, die für den Einsatz als Gehäuse des Künstlichen Akkommodationssystems betrachtet werden, sind in Tabelle 3.2 aufgeführt. Dazu gehören die Titanlegierung TiAl6V4, das Polymer Polymethylmethacrylat (PMMA), das Borosilikatglas Borofloat sowie Quarzglas. Der reine Verguss wird bei der mechanischen Auslegung nicht betrachtet, da durch die Anbindung an die Bauteile die Kräfte nicht ausschließlich durch das Vergusspolymer aufgenommen werden.

Werkstoff	Biegefestigkeit[B] bzw. Zugfestigkeit[Z]
TiAl6V4	910 MPa[Z] [HKN$^+$99]
PMMA	70 MPa[Z] [HKN$^+$99]
Borofloat	25 MPa[B] [Pla08]
Quarzglas	67 MPa[B] [Her]

Tab. 3.2: Biegefestigkeit bzw. Zugfestigkeit verschiedener Werkstoffe.

Mit Hilfe der Formeln (3.4) und (3.5) können die Mindestwandstärken für eine Kapselung aus dem jeweiligen Werkstoff berechnet werden. Diese Abschätzung dient nur der Herleitung der Größenordnung und beinhaltet noch keinen Sicherheitsfaktor o.ä. für die Auslegung. Die Ergebnisse in Tabelle 3.3 zeigen, dass die Handhabung mit einer angepassten breiten Pinzette die geringste der hier betrachteten Belastungen für die Gehäuse darstellt. Die Mindestwandstärken liegen hierbei für alle Werkstoffe weit unter den fertigungstechnisch realisierbaren Wandstärken; insbesondere wenn das Gehäuse zudem intern vergossen ist. Mit der Titanlegierung ist dabei die kleinste Wandstärke realisierbar. Die höchste Belastung stellt dagegen das Einbringen in Vakuum dar. Die Mindestwandstärke einer runden eingespannten Platte aus Borofloat mit dem Radius

5 mm an der Stirnseite des Implantats liegt mit 274 µm im Bereich dessen, was durch Ultraschallbearbeitung gefertigt werden kann.

	Mindestwandstärke in µm für Gehäuse aus			
	TiAl6V4	PMMA	Borofloat	Quarzglas
Punktlast auf Platte $r_{KP} = 5\,\text{mm}, b = 0{,}1\,\text{mm}$	29	104	175	107
Breite Lastverteilung $r_{KP} = 5\,\text{mm}, b = 2{,}5\,\text{mm}$	13	46	77	47
Breite Lastverteilung, Verguss innerer Bauteilring $r_{KP} = 2{,}5\,\text{mm}, b = 2{,}5\,\text{mm}$	7	26	44	27
Gehäuse im Vakuum $r_{KP} = 5\,\text{mm}$	45	164	274	167
Fenster im Vakuum $r_{KP} = 2{,}5\,\text{mm}$	nicht transparent	82	137	83

Tab. 3.3: Mindestwandstärken für Gehäuse aus verschiedenen Werkstoffen unter verschiedenen Belastungsfällen.

Bei der Handhabung der Implantate ist somit für alle betrachteten Werkstoffe ein Sicherheitsfaktor von mindestens drei zwischen den derzeit fertigbaren Wandstärken und den berechneten Mindestwandsärken realisierbar. Der Sicherheitsfaktor für die Anwendung von Herstellungs- oder Testverfahren in Vakuum ist jedoch sehr gering. Deshalb sind vorab Tests zur Vakuumbeständigkeit der Gehäuse und gegebenenfalls der Aufbau von Vorrichtungen zum Aufbringen einer Gegenkraft erforderlich (vgl. Abs. 4.2.1).

Einfluss verschiedener Kapselungsmethoden auf Gesamtbauraum und -masse

In die Bewertung von Bauraum und Masse fließen nicht nur das reine Volumen und die Masse der Kapselung ein. Auch die Auswirkungen auf den Bauraumbedarf anderer Komponenten müssen berücksichtigt werden. So sind Masse und Stellweg der beweglichen Linsenkomponente beispielsweise vom optischen Medium und damit von der Art der Kapselung abhängig und besitzen wiederum Einfluss auf die Größe des Aktors und dessen Energiebedarf. In [RSGB09] werden ein Polymerverguss und ein hermetisch dichtes Glasgehäuse bezüglich des benötigten Bauraums verglichen. Hierfür wird die Optik mit einer Alvarez-Humphrey-Linse mit einer beweglichen Linsenkomponente simuliert, jeweils in Kammerwasser bzw. in Gas (Abb. 3.23).

Die Grundlage der Berechnung bildet das zylindrische Gehäuse mit 10 mm Durchmesser und 4 mm Höhe und einem optischen Element von 5 mm Durchmesser. Für

Glasgehäuse kann bisher eine Wandstärke d von 300 µm fertigungstechnisch realisiert werden. Durch eine entsprechende Auswahl des Glases und die Optimierung der Fertigungsprozesse kann die Wandstärke für Glasgehäuse voraussichtlich weiter reduziert werden (vgl. Tab. 3.3). Die für Verguss benötigte Wandstärke beträgt ca. 100 µm [Ste08]. Für die Auslegung des optischen Elements werden alternativ eine Dicke von 2 mm sowie die jeweils maximal mögliche Dicke von 3,4 mm in Gas und 4 mm in Kammerwasser betrachtet.

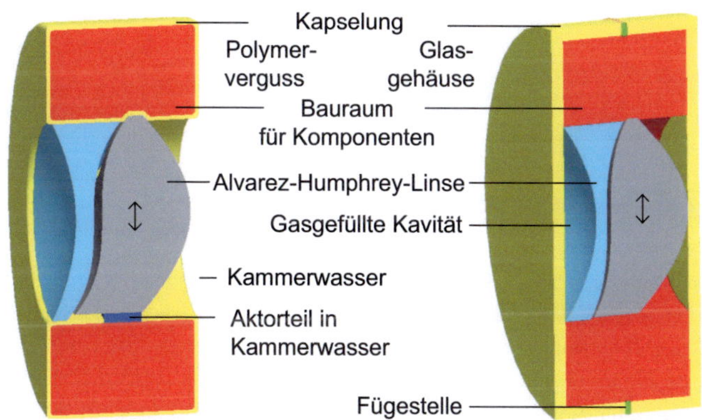

Abb. 3.23: Kapselungskonzepte für Alvarez-Humphrey-Linse: Polymerverguss mit Linse in Kammerwasser (links) und Glasgehäuse mit Linse in Gas (rechts) [RSGB09].

In Tabelle 3.4 sind als Ergebnisse der optischen Auslegung jeweils die Mindestaktorstellwege, die Masse der bewegten Linsenkomponente sowie das zur Verfügung stehende Volumen des inneren Bauteilring V_{BR} angegeben.

Da durch Polymerverguss kein gasgefüllter Hohlraum im Inneren realisiert werden kann, wird die Optik in Kammerwasser betrieben. Infolge dessen ist eine zusätzliche 'Wand' für die Abgrenzung des Bauteilrings zum Kammerwasser im optischen Bereich nötig, beim hermetisch dichten Gehäuse mit gasgefülltem Hohlraum nicht. Dennoch resultiert die Kapselung mit Polymerverguss bisher aufgrund der wesentlich geringeren Wandstärke in einem größeren Volumen für die Bauteile als der Einsatz eines Glasgehäuses. Der Einfluss des inneren Bereichs der Polymerkapselung steigt jedoch, wenn ein linsenförmiger Bauraum des Implantats gewählt wird.

Aufgrund des Brechungsindexunterschieds zwischen Kammerwasser und Polymerlinse ergeben sich jedoch beim Polymerverguss deutlich größere Massen und Stellwege für die bewegliche Linsenkomponente. Die Arbeit des Aktors und damit sowohl sein Volumen als auch die benötigte Energie verhalten sich proportional zum Produkt aus

Kapselung	Dicke Linsensystem in mm	Mindestaktorstellweg in μm	Masse der bewegten Linsenkomponente in mg	Bauraum im inneren Bauteilring in mm³	Dichte in g/cm³ (Glasgehäuse mit Gas oder Verguss)
Verguss	2,0 4,0	243 160	25 40	205	≥ 1 [Foe]
Glasgehäuse $d = 300\,\mu$m	2,0 3,4	120 60	20 33	169	1,46
$d = 200\,\mu$m				190	1,21

Tab. 3.4: Ergebnisse der Optikauslegung einer Alvarez-Humphrey-Linse mit verschiedenen Kapselungskonzepten [RSGB09].

Masse und Stellweg [RSGB09]. Da dieses Produkt beim Polymerverguss ca. zwei- bis dreimal so groß wie bei der Kapselung mit einem hermetisch dichten Gehäuse, wird hier ein Teil des größeren inneren Bauteilrings für einen größeren Aktor und einen größeren Energiespeicher beansprucht. Eine quantitative Aussage zum zusätzlich benötigten Volumen der Bauteile ist erst nach der endgültigen Konzeptauswahl der Subsysteme möglich.

Derzeit ist der Verguss bezüglich des Bauraums für die Kapselung zu bevorzugen. Nach einer Optimierung der Fertigungsverfahren für Glasgehäuse kann die Differenz zwischen den Bauräumen für Bauteile bei Verguss und Glasgehäuse jedoch voraussichtlich auf ca. 15 mm^3 reduziert werden (vgl. Tab. 3.4). Unter Berücksichtigung des zusätzlich benötigten Volumens für die Subsysteme ist dann ein Glasgehäuse günstiger.

Für das Erreichen der strukturellen Biokompatibilität [WH96] wird für das System eine ähnliche Dichte angestrebt wie die des Kammerwassers. Aus der Berechnung der mittleren Dichte von Glasgehäuse und Gas sowie der Dichte von Verguss (Tab. 3.4) folgt, dass durch Verguss die strukturelle Biokompatibilität besser erreicht wird. Die hohe Dichte des Glases kann auch durch den gasgefüllten Hohlraum nicht vollständig kompensiert werden.

3.2.7 Vergleich und Bewertung der Kapselungskonzepte

Bewertungskriterien

Aus den in Abschnitt 2.1 definierten Anforderungen werden im Folgenden die Bewertungskriterien für die Kapselung hergeleitet. Einige der Mindestforderungen konnten beim Entwurf aller Konzepte bereits vollständig erfüllt werden. Dazu gehören die Biokompatibilität des Gehäusewerkstoffs, die Transparenz im optischen Bereich, die geringe thermische Belastung der internen Komponenten und die Stabilität [RB10]. Sie fließen selbst nicht als Bewertungskriterien ein, ihre Realisierung hat jedoch Auswirkungen auf andere Bewertungskriterien, z.B. den Bauraum.

- **Dichtigkeit:** Kann ein Konzept die Anforderungen an die Dichtigkeit nicht erfüllen, so ist die Grundfunktion der Kapselung, der Schutz der internen Komponenten sowie des Körpergewebes, nicht erfüllt. Die Bewertung der einzelnen Konzepte bezieht sich auf die potentiell erreichbare Dichtigkeit eines Fertigungsverfahrens, wenn die Prozessparameter beherrscht werden.
- **Elektromagnetische Durchlässigkeit:** Da für die Versorgung mit der erforderlichen Energie derzeit keine Alternative zur induktiven Energieübertragung existiert [NMR$^+$08], ist die elektromagnetische Durchlässigkeit ein entscheidendes Kriterium für die Bewertung. In elektrisch leitfähigen geschlossenen Konturen erfolgt eine starke Dämpfung, die mit der Dicke der leitfähigen Schicht steigt.
- **Bauraum und Masse:** Der Bauraum ist im Künstlichen Akkommodationssystem sehr begrenzt und deshalb auch für die Kapselung ein wichtiges Bewertungskriterium. Für das Erreichen der strukturellen Biokompatibilität [WH96] wird für das System eine ähnliche Gesamtdichte angestrebt wie die des Kammerwassers, sodass auch die Masse der Kapselung in die Bewertung einfließt. Die Bewertung von Bauraum und Masse der Kapselung setzt sich zusammen aus:
  - Volumen der Kapselung, das sich aus der Wandstärke und der gekapselten Fläche ergibt
  - Masse der Kapselung
  - Einfluss der Kapselungsmethode auf den Bauraumbedarf und die Masse des Gesamtsystems.
- **Sicherheit im Versagensfall:** Ein Versagen der Kapselung bedeutet den Verlust der Dichtigkeit und führt zu sehr negativen Auswirkungen für den Implantatträger, insbesondere wenn das Implantat einen gasgefüllten Hohlraum besitzt. Die Optik ist für das optische Medium Gas ausgelegt, wobei der hohe Unterschied der Brechungsindizes von Linse und Gas die Minimierung der Linsendicken und -stellwege und somit der benötigten Verschiebeenergie begünstigt. Ein Eindringen von Wasser ins System führt jedoch zu einer starken Veränderung der optischen Brechkraft des Implantats. Während eine Änderung der Luftfeuchtigkeit unkritisch ist, bewirkt flüssiges Wasser im System, je nach Linsentyp- und Einstellung, eine Weitsichtigkeit des Implantatträgers von 8,65 dpt bis 14,35 dpt [Sie10]. Die möglichen Auswirkungen bei Versagen sind somit:
  - Verlust der Biokompatibilität (bei Verguss und bei Gehäusen)
  - Starke Hyperopie (nur in Gehäusen bei Gas als optischem Medium)
  - Funktionsausfall des Akkommodationssystems (bei Verguss und bei Gehäusen).

Das Versagen muss durch die Auslegung der Kapselung weitestgehend ausgeschlossen werden. Aufgrund der starken Beeinträchtigung des Patienten wird die Sicherheit im Versagensfall dennoch als Bewertungskriterium herangezogen. Die Wahrscheinlichkeit des Versagens resultiert aus der Dichtigkeit des Systems.

- **Fertigungsaufwand:** Die Fertigungsverfahren für die Herstellung der Kapselung sollen für die Massenproduktion des Künstlichen Akkommodationssystems geeignet sein. Dafür ist eine minimale Anzahl von Fertigungsschritten von Vorteil. Da das Künstliche Akkommodationssystem im Vergleich zu vorhandenen Implantaten neue Anforderungen an die Kapselung stellt, können erprobte und bereits auf Kosteneffizienz optimierte Fertigungsprozesse nur für Teilschritte oder gar nicht eingesetzt werden. Für neue Fertigungsverfahren ist derzeit nur eine sehr grobe Abschätzung der Eignung für die Massenproduktion und des letztendlich entstehenden Fertigungsaufwands möglich. Kann die Fertigung weiter optimiert werden, ist wiederum eine Rückwirkung auf andere Kriterien denkbar, wie beispielsweise Bauraum und Masse.

- **Geometrievariation:** Zukünftig soll die Außengeometrie des Implantats linsenförmig gestaltet werden. Zudem ist die Integration von Vorsatzlinsen oder Halterungsstrukturen in die Kapselung wünschenswert. Vorstellbar ist auch eine lokale Anpassung der Wandstärke an die Lastverteilung, um den Bauraum für die internen Komponenten zu maximieren.

- **Potentielle Faltbarkeit:** Auf Dauer wird die Faltbarkeit des Implantats angestrebt, ergibt jedoch bei der derzeit vorgegebenen Bauform keine Vorteile für die Implantation. Dafür ist eine deutliche Reduktion der Dicke des Implantats nötig sowie eine Positionierung der Bauteile, die eine Biegung zulässt. Das Falten eines optischen Elements, das aus mehreren zueinander ausgerichteten Linsenteilen besteht, ist zur Zeit als kritisch anzusehen.

Gewichtung der Bewertungskriterien   Die Abdichtung des Systems gegen Eindringen von Kammerwasser sowie der Schutz des Gewebes vor austretenden Substanzen ist die Hauptaufgabe der Kapselung. Die Dichtigkeit erhält deshalb das höchste Gewicht. Elektromagnetische Durchlässigkeit und ein geringer Bauraum sind Mindestforderungen. Ihre Einhaltung wird deshalb hoch bewertet. Mittleres Gewicht haben die Auswirkung bei Versagen sowie der Fertigungsaufwand. Die Variation der Geometrie und die potentielle Faltbarkeit stellen bisher Wünsche dar und sind deshalb gering gewichtet.

Bewertung der Kapselungskonzepte

In Tabelle 3.5 werden die verschiedenen Kapselungskonzepte anhand der eingeführten Bewertungskriterien verglichen. Der Grad der Erfüllung der Bewertungskriterien ist aus den Vor- und Nachteilen der beschriebenen Kapselungskonzepte ersichtlich und wird bewertet mit:

0:    Nichterfüllung
1:    Ansatzweise Erfüllung
2:    Ausreichende Erfüllung
3:    Gute Erfüllung
4:    Sehr gute Erfüllung.

Die Bewertung erfolgt anhand des gewichteten arithmetischen Mittelwerts sowie des gewichteten geometrischen Mittelwerts (vgl. [CK08]). Da die Faltbarkeit ein langfristig angestrebtes Ziel ist, derzeit jedoch kein Ausschlusskriterium darstellt, wird zudem das geometrisch gewichtete Mittel ohne das Kriterium Faltbarkeit betrachtet.

Die Bewertungen in Tabelle 3.5 zeigen, dass der reine Verguss ausgeschlossen wird; ebenso die Fertigung eines Metallgehäuses. Die Erfüllung aller Bewertungskriterien inklusive Faltbarkeit kann nur durch einen Verguss mit Außenbeschichtung oder einen Verguss mit direkter Bauteilbeschichtung erreicht werden. Die Gesamtbewertung der beiden Konzepte mit Hilfe des arithmetischen Mittelwerts ist jedoch schlechter als die von Glasgehäusen.

Wird die Faltbarkeit vernachlässigt, so sind die Glasgehäuse mit internem Verguss am besten für die Kapselung des Künstlichen Akkommodationssystems geeignet. Der Gewinn an Sicherheit im Versagensfall durch zusätzlichen Verguss der internen Komponenten überwiegt den dadurch verursachten Nachteil der Gewichtszunahme des Implantats. Die Variation zwischen den einzelnen Fügeverfahren ist relativ gering. Beim derzeitigen Kenntnisstand wird das Laserbonden favorisiert, vor dem Laserlöten, der beschichteten Klebung und dem Kugellöten. Dabei wird vorausgesetzt, dass der Fertigungsaufwand unter Einsatz des neuen Waferprozesses (vgl. Abs. 3.2.3) beim Laserbonden und Laserlöten geringer ist als bei der Handhabung von Einzelteilen bei anderen Fügeverfahren. Die Geometrievariation wird aufgrund der erforderlichen flächigen Überlappung von Glas und Silizium sowie der Geometrieanpassung für die Zugänglichkeit des Lasers für das Laserbonden etwas schlechter bewertet als bei Kugellöten und beschichteter Klebung.

Aufgrund der guten Bewertung der Kapselung des Künstlichen Akkommodationssystems durch Glasgehäuse sowie der zum Zeitpunkt der Konzeption relativ ungenauen Bewertung von erzielbarer Dichtigkeit, elektromagnetischer Durchlässigkeit und Fertigungsaufwand werden im Folgenden Glasgehäuse mit verschiedenen Fügeverfahren aufgebaut und charakterisiert.

Eine relativ gute Bewertung ergibt sich auch für die direkte Beschichtung der Komponenten mit anschließendem Verguss. Diese Option sollte in folgenden Arbeiten ebenfalls weiter untersucht werden, insbesondere in Hinblick auf Dichtigkeit und Faltbarkeit.

Kapselungskonzepte		Bewertungskriterien							Bewertung		
		Dichtigkeit	Elektromagnetische Durchlässigkeit	Bauraum und Masse	Auswirkung bei Versagen	Fertigungsaufwand	Geometrievariation	Potentielle Faltbarkeit	Gewichtetes arithmetr. Mittel	Gewichtetes geometr. Mittel	Gew. geom. Mittel ohne Faltbarkeit
	Gewichtung:	0,3	0,2	0,2	0,1	0,1	0,05	0,05			
Titangehäuse mit Glasfenster	ohne Verguss	4	0	3	0	2	3	0	2,15	0	0
	mit Verguss	4	0	2	3	2	3	0	2,25	0	0
Verguss		0	4	3	1	4	2	4	2,20	0	0
Verguss mit Außenbeschichtung		2	2	3	1	3	2	2	2,20	1,11	1,13
Verguss mit direkter Bauteilbeschichtung		2	4	3	1	3	2	3	2,65	1,14	1,15
Glasgehäuse lasergebondet	ohne Verguss	4	4	3	0	3	3	0	3,05	0	0
	mit Verguss	4	4	2	3	3	3	0	3,15	0	1,20
Glasgehäuse lasergelötet	ohne Verguss	4	3	3	0	3	3	0	2,85	0	0
	mit Verguss	4	3	2	3	3	3	0	2,95	0	1,19
Glasgehäuse kugelgelötet	ohne Verguss	4	2	3	0	2	4	0	2,60	0	0
	mit Verguss	4	2	2	3	2	4	0	2,70	0	1,17
Glasgehäuse geklebt, beschichtet	ohne Verguss	3	4	3	0	2	4	0	2,70	0	0
	mit Verguss	3	4	2	3	2	4	0	2,80	0	1,18

Tab. 3.5: Vergleich der Kapselungskonzepte für verschiedene Werkstoffe. Erfüllung der Bewertungskriterien: 0 – Nichterfüllung, 1 – Ansatzweise Erfüllung, 2 – Ausreichende Erfüllung, 3 – Gute Erfüllung, 4 – Sehr gute Erfüllung.

Die verschiedenen in Abschnitt 3.2 untersuchten Konzepte zur Erfüllung der Teilaufgaben 'Kapselung des Systems' und 'Ausrichtung und Fixierung der Komponenten' umfassen Metallgehäuse, Polymerkapselung sowie Glas- und Glasverbundgehäuse. Die neue Option des Vergusses innerhalb von Gehäusen erhöht die Sicherheit im Versagensfall. Der Vergleich der Konzepte zeigt, dass Glasgehäuse favorisiert werden. Eine mögliche spätere Option ist der Aufbau einer polymeren Kapselung mit direkter Beschichtung der Komponenten und anschließendem Polymerverguss.

3.3 Konzepte zur Ausrichtung und Fixierung des Implantats

Im Folgenden werden die Optionen zur Erfüllung der Teilfunktion 'Ausrichtung und Fixierung im Körper' für das Künstliche Akkommodationssystem untersucht (Abb. 3.24). Sie werden unterschieden in:

- Fixierung durch die äußere Geometrie des Implantats
- Fixierung durch zusätzliche Haptiken.

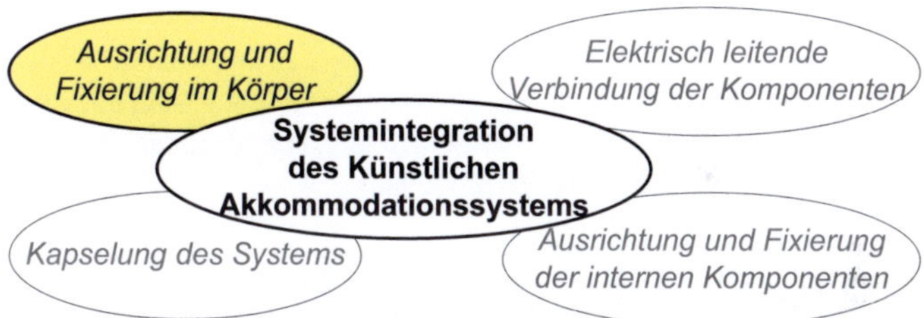

Abb. 3.24: Durch äußere Geometrie und Haptiken erfüllbare Teilaufgaben der Systemintegration. Legende siehe Abb. 2.16.

3.3.1 Fixierung durch die äußere Geometrie des Implantats

Ein Ansatz zur Ausrichtung und Fixierung des Künstlichen Akkommodationssystems im Kapselsack ist, die äußere Form des zylindrischen Implantats zu nutzen. Linsenimplantate mit vergleichbarem Durchmesser haben sich bereits als gut fixierbar erwiesen. Dazu gehören die ersten implantierten PMMA-Linsen, die die Form der natürlichen Linse nachbildeten und keine zusätzlichen Haptiken aufwiesen [PB08, WII+09]. Ein anderes Beispiel ist eine IOL (Abs. 1.3.2), deren integrierte vergossene Spule mit einem

Durchmesser von 10,5 mm und einer Höhe von unter 1 mm direkt als Haptik verwendet wird. Ob sich auch die zylindrische Bauform des Künstlichen Akkommodationssystems (Abb. 3.25 links) zur Ausrichtung und Fixierung eignet, muss in Operationsversuchen erprobt werden (vgl. [Kar11]). Voraussichtlich ist die Ausführung der Außengeometrie als Linsenform vorteilhafter für die Fixierung und Implantation (Abb. 3.25 rechts). Für die Anpassung an verschiedene Linsengrößen ist zudem eine Reduktion des Implantatdurchmessers auf 9 mm und der Höhe des Implantats auf ca. 3,7 mm von Vorteil (vgl. [LMT+10]).

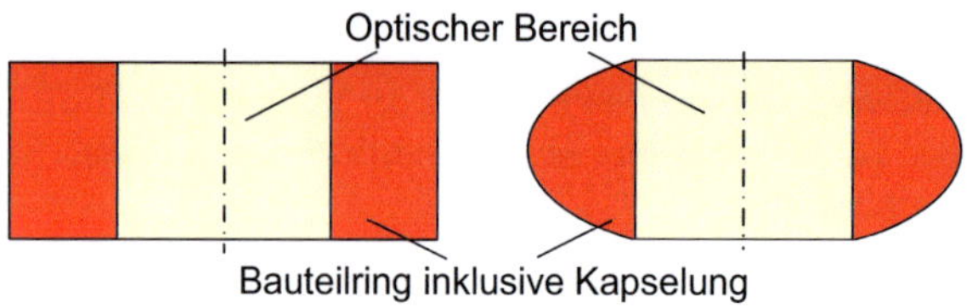

Abb. 3.25: Künstliches Akkommodationssystem in zylindrischer Form (links) und in Linsenform (rechts). Schematische Schnittansichten.

Die Linsenform bietet jedoch wesentlich weniger Bauraum im Bauteilring als die Zylinderform. In Abbildung 3.26 ist das jeweilige Volumen im Bauteilring mit verschiedenen Kapselungsalternativen dargestellt. Dabei wird die Linsenform als Rotationsellipsoid mit Aussparung im optischen Bereich modelliert.

3.3.2 Fixierung durch zusätzliche Haptiken

Alternativ oder ergänzend zur Fixierung durch die äußere Geometrie kann das Implantat mit zusätzlichen Befestigungselementen, sogenannten Haptiken versehen werden, ähnlich denen moderner IOLs. Ein Argument für die zusätzliche Fixierung ist, dass der Durchmesser des optischen Bereichs des Künstlichen Akkommodationssystems relativ klein und somit eine zentrale und verkippungsfreie Justage im Strahlengang wichtiger als bei anderen IOLs ist. Aufgrund der größeren äußeren Geometrie des Künstlichen Akkommodationssystems ist eine größere Kapsulorhexis erforderlich, sodass der Kapselsack möglicherweise zu wenig Halt bietet und eine axiale Fixierung erforderlich ist. Eine verdrehungsfreie Fixierung ermöglicht die Korrektur von Astigmatismen sowie die Anwendung von Magnetfeldsensoren zur Erfassung des Akkommodationsbedarfs. Durch die Haptiken können zudem die Größenunterschiede verschiedener Kapselsäcke ausgeglichen werden. Die Haptik muss in dem relativ kleinen Bauraum zwischen Implantat und Äquator des Kapselsacks die erforderlichen Kräfte zur Verspannung und Fixierung erzeugen.

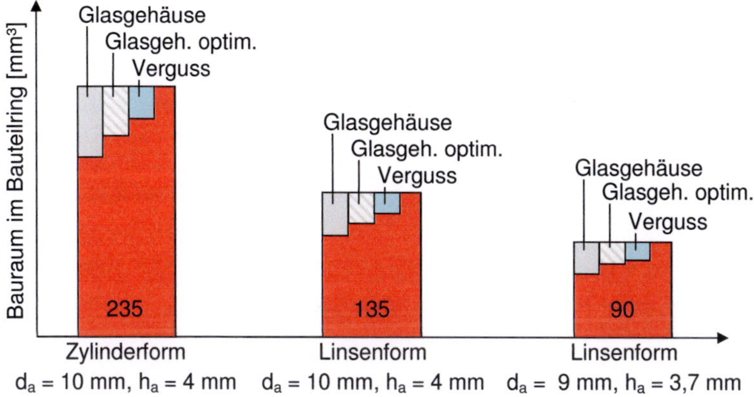

$d_a = 10$ mm, $h_a = 4$ mm $d_a = 10$ mm, $h_a = 4$ mm $d_a = 9$ mm, $h_a = 3,7$ mm

Abb. 3.26: Bauraum im Bauteilring für verschiedene Geometrien des Künstlichen Akkommodationssystems.

In einen Verguss lassen sich die Haptiken direkt als einstückige Plattenhaptiken mit integrieren (Abb. 3.27 links) oder als zusätzliches Element ähnlich heutigen C-Haptiken mit eingießen. Der Fertigungsaufwand wird als relativ gering eingeschätzt.

Bei einem Gehäuse ist eine zusätzliche Befestigung für die Haptiken nötig. Da sich beispielsweise C-Haptiken nur schwer in einem Glasgehäuse direkt befestigen lassen, kann die Montage über eine spezielle Halterung erfolgen, in die das Implantat eingebracht wird (vgl. [HSH$^+$08, LSD$^+$00]) (Abb. 3.27 rechts). Eine andere Option ist das Angießen der Haptiken an das Gehäuse.

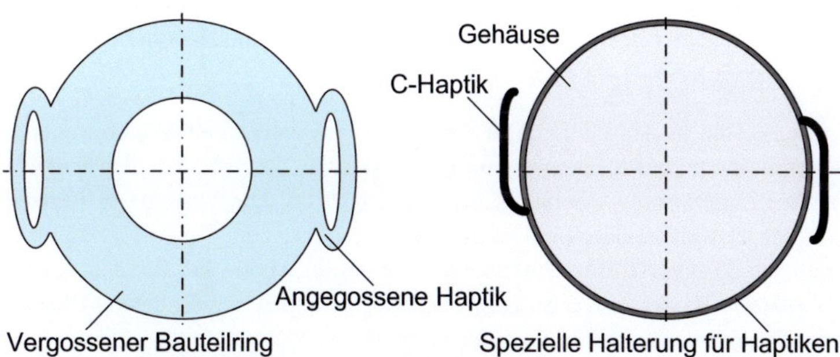

Abb. 3.27: Angegossene Haptiken an vergossenem Implantat (links) und C-Haptiken mit spezieller Halterung am Gehäuse des Implantats (rechts). Schematische Darstellung.

In Implantationsversuchen wird untersucht, ob die zylindrische Bauform zur Fixierung geeignet ist oder ob weitere Maßnahmen erforderlich sind [Kar11]. Die in Abschnitt 3.3 betrachteten Optionen sind die Anpassung der äußeren Geometrie des Implantats an eine Linsenform und / oder die Verwendung von zusätzlichen Haptiken. Die Haptiken können entweder angegossen oder als Einzelkomponenten an das Künstliche Akkommodationssystem montiert werden. Denkbar ist auch die Kombination der Optionen, d.h. die Ausführung des Implantats in Linsenform mit zusätzlichen Haptiken.

3.4 Neue Gesamtintegrationskonzepte für das Künstliche Akkommodationssystem

Im Folgenden werden die Teillösungen des Schaltungsträgers, der Kapselung sowie der Ausrichtung und Fixierung im Körper derart zu Gesamtintegrationskonzepten kombiniert, dass alle in Abschnitt 2.3.2 definierten Teilaufgaben der Systemintegration erfüllt werden. Die Gesamtintegration des Künstlichen Akkommodationssystems ermöglicht dabei das Zusammenführen der einzelnen Subsysteme 'Optisches Element', 'Aktorik', 'Sensorik', 'Kommunikationseinheit', 'Steuerungseinheit', 'Energieversorgung' zu einem funktionalen Gesamtsystem (vgl. Abb. 2.5).

Die drei favorisierten Gesamtintegrationskonzepte sind:

- Konzept ①: Integration einer Alvarez-Humphrey-Linse im gasgefüllten Glasgehäuse mit Polymerverguss der Komponenten im inneren Bauteilring und zusätzlich montierten Haptiken
- Konzept ②: Integration einer Triple-Optik im gasgefüllten Glasgehäuse mit Polymerverguss der Komponenten im inneren Bauteilring und zusätzlich montierten Haptiken
- Konzept ③: Nutzung einer Alvarez-Humphrey-Linse im Kammerwasser in Kombination mit einer Beschichtung der Bauteile und anschließendem Polymerverguss des Bauteilrings mit angegossenen Haptiken.

Die Konzepte sind in Abbildung 3.28 dargestellt. Sie unterscheiden sich in der Form ihrer Kapselung sowie im integrierten aktiv optischen Element. In allen Fällen wird eine flexible Leiterkarte als Schaltungsträger eingesetzt. Die Systeme in Konzept ① und Konzept ② werden durch ein Glasgehäuse mit internem Verguss gekapselt, wobei in Konzept ① eine Alvarez-Humphrey-Linse als aktiv optisches Element verwendet wird, in Konzept ② dagegen eine Triple-Optik. Die Haptiken sind eigene Einzelkomponenten, die durch eine Halterung oder durch Verguss an dem Glasgehäuse montiert werden. In Konzept ③ wird eine Alvarez-Humphrey-Linse in Kammerwasser betrieben; die anderen Systemkomponenten sind durch eine abdichtende Beschichtung und einen anschließenden Verguss gekapselt. Zusätzlich können Haptiken an das System angegossen werden.

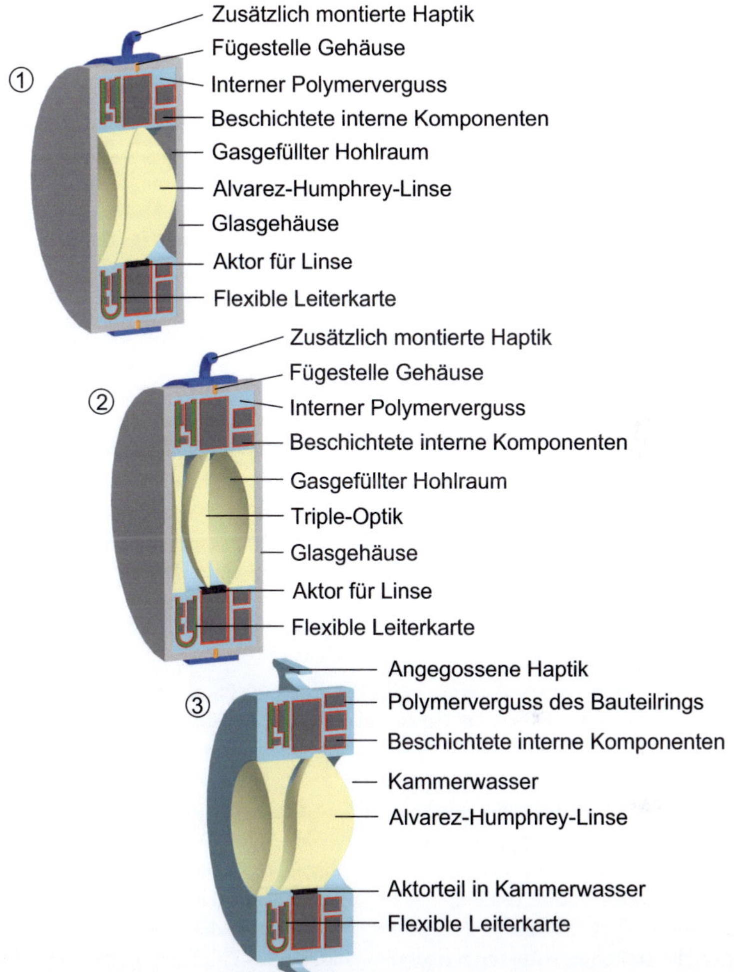

Abb. 3.28: Gesamtintegrationskonzepte für das Künstliche Akkommodationssystem. Konzept ①: Alvarez-Humphrey-Linse im gasgefüllten Glasgehäuse mit Polymerverguss der Komponenten im inneren Bauteilring und zusätzlich montierten Haptiken (oben), Konzept ②: Triple-Optik im gasgefüllten Glasgehäuse mit Polymerverguss der Komponenten im inneren Bauteilring und zusätzlich montierten Haptiken (Mitte), Konzept ③: Alvarez-Humphrey-Linse im Kammerwasser in Kombination mit einer Beschichtung der Bauteile und anschließendem Verguss des Bauteilrings mit angegossenen Haptiken (unten).

In jedem der drei Gesamtintegrationskonzepte werden **alle Teilaufgaben der Systemintegration** erfüllt:

- Die 'elektrisch leitende Verbindung der Komponenten' wird durch die flexible Leiterkarte und die Aufbau- und Verbindungstechnik realisiert. Die elektronischen Bauteile der 'Kommunikationseinheit', 'Sensorik', 'Steuerungseinheit', 'Energieversorgung' und 'Aktorik' werden in Form von ungehäusten Siliziumhalbleiterchips und SMD-Bauteilen durch Drahtbonden, FlipChip-Montage und SMD-Löten auf der Leiterkarte elektrisch kontaktiert (vgl. Abs. 3.1). Dabei werden nach Möglichkeit ASICs eingesetzt. Planare Bauteile wie Antennen für die Kommunikation und Spulen für die Energieversorgung können in Form von Leiterbahnen auf Satelliten in die Gestaltung der flexiblen Leiterkarte mit einfließen. Separate Bauteile außerhalb des Bestückungsbereichs der Leiterkarte, wie beispielsweise der Aktor, der Akkumulator oder der Pupillenweitensensor, können über dünne Fahnen der Leiterkarte elektrisch kontaktiert werden. Eine Alternative ist die Fixierung auf einem anderen Bauteil, z.B. dem Glasgehäuse, und die Kontaktierung zwischen Leiterkarte und Bauteil mit Hilfe dünner gedruckter Leiterbahnen.

- Die 'Ausrichtung und Fixierung elektronischer Komponenten' kann zum Teil ebenfalls durch die flexible Leiterkarte und die Aufbau- und Verbindungstechnik ermöglicht werden. Die Ausrichtung der Bauteile erfolgt durch Falten und Abwinkeln der Leiterkarte. Für die endgültige Fixierung in einer Position ist jedoch ein starres Widerlager nötig, das durch den Verguss und/oder das Gehäuse oder auch durch starre Subkomponenten, wie beispielsweise den Akkumulator, zur Verfügung gestellt werden kann.

  Die 'Ausrichtung und Fixierung optischer Komponenten' wird zum Teil durch den Verguss und/oder das Gehäuse realisiert. Die unbewegliche Linsenkomponente der Alvarez-Humphrey-Linse kann in Konzept ① am Gehäuse befestigt und in Konzept ③ mit angegossen werden. Die Vorsatzlinsen der Triple-Optik in Konzept ② werden in das Glasgehäuse integriert. Die Fixierung der jeweils beweglichen Linsenkomponente ist eine Teilaufgabe der Aktorik.

  Die 'Ausrichtung und Fixierung mechanischer Komponenten' und damit die Aufnahme interner Kräfte bezieht sich hauptsächlich auf die Aktorik. Hierfür wird in Konzept ① und Konzept ② das Glasgehäuse verwendet, in das gegebenenfalls spezielle Halterungsstrukturen integriert sind. Inwieweit eine Lagerung der Aktorikkomponenten und eine Aufnahme der Kräfte durch einen Verguss möglich ist, muss nach Auswahl der Aktoriklösung getestet werden.

- Die 'Kapselung des Systems' wird in Konzept ① und Konzept ② durch ein Glasgehäuse mit internem Verguss, in Konzept ③ durch eine abdichtende Beschichtung und anschließenden Polymerverguss realisiert. Wesentlichen Einfluss darauf, welche Kapselungsmethode für die Unterfunktion 'Schutz der Komponenten und Verbindungen vor Kontakt mit Kammerwasser' angewendet wird, hat die Auswahl des aktiv optischen Elements. In Abschnitt 2.2.1 wurden die verschiedenen optischen Elemente für den Einsatz im Künstlichen Akkommodationssystem vorgestellt. Von Seiten der Kapselung werden drei Varianten unterschieden: Polymerlinsen[1] im Medium Gas, Polymerlinsen im Medium Kammerwasser und Fluidlinsen.

- Polymerlinsen im Medium Gas können in Form einer Triple-Optik oder einer Alvarez-Humphrey-Linse eingesetzt werden. Um die Aufrechterhaltung eines gasgefüllten Hohlraums im optischen Bereich für die gesamte Lebensdauer sicherzustellen, muss eine hermetisch dichte Kapselung und damit ein Glasgehäuse eingesetzt werden (vgl. Abs. 3.2). Das Glasgehäuse umschließt in Konzept ① und Konzept ② das gesamte System. Die Alternative ist die Beschränkung der hermetisch dichten Kapselung auf den optischen Bereich und die Beschichtung mit anschließendem Verguss der weiteren Subkomponenten im ringförmigen Bauraum um den optischen Bereich (Abb. 3.29 links). Die hermetische Abdichtung des Gesamtsystems wird favorisiert, da somit alle Subkomponenten sicher vor dem Kontakt mit Kammerwasser geschützt werden. Bei der kombinierten Kapselungsmethode wird der Bauraumvorteil, der sich aufgrund der dünneren Wandstärke des Vergusses ergibt, durch die zusätzliche Wandstärke des Glasgehäusemantels um den optischen Bereich kompensiert. Zudem ist eine abgedichtete Durchführung für den Transfer der Verschiebeenergie vom Bauteilring in den optischen Bereich erforderlich. Einziger Vorteil der kombinierten Kapselungsmethode ist die Möglichkeit, das Implantat im äußeren Bereich flexibler zu gestalten und damit gegebenenfalls die Implantierbarkeit zu verbessern.

- Polymerlinsen im Medium Kammerwasser können ausschließlich für die Alvarez-Humphrey-Linse eingesetzt werden. Die Kapselung beschränkt sich auf die Subkomponenten im Bauteilring (Konzept ③). Der Transfer der Verschiebeenergie für die Linsenkomponente vom Bauteilring in den optischen Bereich kann über eine elastisch abgedichtete mechanische Durchführung erfolgen. Alternativ kann ein vollständig im Kammerwasser befindlicher Aktor eingesetzt werden, dem elektrische Energie zugeführt wird. Eine hermetisch dichte Kapselung ist nicht zwingend erforderlich, wenn der Kontakt der Bauteile mit dem Kammerwasser auf andere Weise sicher unterbunden werden kann.

- Fluidlinsen erfordern ein eigenes Glasgehäuse, das die beiden Fluide zuverlässig vor dem Austrocknen und dem Kontakt mit den elektronischen Komponenten schützt und über Durchführungen mit einer Mikropumpe oder einem Kolben für die Fluidvolumenverschiebung verbunden ist (Abb. 3.29 rechts). Ein solches Gehäuse ist sehr aufwendig zu fertigen und blasenfrei zu befüllen [Phia]. Die anderen Subsysteme müssen zusätzlich gekapselt

---

[1]Für die Auslegung der auf Linsenverschiebung basierenden optischen Elemente wird bisher der Brechungsindex des Polymers Polymethylmethacrylat (PMMA) genutzt [BSBG07, Ber07], da Polymere einen relativ hohen Brechungsindex bei geringerer Dichte als beispielsweise Glas besitzen.

werden, entweder durch ein weiteres hermetisches Gehäuse oder durch Beschichtung und Verguss. Der benötigte Bauraum ist aufgrund des zusätzlichen Gehäuses für die Fluidlinse höher als bei der jeweils ausschließlichen Anwendung eines Glasgehäuses (Konzept ① und ②) oder des Vergusses (Konzept ③) auf das gesamte System. Der Einsatz einer Fluid-Linse ist deshalb von Seiten der Kapselung als ungünstig zu bewerten. Sie wird vorerst nicht betrachtet, da ihre Anwendung nur sinnvoll ist, wenn der zusätzlich benötigte Gehäusebauraum durch einen entsprechend kleineren Aktor kompensiert werden kann.

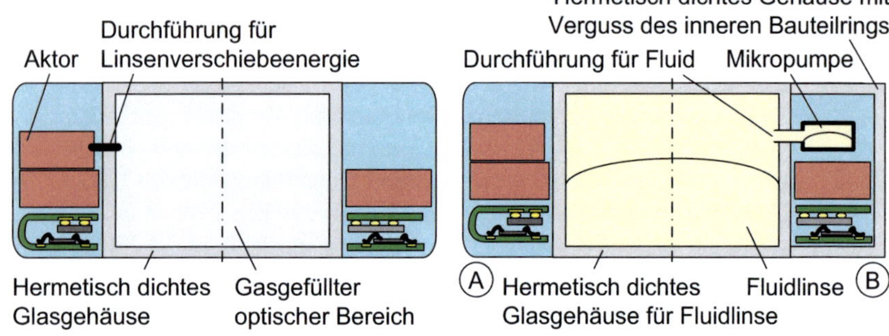

Abb. 3.29: Kombinierte Kapselung aus hermetisch dichtem Glasgehäuse für den optischen Bereich und Verguss des Bauteilrings (links). Kapselung der Fluidlinse in einem hermetisch dichten Glasgehäuse und Kapselung des Bauteilrings durch abdichtende Beschichtung und Verguss Ⓐ bzw. ein separates hermetisch dichtes, intern vergossenes Gehäuse Ⓑ (rechts). (Schematische Darstellung. Die Option einer abdichtenden Beschichtung der Bauteile vor dem Verguss ist in der Abbildung nicht dargestellt.)

- Die Teilfunktion 'Ausrichtung und Fixierung im Körper' kann durch eine angepasste linsenförmige Außengeometrie des Implantats und gegebenenfalls durch zusätzliche Haptiken erreicht werden. Für die Konzepte ① und ② ist für die Befestigung der Haptiken eine zusätzliche Halterung an der Mantelfläche der Gehäuse erforderlich. In Konzept ③ können die Haptiken in einem Fertigungsschritt mit dem kapselnden Verguss angegossen werden.

Die möglichen Komponenten, die für die Lösung der vorab beschriebenen Teilfunktionen der Gesamtkonzepte in den jeweiligen Abschnitten von Kapitel 3 ausgewählt wurden, sind in Abbildung 3.30 zusammenfassend dargestellt. Für die 'Elektrisch leitende

Verbindung' steht der Einsatz von ungehäusten Siliziumhalbleiterchips und der entsprechenden AVT sowie einer flexiblen Leiterkarte fest. Die Realisierung der 'Ausrichtung und Fixierung der Komponenten' ist von der endgültigen Wahl der Kapselung abhängig. Für die 'Kapselung des Systems' wird das Glasgehäuse favorisiert; die Bauteilbeschichtung mit anschließendem Verguss ist eine weitere Option. Für die Fügetechniken eines Glasgehäuses stehen noch verschiedene Möglichkeiten zur Wahl, die weiter untersucht werden sollen. Für die 'Ausrichtung und Fixierung im Körper' kann die äußere Geometrie des Implantats eingesetzt werden, bei Bedarf unterstützt durch zusätzliche Haptiken.

Die Abdichtung mit Hilfe eines Glasgehäuses (Konzepte ① und ②) wird gegenüber der Kapselung durch Beschichtung und anschließenden Verguss favorisiert (Konzept ③), da der zusätzliche Fertigungsaufwand und Bauraumbedarf für die Befestigung von Haptiken am Glasgehäuse nicht die höhere Sicherheit durch die bessere Abdichtung des Systems kompensiert (vgl. Abs. 3.2.7). Zudem ist beim Verguss des Bauteilrings eine Durchführung für den Transfer der Bewegungsenergie zum Verschieben der beweglichen Linsenkomponente erforderlich. Die Integration eines Pupillenweitensensors im optischen Bereich ist aufwendiger als beim Glasgehäuse.

Von Seiten der Glasgehäusefertigung wird die Verwendung einer Alvarez-Humphrey-Linse (Konzept ①) gegenüber der Triple-Optik (Konzept ②) als optisches Element bevorzugt, da die Vorsatzlinsen bereits in die polymeren Linsenkomponenten integriert werden können. Somit sind planare, einfacher zu fertigende und patientenuniversell einsetzbare Glasgehäuseeinzelteile anwendbar. Zudem ist auf der planaren Glasgehäusefläche die Montage eines Pupillenweitensensors einfacher zu realisieren. Für die Kompensation von Fehlsichtigkeiten können für die Alvarez-Humphrey-Linsen Baureihen mit verschiedenen integrierten Vorsatzlinsen erstellt werden. Ausschlaggebend für die endgültige Wahl des optischen Elements ist jedoch das favorisierte Aktorikkonzept.

Die in Abschnitt 3.4 favorisierten Gesamtintegrationskonzepte enthalten eine flexible Leiterkarte als Schaltungsträger und sind mit einem Glasgehäuse gekapselt. Als Funktionsmuster werden deshalb die Teillösungen flexible Leiterkarte und Variationen von Glasgehäusen aufgebaut. Welche Form der Fixierung im Kapselsack angewendet wird, muss sich in Implantationsversuchen herausstellen.

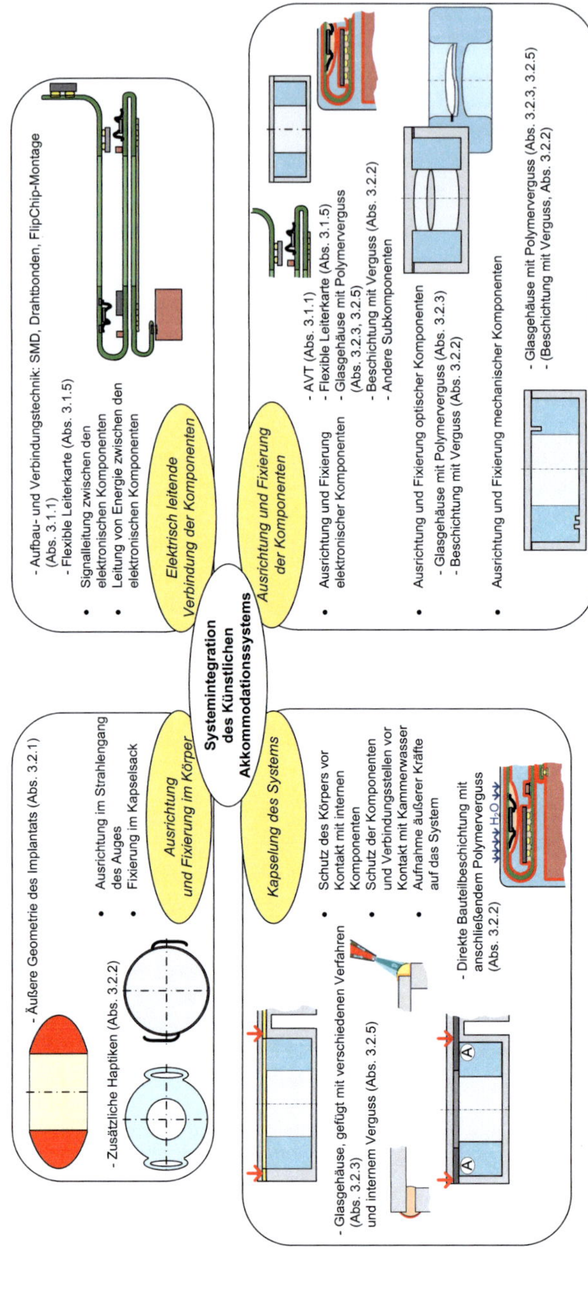

Abb. 3.30: Lösung der Teilaufgaben der Systemintegration mittels der Komponenten der Systemintegration für das Künstliche Akkommodationssystem

3.5 Zusammenfassung

Für die Umsetzung der beiden in Kapitel 2 erarbeiteten Integrationsansätze wurden in Kapitel 3 Integrationskonzepte erstellt. Zunächst wurden hierfür verschiedene Schaltungsträgertechnologien betrachtet. Der Einsatz von hochintegrierten Platinen, keramischen Schaltungsträgern oder spritzgegossenen Schaltungsträgern erfordert aufgrund des hohen Volumenbedarfs die Integration weiterer Funktionen in den Schaltungsträger, beispielsweise Kapselungsfunktionen. Im Konzept zur Anwendung flexibler Leiterkarten hingegen ist eine Trennung der Funktionen vorgesehen. Aus dem Vergleich der erstellten Konzepte folgt, dass eindeutig die flexible Leiterkarte favorisiert wird. Die Funktion der Kapselung muss somit von einem separaten Bauteil erfüllt werden.

Im Anschluss wurden verschiedene Konzepte für die Kapselung des Künstlichen Akkommodationssystems erarbeitet. Dazu gehören metallische Gehäuse, vorzugsweise aus Titan; Polymergehäuse und Polymerverguss mit zusätzlicher abdichtender Beschichtung sowie diverse Variationen von Glas- und Glasverbundgehäusen, die mit verschiedenen Fügeverfahren verbunden werden. Keramikgehäuse wurden aufgrund ihres hohen Aufwand/Nutzen-Verhältnisses für die Kapselung des Künstlichen Akkommodationssystems nicht eingehender betrachtet. Zur Erhöhung der Sicherheit im Versagensfall wurde eine Optimierung für Gehäuse von Mikrosystemen, insbesondere von Implantaten entwickelt: der Verguss der Bauteile innerhalb des Gehäuses mit wasserabsorbierendem Polymer. Der für die verschiedenen Kapselungskonzepte erforderliche Bauraum sowie die Masse des Implantats wurden analysiert. Aus dem Vergleich der Kapselungskonzepte ergibt sich eine Präferenz für Glasgehäuse. Favorisiert werden dabei die Fügeverfahren des Laserbondens und des Laserlötens, gefolgt von der beschichteten Klebung und dem Kugellöten. Ein weiteres anwendbares Konzept ist die direkte abdichtende Beschichtung der Bauteile mit anschließendem Polymerverguss.

Für die Ausrichtung und Fixierung des Künstlichen Akkommodationssystems im Kapselsack des Auges kann die Form des Implantats dienen. Hierfür ist jedoch eine angepasste Linsenform besser geeignet als die Zylinderform. Ist eine zusätzliche Fixierung erforderlich, können Haptiken an das Implantat angegossen oder montiert werden. Eine Kombination aus Linsenform und Haptiken ist ebenfalls denkbar.

Aus den erstellten Teillösungen ergeben sich drei favorisierte Gesamtkonzepte für die Lösung aller Teilaufgaben:

- Konzept ①: Integration einer Alvarez-Humphrey-Linse im gasgefüllten Glasgehäuse mit Polymerverguss der Komponenten im inneren Bauteilring und zusätzlich montierten Haptiken

- Konzept ②: Integration einer Triple-Optik im gasgefüllten Glasgehäuse mit Polymerverguss der Komponenten im inneren Bauteilring und zusätzlich montierten Haptiken

- Konzept ③: Nutzung einer Alvarez-Humphrey-Linse im Kammerwasser in Kombination mit einer Beschichtung der Bauteile und anschließendem Polymerverguss des Bauteilrings mit angegossenen Haptiken.

Als Schaltungsträger ist für alle Gesamtkonzepte der Einsatz einer flexiblen Leiterkarte vorgesehen. Favorisiert werden die Konzepte ① und ② mit Glasgehäuse und internem Verguss.

4 Neue Prozesskette zur Durchführung von Dichtigkeits- und Alterungstests

In Abschnitt 2.1.4 wurden der Bauraum und die Dichtigkeit als wesentliche Herausforderungen an die Systemintegration identifiziert. Während der Bauraum der Kapselung im Rahmen der Konzeption abgeschätzt (Abs. 3.2.6) und durch den Aufbau von Funktionsmustern bestätigt werden kann (Abs. 5.2), sind für die Bestimmung der Dichtigkeit und Langzeitstabilität Messungen erforderlich.

Die Prozesskette zur Beurteilung der Dichtigkeit des Gehäuses für das Künstliche Akkommodationssystem sieht die Durchführung von Heliumlecktests vor, und bei erfolgreicher Prüfung die Anwendung von beschleunigten Alterungstests. Das Kapitel 4 wird dabei unterteilt in (vgl. Abb. 4.1):

- Konzeption der Prozesskette (Abs. 4.1)
- Aufbau der Prozesskette (Abs. 4.2).

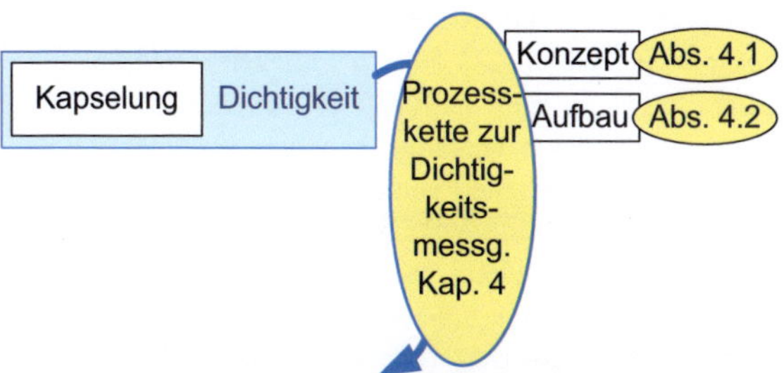

Abb. 4.1: Übersicht Kapitel 4.

4.1 Konzeption der Prozesskette

Die Prozesskette setzt sich aus standardisierten Heliumlecktests sowie beschleunigten Alterungstests zusammen. Die Heliumlecktests werden nach MIL-STD-883G durchgeführt (vgl. Abs. 1.3.3). Die Anwendbarkeit auf Implantate wird in Abschnitt 4.1.1

untersucht. Für die Durchführung der beschleunigten Alterungstests wird zunächst ein neues vereinfachtes Modell zur Feuchtemessung erstellt (Abs. 4.1.2). Daraufhin wird ein Messprinzip für die Anwendung dieses Modells ausgewählt (Abs. 4.1.3) und umgesetzt (Abs. 4.1.4). Das Konzept für eine automatisierte Erfassung und Auswertung der Messdaten wird in Abschnitt 4.1.5 entwickelt. In Abschnitt 4.1.6 wird die Auswertung der beschleunigten Alterungstests dargestellt; dazu gehören das eingesetzte Vorgehen zur Lebensdauerbestimmung und die damit erreichbare Genauigkeit.

4.1.1 Anwendbarkeit normierter Heliumlecktests für Implantate

Ein Gehäuse, das die Aufrechterhaltung eines gasgefüllten Hohlraums gewährleisten soll, muss hermetisch dicht sein (vgl. Abs. 1.3.3). Das bedeutet, dass das Gehäuse nicht permeabel für Wasser und andere Stoffe ist, sondern eine langzeitstabile Barrierewirkung zeigt. Eine vollständige Unterbindung des Stoffaustauschs ist jedoch praktisch nicht möglich. Kleine Partikel wie Wassermoleküle und Heliumatome diffundieren durch jeden Werkstoff mit definierten Diffusionsraten. Deshalb wird in MIL-STD-883G die Hermetizität anhand einer Leckrate definiert, die in Dichtigkeitstests bestimmt werden kann.

Die Durchführung der in Abschnitt 1.3.3 beschriebenen Heliumlecktests ist jedoch mit relativ großen Ungenauigkeiten verbunden. So kann beispielsweise nicht zwischen austretenden Heliumatomen aus dem Probeninneren und Atomen, die sich an Außenoberflächen angelagert hatten und sich während der Messung ablösen, unterschieden werden. Der Messwert ist zudem stark von der Messzeit abhängig.

Die Aussage über die Dichtigkeit stellt eine Momentaufnahme dar. Langzeitreaktionen, wie z.B. langsame Diffusionsvorgänge, können nicht detektiert werden. Dabei basiert das Kriterium für die Dichtigkeit von Gehäusen auf einer erlaubten Luftleckrate. Für Implantate ist jedoch die Wasserleckrate maßgeblich. Für das Künstliche Akkommodationssystem kann die Wasserleckrate bestimmt werden aus dem zulässigen eindringenden Wasservolumen V_W von $8{,}9{\cdot}10^{-3}$ mm^3, das sich aus der maximal zulässigen Wassermenge von $39{,}5$ g/m^3 (bei gasgefülltem Gehäuse, vgl. Abs. 2.1.2) und dem Implantatinnenvolumen V_{innen} bei der derzeit realisierbaren Wandstärke von $350\,\mu$m ergibt, sowie der Lebensdauer t_{LD} von 30 Jahren und der Partialdruckdifferenz des Wassers Δp_W. Die erlaubte Wasserleckrate L_W beträgt somit

$$L_W = V_W/t_{LD} \cdot \Delta p_W = 9{,}4 \cdot 10^{-15}\,\text{atm} \cdot \text{cm}^3/\text{s}. \tag{4.1}$$

Mit Hilfe der Formel (1.1) kann diese Wasserleckrate in eine äquivalente Heliumleckrate umgerechnet werden. Hierzu wird für die molekulare Masse M_A die von Wasser mit $18{,}2$ g [BLV06] eingesetzt. Für die Standardparameter (vgl. MIL-STD-883G Methode mit fixen Parametern) ergibt sich eine Heliumleckrate von $1{,}7{\cdot}10^{-22}$ atm·cm^3/s. Eine solche Leckrate ist mit handelsüblichen Heliumlecktestern nicht zu erfassen. Eine

Übertragbarkeit der Messmethode auf Systeme, die lange Zeit in Flüssigkeit eingetaucht werden, ist deshalb fraglich.

Heliumlecktests sind somit nur für eine erste Abschätzung der Dichtigkeit von Implantaten geeignet. Die Permeation von Wasser durch einen relativ dichten Werkstoff vollzieht sich sehr langsam, sodass mittels Dichtigkeitstests keine Vorhersage über die zukünftige Dichtigkeit des Systems möglich ist. Deshalb müssen Alterungstests durchgeführt werden, bei denen mit Hilfe erhöhter Temperaturen die Permeationsvorgänge beschleunigt werden. Dadurch wird eine Abschätzung ermöglicht, wann die kritische Wassermenge in das Implantatinnere eingedrungen ist und ob die Kapselung über die gesamte Lebensdauer ausreichenden Schutz bietet.

4.1.2 Generisches Modell zur Feuchtemessung in Mikrosystemen

Bei der Durchführung von beschleunigten Alterungstests muss detektiert werden, wann das vorab definierte Versagenskriterium eintritt und das Gehäuse undicht wird. Daraufhin kann die durchschnittliche Lebensdauer bestimmt werden. Das Versagenskriterium ist für die Untersuchung des Gehäuses des Künstlichen Akkommodationssystems die Wassermenge im Gehäuseinneren, die bei Betriebstemperatur T_B einer relativen Feuchtigkeit von 100 % entspricht und damit zur Bildung von flüssigem Wasser führt (vgl. Abs. 1.3.3). Im Folgenden werden die Randbedingungen während der Messung sowie während des Betriebs modelliert.

In Mikrosystemen ist das Volumen der gasgefüllten Kavitäten in der Regel so klein, dass die Wasseraufnahmefähigkeit eines eingebrachten Körpers $Q_{0\,Körper}$, d.h. die Wassermenge, die dieser maximal absorbieren kann, gegenüber der Wasseraufnahmefähigkeit des Gases in den Kavitäten $Q_{0\,Gas}$ nicht vernachlässigbar ist. Die resultierende relative Feuchtigkeit im System $r.H.$ ergibt sich aus dem Quotient der durch alle Wasserspeicher aufgenommenen Wassermenge Q_i und der maximal durch alle Komponenten aufnehmbaren Wassermenge Q_0 [Jou59]:

$$r.H. = \frac{Q_{i\,System}(T)}{Q_{0\,System}(T)} = \frac{Q_{i\,Gas}(T) + Q_{i\,Körper}(T)}{Q_{0\,Gas}(T) + Q_{0\,Körper}(T)}. \tag{4.2}$$

Ein großer polymerer Sensor beispielsweise kann somit durch seine relativ hohe Wasseraufnahme die resultierende relative Feuchtigkeit im System stark beeinflussen. Eine Analogie stellen mit Wasser gefüllte verbundene Gefäße dar (Abb. 4.2).

Wird bei der Messung der relativen Feuchtigkeit die Absorption durch alle internen Komponenten, d.h. sowohl Gase als auch Körper berücksichtigt, so kann im Anschluss mit Hilfe der Wasseraufnahmefähigkeiten Q_0 die tatsächliche Wassermenge im System $Q_{i\,System}$ berechnet werden.

Entscheidend für die Beurteilung der Dichtigkeit eines Gehäuses ist die Zeit, die die maximal zulässige Wassermenge benötigt, um von außen in das System einzudrin-

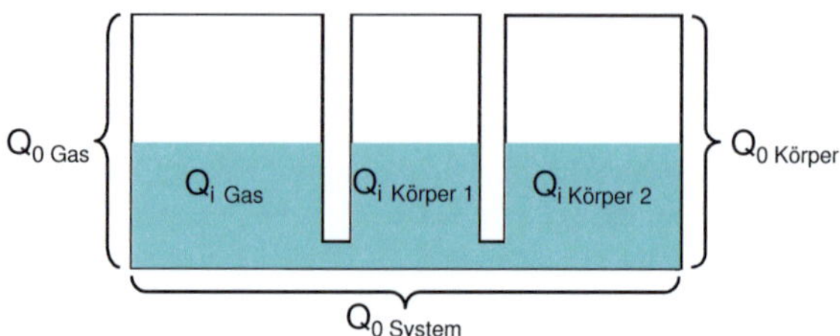

Abb. 4.2: Veranschaulichung des Einflusses der aufgenommenen Wassermenge verschiedener Körper $Q_{iKörper}$ auf die aufgenommene Wassermenge des Gases Q_{iGas} und damit auf die resultierende relative Feuchtigkeit in einem System anhand verbundener Gefäße.

gen. Die Permeationsgeschwindigkeit des Wassers ist dabei von der Wasseraufnahmefähigkeit der Komponenten sowie von der Partialdruckdifferenz zwischen Innerem und Äußeren des Systems abhängig. Dabei entspricht die relative Feuchte, die sich im System einstellt, dem Quotienten des vorherrschenden Wasserdampfpartialdrucks p_{innen} und des Sättigungsdampfdrucks E_W bei der jeweiligen Temperatur

$$r.H. = p_{innen}(T)/E_W(T). \tag{4.3}$$

Der Anstieg des Wasserdampfpartialdrucks im System lässt sich mit Hilfe einer für chemische und physikalische Reaktionen typischen Sättigungskurve beschreiben (u.a. [Hor09, BHM$^+$01]).

Im Rahmen der vorliegenden Arbeit wird ein Modell entwickelt, das den Partialdruckanstieg anhand der Spannungsaufladung eines Kondensators in einem RC-Glied beschreibt (Abb. 4.3). Dabei entspricht die Kondensatorkapazität C_{el} der Wasseraufnahmekapazität der internen Komponenten K_W [1] und der elektrische Widerstand R_{el} dem Permeationswiderstand R_P des Gehäuses. Der Wasserdampfpartialdruck im Inneren des Systems p_{innen} über die Zeit t folgt somit der Funktion

$$p_{innen} = p_{außen}\left(1 - e^{-\frac{t}{R_P \cdot K_W}}\right). \tag{4.4}$$

Die Temperatur wird während des Ladevorgangs als konstant angenommen. In Tabelle 4.1 sind die für die vorliegende Arbeit wichtigsten Größen der Wasserpermeation und deren Analogie zur Elektrotechnik dargestellt.

Mit Hilfe des entwickelten Modells kann ein objektives, von den internen Komponenten unabhängiges Kriterium zur Beurteilung der Dichtigkeit von Gehäusen eingeführt

---

[1]In der Umgangssprache wird die Wasseraufnahmekapazität häufig zur Beschreibung der allgemeinen Fähigkeit eines Körpers genutzt, Wasser zu absorbieren. In der vorliegenden Arbeit wird, entsprechend der Definition der Kapazität aus der Elektrotechnik, die Randbedingung des vorherrschenden Wasserdampfpartialdrucks mit berücksichtigt.

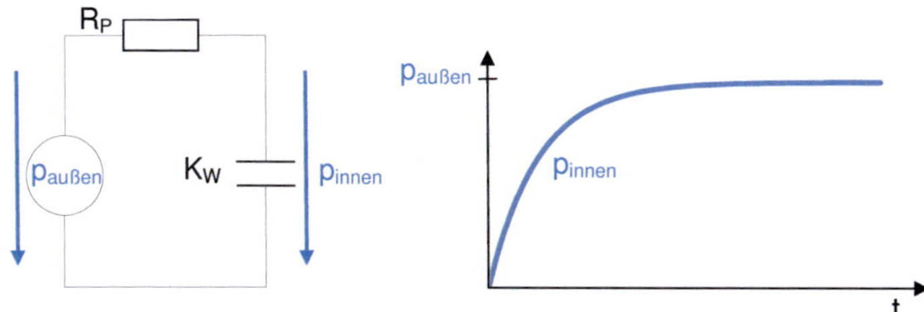

Abb. 4.3: Kondensatormodell für die Beschreibung des Anstiegs des Wasserdampfpartialdrucks p_{innen} in einem System in Abhängigkeit der Wasseraufnahmekapazität der internen Komponenten K_W, des Permeationswiderstands R_P des Gehäuses sowie des äußeren Wasserdampfpartialdrucks $p_{außen}$

werden: der Permeationswiderstand R_P, den ein Gehäuse dem Eindringen von Wasser entgegenbringt.

Die Komponenten, insbesondere die eingebrachten Körper, bringen dem Eindringen von Wassermolekülen ebenfalls einen Widerstand entgegen, dessen Größe von der jeweiligen Geometrie sowie der internen Wasserleitfähigkeit bestimmt wird [Jou59]. Dieser Widerstand der Komponenten K kann als Vorwiderstand R_K der Wasseraufnahmekapazität K_{WK} modelliert werden (Abb. 4.4). Für die vorliegende Anwendung sind die Vorwiderstände jedoch vernachlässigbar klein gegenüber dem Permeationswiderstand des Gehäuses. Die Antwortzeiten von Feuchtesensoren und damit die Zeit bis zu ihrer vollständigen Sättigung ('Aufladung') liegen beispielsweise im Bereich weniger Sekunden (vgl. [Hyg07]), das Eindringen des Wassers in das System erfolgt innerhalb einer um Größenordnungen höheren Zeitspanne. Somit wird der stationäre Fall der Wasseraufnahme betrachtet und die R_K vernachlässigt.

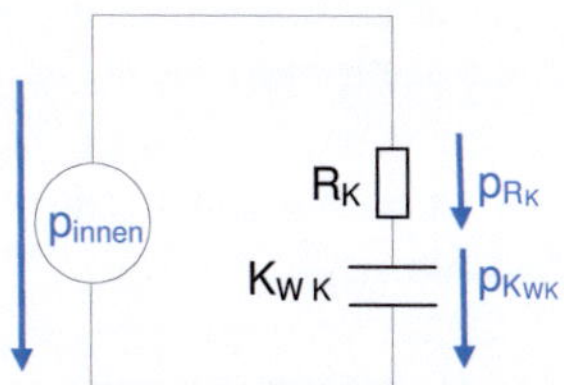

Abb. 4.4: Modell eines wasserabsorbierenden Körpers im Inneren eines Systems, in dem der Wasserdampfpartialdruck p_{innen} vorherrscht. Der Körper wird modelliert mit Hilfe des Vorwiderstands R_K und der Wasseraufnahmekapazität K_{WK}.

Wasseraufnahme			**Analogie Elektrotechnik**		
Innerer Wasserdampfpartialdruck	p_{innen}	$[Pa]$	Kondensator-spannung	U_C	$[V]$
Äußerer Wasserdampfpartialdruck	$p_{außen}$	$[Pa]$	Quellen-spannung	U_a	$[V]$
Partialdruck in flüssigem Wasser bzw. Sättigungsdampfdruck	E_W	$[Pa]$			
Wassermenge in Komponente bei p_{innen}	Q_i	$[g]$	Elektrische Ladung	Q_{el}	$[C]$
Wassermenge in Komponente bei E_W (=Wasseraufnahmefähigkeit)	Q_0	$[g]$			
Wasserstrom	I_W	$[g/s]$	Elektrischer Strom	I_{el}	$[C/s]$
Permeationswiderstand	R_P	$[Pa \cdot s/g]$	Elektrischer Widerstand	R_{el}	$[V \cdot s/C]$
Wasseraufnahmekapazität der Komponente	K_W	$[g/Pa]$	Kondensator-kapazität	C_{el}	$[C/V]$
Wasserdampfsättigungskonzentration der Kompon. bei p_{innen}	C_i	$[g/cm^3]$			
Wasserdampfsättigungskonzentration der Komponente bei E_W	C_0	$[g/cm^3]$			

Tab. 4.1: Gegenüberstellung von Größen der Wasserpermeation und -aufnahme im System (vgl. [Jou59, Ste01]) und deren Analogien zur Elektrotechnik (vgl. [BBE+99, Mar02]).

Abbildung 4.5 zeigt das Modellschaltbild für ein gasgefülltes Gehäuse. Im Gehäuse befinden sich zudem ein wasserabsorbierender Sensor sowie ein weiterer wasserabsorbierender Körper. Der Wasserstrom I_W teilt sich in die Ladeströme I_{Gas}, I_{Sensor} und $I_{Körper}$. Im Inneren stellt sich an allen Komponenten der innere Wasserdampfpartialdruck und demzufolge eine einheitliche relative Feuchtigkeit ein. Der Partialdruck steigt an, bis die Wasseraufnahmekapazitäten vollständig geladen sind und im System der Sättigungsdampfdruck E_W und damit eine relative Feuchtigkeit von 100 % r.H. vorherrschen.

Der Permeationswiderstand R_P ist bei konstanter Temperatur T abhängig vom Werkstoff und der Geometrie des Gehäuses

$$R_P = \frac{d}{P \cdot A} \tag{4.5}$$

mit dem werkstoffabhängigen Permeationskoeffizienten P, der Gehäusewandstärke d und der Gehäuseoberfläche A. Die Wasseraufnahmekapazität K_W der verschiedenen Speicher bei einer jeweils konstanten Temperatur T wird berechnet aus der werkstoff-

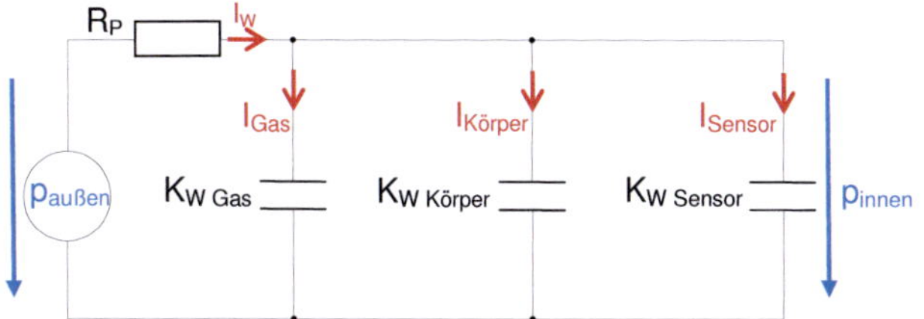

Abb. 4.5: Kondensatormodell zur Bestimmung des Permeationswiderstands eines Gehäuses R_P anhand der Messung der relativen Feuchte bzw. des internen Partialdrucks des Wassers p_{innen} bei gegebener Wasseraufnahmekapazität K_W der Komponenten.

abhängigen Wasserdampfsättigungskonzentration C_i und dem jeweiligen Volumen V_S sowie dem Partialdruck p_{innen} im System:

$$K_W = \frac{C_i \cdot V_S}{p_{innen}} = \frac{Q_i}{p_{innen}} = \frac{Q_0}{E_W}. \tag{4.6}$$

Für Gase gilt unter Anwendung der allgemeinen Gasgleichung [DSD05] auf die Wasserdampfsättigungskonzentration C_{iGas}

$$C_{iGas} = \frac{p_{innen}}{T \cdot R_{SWasser}} \tag{4.7}$$

und somit für die Wasseraufnahmekapazität K_{WGas}

$$K_{WGas} = \frac{C_{iGas} \cdot V_{Gas}}{p_{innen}} = \frac{V_{Gas}}{T \cdot R_{SWasser}}. \tag{4.8}$$

Die Wasseraufnahmekapazität des Gases K_{WGas} ist demnach abhängig vom Gasvolumen V_{Gas}, der Temperatur T und der individuellen Gaskonstante von Wasserdampf $R_{SWasser} = 461{,}5 \, \mathrm{J/(kg \cdot K)}$ [Wer01].

Die Permeation lässt sich beschreiben durch das Ficksche Diffusionsgesetz im stationären Fall [Jou59]

$$N = D \frac{C_{außen} - C_{innen}}{d}, \tag{4.9}$$

mit der diffundierten Stoffmenge pro Zeit und Fläche N, dem werkstoffabhängigen Diffusionskoeffizienten D, der Wandstärke d und der inneren sowie äußeren Wasserdampfkonzentration C_{innen} und $C_{außen}$. Aus der Definition des Permetaionskoeffizienten P [Jou59]

$$P = \frac{C_i}{p_{innen}} D \tag{4.10}$$

folgt

$$N = \frac{P \cdot \Delta p_W}{d} = \frac{\Delta p_W}{R_P \cdot A}. \tag{4.11}$$

Dabei ist Δp_W die Wasserdampfpartialdruckdifferenz zwischen innen und außen. Mit

$$N = \frac{I_W}{A} \tag{4.12}$$

ergibt sich äquivalent zum Ohmschen Gesetz

$$I_W = \frac{\Delta p_W}{R_P}. \tag{4.13}$$

Mit Hilfe von Messungen können der innere Wasserdampfpartialdruck p_{innen} (die relative Feuchte $r.H.$) sowie die Zeit t bestimmt werden. Der äußere Partialdruck $p_{außen}$ entspricht dem Sättigungsdampfdruck E_W. Die Wasseraufnahmekapazität K_W jedes Speichers ist abhängig von der Geometrie der Komponente, werkstoffspezifischen Parametern sowie dem Wasserdampfpartialdruck im System p_{innen} bei der jeweiligen Temperatur T. Die maximale Wasseraufnahmekapazität ergibt sich bei Sättigungsdampfdruck E_W, der sich für die Sättigung von Wasser in Luft nach [Son90] bestimmen lässt durch

$$E_W(T) = f_W \cdot e^{\left(-6094{,}4642 \cdot T^{-1} + 21{,}1249952 - 2{,}724552 \cdot 10^{-2} \cdot T + 1{,}6853396 \cdot 10^{-5} \cdot T^2 + 2{,}4575506 \cdot lnT\right)}. \tag{4.14}$$

Durch den Korrekturfaktor f_W wird berücksichtigt, dass der Wasserdampf nicht in reiner Form vorliegt, sondern in feuchter Luft enthalten ist. Der Faktor beträgt für das Temperaturintervall $-50\,^{\circ}\mathrm{C}$ bis $90\,^{\circ}\mathrm{C}$:

$$f_W = 1{,}00519 \pm 0{,}00108. \tag{4.15}$$

Damit sind alle Größen definiert, um R_P für die jeweilige Temperatur T mit Hilfe der Formel (4.4) zu berechnen.

Die Vorteile des neuen Modells für die Feuchtemessung in Mikrosystemen bei beschleunigten Alterungstests gegenüber bisherigen Methoden (vgl. Abs. 1.3.3) sind:

- Erstmals wird berücksichtigt, dass die Aufnahme des Wassers durch polymere Messkörper den Partialdruck und damit die Luftfeuchtigkeit im System sowie die Diffusionsgeschwindigkeit in das System beeinflussen.

- Bei bekannten Parametern der Wasserspeicher im System kann deren Einfluss auf die relative Luftfeuchtigkeit während der Messung herausgerechnet und somit toleriert werden.

- Eine Messung mit gegebener Anfangsfeuchte im System ist möglich. Dadurch kann der apparative Aufwand deutlich minimiert werden, da das Fügen unter Schutzatmosphäre nicht unbedingt erforderlich ist.

- Durch die Bestimmung des Permeationswiderstands lässt sich die aus Messungen gewonnene Aussage über die Lebensdauer vom Messsystem auf das Zielsystem übertragen. Die Kapazitäten 'Sensor', 'Gasvolumen während der Messung' u.a. werden dabei ersetzt durch die Kapazitäten im Zielsystem, z.B. 'Leiterkarte', 'Polymerlinse', 'Gasvolumen im Zielsystem'.

- Da der Permeationswiderstand durch die Steigung der Ladekurve bestimmt wird, ist die Erfassung einer Tendenz, nicht eines Ereignisses maßgeblich. Das Messintervall und die Genauigkeit der Einzelmessung beeinflussen die Genauigkeit der gesamten Messung weniger stark als bei der Erfassung eines einzelnen Ereignisses.

- Eine erste Tendenz ist nach relativ kurzer Zeit erkennbar; eine Langzeitmessung erhöht die Genauigkeit.

4.1.3 Auswahl eines Messprinzips zur Feuchtemessung in Gehäusen

Im Folgenden wird das vorab entwickelte Modell für die Feuchtemessung im Gehäuse während eines beschleunigten Alterungstests für Implantate eingesetzt. Zunächst muss ein geeignetes Messprinzip zur Umsetzung ausgewählt werden. Hierfür ist die Abschätzung der Größenordnung der Wassermenge im System erforderlich. Die Grundlage bildet das vollständig gasgefüllte Gehäuse des Künstlichen Akkommodationssystems mit $350\,\mu$m Wandstärke. Damit ist die zulässige Wassermenge $8,9\,\mu$g (vgl. Abs. 2.1.2). Bei einem Verguss des Systems entspricht die durch den Sensor aufgenommene Wassermenge derjenigen, der ein entsprechend vergossenes Bauteil später ausgesetzt wird.

Für die Durchführung der Alterungstests werden die Temperaturen $65\,°$C und $85\,°$C gewählt. Die Messwerterfassung kann bei der jeweiligen erhöhten Temperatur oder bei Betriebstemperatur erfolgen. Die Alterung wird in einem Kammerwasseräquivalent durchgeführt.

Gewichtszunahme

Eine Möglichkeit ist das regelmäßige Wiegen der Gehäuse, um anhand der Masse auf die Menge des eingetretenen Wassers zu schließen. Hierzu ist ein vollständiges äußeres Trocknen nötig. Die Messfehler durch Trocknung und andere Handhabung während des Versuchs liegen jedoch in der Größenordnung des Messbereichs.

Optische Messprinzipien

Als optische Messprinzipien sind u.a. die folgenden bekannt:

- Eine sehr einfache Methode ist die optische Kontrolle der Kondensatbildung bei Betriebstemperatur (vgl. [AZDN95]). Hierzu wird das transparente Gehäuse regelmäßig abgekühlt und durch Mikroskopieren auf interne Tropfen untersucht. Der Zeitaufwand während der Messung ist relativ hoch; die Genauigkeit gering.

- Theoretisch ist die Erfassung von Luftfeuchtigkeit mit Hilfe von Transmissionsmessungen vorstellbar, z.B. durch Infrarot- oder Ramanspektroskopie [Hei08a]. Ob die erzielbare Auflösung für den Gehäusealterungstest ausreicht, muss jedoch näher untersucht werden. Eine Anwendung ist ausschließlich für trockene Gehäuse bei Betriebstemperatur möglich.

- Die relative Luftfeuchtigkeit kann anhand der Farbveränderung eines Indikators bestimmt werden. Hierfür wird beispielsweise Indikatorpapier eingesetzt, bei dem für den Farbumschlag Cobaltchlorid genutzt wird [SC00]. Die Feuchtemessung ist dabei nur in festen Abstufungen möglich, die Genauigkeit liegt für Raumtemperatur bei $\pm$ 5 %. Da der Farbumschlag auf einer chemischen Reaktion beruht, ist er stark temperaturabhängig. Das Indikatorpapier kann somit nicht für die Messung bei erhöhter Temperatur eingesetzt werden. Einer regelmäßigen Abkühlung und anschließenden Messung bei Betriebstemperatur widerspricht die Messgeschwindigkeit; die Einstellung auf einen neuen Feuchtewert liegt im Bereich von Stunden [SC09].

- Ein weiteres Prinzip der Feuchtemessung mittels eines Indikators ist die Nutzung eines sogenannten Calciumspiegels [Frab]. Eine dünn aufgetragene glänzende Calciumschicht reagiert mit Sauerstoff und Wasser zu Calciumhydroxid/-oxid. Da die Schichtdicke jeweils auf die zulässige Wasser- und Sauerstoffmenge ausgelegt ist, wird der Indikatorbereich transparent, sobald das Calcium verbraucht ist. Mittels Transmissionsmessung ist die Zwischenauswertung der Schichtdicke möglich. Ein typischer Einsatzbereich dieser Technik ist die Untersuchung der Sauerstoff- und Wasserpermeation für Klebstoffe, Vergussmaterialien und Verkapselungen von organischen Leuchtdioden (OLED). Die geforderte Auflösung für die Feuchtemessung des Gehäuses des Künstlichen Akkommodationssystems erfordert eine Anpassung des Prozesses, ist aber möglich [Frac]. Eine präzise Messung kann nur außerhalb der Flüssigkeit, in der sich die Gehäuse während der Alterung befinden, durchgeführt werden. Der entscheidende Nachteil ist der Einfluss von Sauerstoff auf die Messung. Um selektiv den Schichtabbau durch Wasser zu bestimmen, muss die Fertigung unter Sauerstoffabschluss erfolgen.

Elektronische Messprinzipien

Für die Auswahl eines elektronischen Feuchtesensors muss auch die entsprechende Energieversorgung mit berücksichtigt werden.

Energieversorgung:

- Für die Energieversorgung können galvanische Durchführungen im Gehäuse genutzt werden. Durchführungen in das Gehäuse zu integrieren und dabei das Eindringen von Feuchtigkeit im Durchführungsbereich zu verhindern, ist mit großem fertigungstechnischen Aufwand verbunden. Für das Zielsystem sind die Durchführungen nicht erforderlich.

- Alternativ kann der Sensor zusammen mit einer Auswertungsschaltung und Batterie ins Gehäuse eingebracht werden. Hierbei wirkt sich die Alterung der elektronischen Komponenten sowie die Wasseraufnahme durch Schaltungsträger und Bauteilgehäuse nachteilig auf die Messung aus. Aufgrund von Temperaturbeständigkeit, Volumen sowie Energiedichte kommerzieller Batterien muss deren Einsatz für Gehäusemuster in Zielgröße sowie oberhalb von 70 °C ausgeschlossen werden. Das Volumen kommerzieller Datenlogger überschreitet ebenfalls die zulässige Baugröße.

- Die dritte Option ist eine drahtlose Einkopplung von Signalen und Energie. Der interne Schaltungsaufwand ist von der Übertragungsart und dem Messprinzip abhängig.

Sensoren:

- Mit Hilfe eines Taupunktsensors kann nach Abkühlen auf Betriebstemperatur flüssiges Wasser im Gehäuseinneren detektiert werden (vgl. [AZDN95]). In der Regel basiert die Taupunktmessung auf einer Impedanzmessung; eine direkte Energieversorgung ist erforderlich.

- Eine weitere Möglichkeit ist die Messung der relativen Feuchtigkeit bei erhöhter Temperatur oder bei Betriebstemperatur durch integrierte Feuchtesensoren, z.B. kapazitive Sensoren. Bei Sensoren mit integrierter Auswerteeinheit wird der Messwert bereits als digitales Signal ausgegeben, das nach außen weitergeleitet wird (vgl. [HSWS07]).

- Die Alternative ist die direkte Anwendung eines kapazitiven Feuchtesensors, der zusammen mit einer Spule einen Schwingkreis bildet, dessen Resonanzfrequenz sich abhängig von der Feuchtigkeit verändert. Der Hauptvorteil dieses Verfahrens ist, dass sowohl für die Energieeinkopplung als auch für die Übertragung des Messwerts nach außen keine zusätzlichen Bauteile neben dem internen Schwingkreis und der externen Versorgungsspule nötig sind (vgl. [HHDN02, All05]).

Vergleich

In Tabelle 4.2 werden die verschiedenen Messprinzipien gegenübergestellt. Durch Messung einer Tendenz kann eine höhere Genauigkeit erzielt werden als bei der Erfassung eines Ereignisses, dessen Genauigkeit stark vom Messintervall abhängig ist. Die höchste Genauigkeit ist deshalb mit Hilfe von elektronischen Feuchtesensoren erzielbar, gefolgt von der Anwendung von Calciumspiegeln und ggf. Spektroskopie. Der Entwicklungsaufwand sowie der Aufwand der Messungsdurchführung ist für die beiden letztgenannten Verfahren sehr hoch. Ein digitaler Feuchtesensor muss eine galvanische Verbindung zur Auswertungsschaltung besitzen. Deshalb wird die Feuchtemessung mittels eines kapazitiven Sensors aufgebaut, der als Teil eines Schwingkreises über die Spule versorgt und ausgelesen wird. Die Messwerterfassung kann bei Betriebstemperatur T_B (vgl. [HHDN02]) oder bei Messtemperatur während der Alterung T_{Alt} erfolgen.

	Messgenauigkeit	Tendenz messbar?	Aufwand Vorbereitung	Aufwand Messung	Messung bei T_B	Messung bei T_{Alt}	Einsatz in Kavität	Einsatz in Verguss	Galvan. Verbindung oder Batterie nötig?
Gewichtszunahme	- -	x	++	-	x	- -	x	x	
Opt. Tropfenerkennung	-	- -	++	-	x	- -	x	- -	
Spektroskopie	?	x	-	- -	x	- -	x	?	
Indikatorpapier	- -	- -	++	-	- -	- -	x	- -	
Calciumspiegel	+	x	- -	- -	x	- -	x	x	
Taupunktsensor	+	- -	+	+	x	- -	x	- -	x
Digitaler Feuchtesensor	++	x	+	+	x	x	x	x	x
Kapazitiver Sensor in Schwingkreis	++	x	abhängig von Automatisierung		x	x	x	x	

Tab. 4.2: Vergleich der Messprinzipien für die Durchführung von beschleunigten Alterungstests bzgl. der Dichtigkeitsuntersuchung des Implantatgehäuses. Ausschlusskriterium

- T_B: Für eine Messung bei Betriebstemperatur ist ein periodisches Abkühlen und Aufheizen der Gehäuse erforderlich. Diese Temperaturwechsel können beim Einsatz von Werkstoffen mit verschiedenen thermischen Ausdehnungskoeffizienten zu Rissbildung führen, die den Alterungseffekt zusätzlich verstärkt. Zudem altert die Probe nicht bei einer konstanten Temperatur T_{Alt}; Abkühlen und Aufheizen müssen theoretisch im Arrhenius-Modell mit berücksichtigt werden (vgl. Formel (1.3)).

- T_{Alt}: Eine Messung bei erhöhter Temperatur ist zunächst ungenauer, da wesentlich kleinere relative Feuchten gemessen werden müssen (vgl. Formel (1.2)). Mit Hilfe des Modells für die Messung des Permeationswiderstands, nicht des Ausfallkriteriums, kann die Messgenauigkeit wieder erhöht werden. Hierfür ist jedoch eine deutlich erhöhte Messzeit erforderlich.

Die Messwerterfassung bei beiden Temperaturen ist sowohl manuell als auch automatisiert umsetzbar.

- Manuell: Die Messung der Resonanzfrequenz erfolgt durch manuelles Anschließen jeder Probe an eine Auswertungseinheit, beispielsweise ein kommerzielles Messgerät oder eine eigene Auswertungsschaltung. Bei Abkühlung der Gehäuse auf Betriebstemperatur T_B kann eine einzige Außenmessspule verwendet werden, in deren induktives Feld die Gehäuse mit integriertem Schwingkreis einzeln eingebracht und gemessen werden. Für die manuelle Messung bei erhöhter Temperatur wird jedes Gehäuse von einer eigenen Außenspule umgeben, die sich mit in der heißen Flüssigkeit befindet. Die Anschlüsse dieser Spulen müssen einzeln mit dem Messgerät verbunden werden. Änderungen der Lage der Anschlussleitungen können jedoch bei Messungen im MHz-Bereich zu Verfälschungen führen.

- Automatisiert: Für die automatisierte Messwerterfassung ist für jede Probe eine eigene Auswertungseinheit erforderlich. Zudem wird eine Softwareansteuerung benötigt, durch die zu bestimmten Zeiten die Messdaten ausgelesen und gespeichert werden. Hierfür ist ein relativ großer apparativer Aufwand erforderlich. Für die automatisierte Messung bei Betriebstemperatur T_B muss es zudem möglich sein, den Teststand periodisch abzukühlen und aufzuheizen.

Da der Teststand für zahlreiche Untersuchungen verschiedener Kapselungskonzepte eingesetzt werden soll, fällt die Entscheidung auf eine Messung mit automatisierter Auswertung. Um zusätzliche Alterungseffekte zu vermeiden und den apparativen Aufwand nicht weiter zu erhöhen, erfolgt die Messung bei erhöhter Temperatur.

4.1.4 Umsetzung des favorisierten Messprinzips

Für das in Abschnitt 4.1.3 ausgewählte Messprinzip werden im Folgenden die Bauteilparameter bestimmt und mögliche kapazitive Feuchtesensoren verglichen.

Grundlagen

In Abbildung 4.6 links ist die ideale Messschaltung für die Erfassung der Resonanzfrequenz des internen Schwingkreises aus einem kapazitiven Feuchtesensor C_2 und einer Übertragungsspule L_2 dargestellt. Über die Außenspule L_1 wird in den Schwingkreis im Gehäuse Energie eingekoppelt. Die Resonanzfrequenzen f_1 und f_2 werden berechnet mit

$$f_1 = \frac{1}{2\pi} \sqrt{\frac{1}{L_2 C_2}} \qquad (4.16)$$

$$f_2 = \frac{1}{2\pi} \sqrt{\frac{1}{(1 - K^2) L_2 C_2}}. \qquad (4.17)$$

Dabei ist f_1 die Resonanzfrequenz des internen Schwingkreises, die Herleitung für f_2 ist in Anhang A.5 dargestellt. Der Kopplungsfaktor K ist ein Maß für die induktive Kopplung zwischen den Spulen L_1 und L_2.

Die Resonanzfrequenz des internen Schwingkreises ist durch ein Minimum der Amplitude des Versorgungsstroms durch L_1 sowie einen Phasensprung erkennbar (Abb. 4.7 oben). Die zweite Resonanzfrequenz ist gekennzeichnet durch ein Maximum des Außenspulenstroms sowie einen negativen Phasenwechsel.

Um die Kapazität C_2 und somit die relative Feuchte im System messen zu können, muss f_1 erfasst werden. Bei einem Messaufbau mit realen Bauteilen wird die Detektierbarkeit jedoch durch parasitäre Einflüsse beeinträchtigt. Durch einen Reihenwiderstand zum kapazitiven Feuchtesensor wird beispielsweise die Dämpfung erhöht und somit das Minimum abgeflacht. Auch die Spulen weisen parasitäre Kapazitäten und Widerstände auf. Eine schlechtere Kopplung resultiert in einem verringerten Abstand der Resonanzfrequenzen:

$$\Delta f = f_2 - f_1 = f_1 \left(\sqrt{\frac{1}{1 - K^2}} - 1 \right). \tag{4.18}$$

In Abbildung 4.6 rechts ist die Schaltung mit den realen Werten der später verwendeten Bauteile sowie einem Kopplungsfaktor K von 0,8 dargestellt, in Abbildung 4.7 unten der zugehörige Frequenzgang. Daraus ist ersichtlich, dass der Abstand der Frequenzen sowie die Güte der Extrema sinkt, die Detektion jedoch möglich ist.

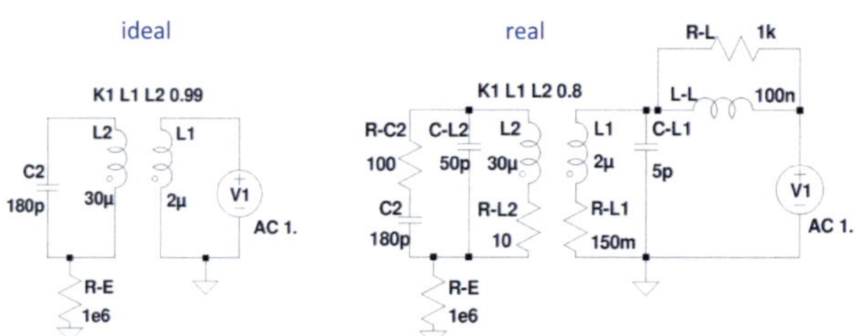

Abb. 4.6: Schaltungen mit idealen Bauteilen (links) und realen Bauteilen (rechts) für die Simulation eines im Gehäuse integrierten Schwingkreises, der über eine Außenspule versorgt wird.

Grundvoraussetzungen für die Detektierbarkeit der einzelnen Frequenzen sind somit eine gute Kopplung K zwischen den beiden Spulen und eine ausreichend hohe Resonanzfrequenz f_1 des internen Schwingkreises.

Aufgrund der parasitären Kapazität der Versorgungsspule sowie durch Leitungseffekte entsteht eine zusätzliche Resonanz des Versorgungsstroms (in Abb. 4.7 nicht dargestellt), die die Messung der ersten Resonanzen verfälschen kann, wenn ihre Frequenz zu stark sinkt. Bei der Bauteilauswahl wird eine Reduktion der parasitären Effekte angestrebt.

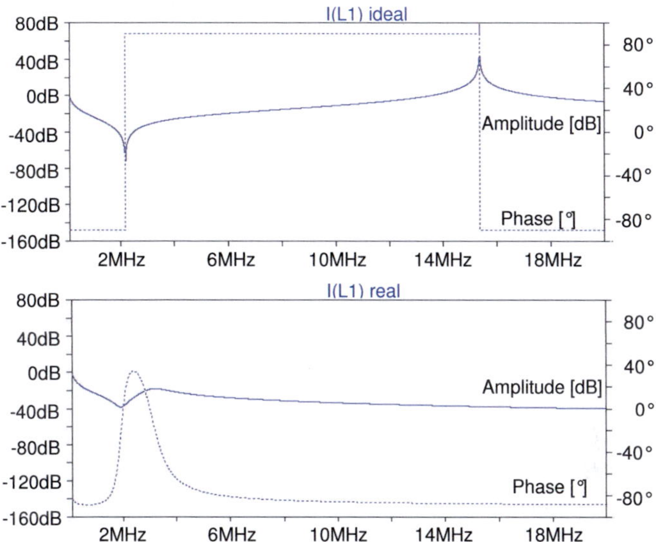

Abb. 4.7: Simulation eines im Gehäuse integrierten Schwingkreises, der über eine Außenspule versorgt wird. Frequenzgänge für ideale Bauteile (oben) und reale Bauteile (unten). Simulation: LTspice [Eng10].

Aufbau

Das Dielektrikum eines kapazitiven Feuchtesensors besteht in der Regel aus Polymer. Nimmt das Polymer Feuchtigkeit auf, so ändern sich die dielektrischen Eigenschaften und damit die Kapazität. Für den Aufbau der Alterungstests soll ein kommerziell erhältlicher Sensor eingesetzt werden, der geometrisch in die interne Kavität integriert werden kann. Der Polymeranteil soll gering sein; die Materialparameter nach Möglichkeit bekannt, um die Luftfeuchtigkeit nicht zu stark zu beeinflussen bzw. den Einfluss quantitativ bestimmen zu können. Eine gute Kopplung zur Außenspule muss gewährleistet sein. Die maximal zulässige Einsatztemperatur der Bauteile soll nach Möglichkeit höher liegen als die Messtemperaturen während der Alterung.

Untersucht werden der Vishay Humidity SensE [Vis07], der Hygrosens KFS 140-MSMD [Hyg07], der E+E HC201 [E+Eb] sowie der E+E HC105 [E+Ea]. Eine Übersicht über die wichtigsten Bauteilparameter ist Anhang A.6 zu entnehmen.

Der Vishay Humidity SensE zeigt mit Abstand das beste Kopplungsverhalten. Die anderen Sensoren sind laut Datenblatt nur für den Einsatz bis 100 kHz geeignet und zeigen im Phasengang oberhalb dieser Frequenz kein reines Kondensatorverhalten mehr. Die Geometrie des Vishay Humidity SensE ist jedoch sehr unvorteilhaft. Die beidseitig metallisierte polymere Kondensatorfolie (ohne Sensorgehäuse) muss auf den Durchmesser des Implantatgehäuses mit Hilfe eines Lasers zugeschnitten werden, ohne die Funktionalität zu beeinflussen. Das polymere Volumen des Sensors ist ca. 300-mal so groß wie das des Hygrosens KFS 140-MSMD. Hinzu kommt, dass die Sensorfolie ohne Gehäuse nicht gelötet werden kann. Bei einer Kontaktierung mit Leitklebstoff wird jedoch ein weiteres wasserabsorbierendes Polymer in das System eingebracht.

Messungen in einer Klimakammer [Ang93] bestätigen, dass der Hygrosens KFS 140-MSMD sowie der E+E HC105 und der E+E HC201 auch bei Frequenzen im MHz-Bereich eine annähernd lineare Abhängigkeit der Kapazität von der Luftfeuchtigkeit aufweisen. Das Kopplungsverhalten ist befriedigend, sodass für die Alterungstests aufgrund seiner sehr kleinen Geometrie sowie der hohen Betriebstemperatur und des günstigen Preises der Hygrosens KFS 140-MSMD eingesetzt wird.

Um einen hohen Kopplungsfaktor K zu realisieren, werden zwei zylindrische Luftspulen eingesetzt, die sich geometrisch maximal überlappen (Abb. 4.8). Für die Auslegung der inneren Spule müssen die Induktivität, die Kopplung, die mechanische Stabilität sowie die Wasseraufnahmefähigkeit des Isolierlacks berücksichtigt werden. Die Außenspule ist einlagig, um die parasitäre Kapazität zu minimieren. Zum Korrosionsschutz ist der Kupferdraht der Außenspule versilbert. Durch Einbringen von mehreren dünnen Ferritkernen in die Innenspule kann das Kopplungsverhalten zusätzlich optimiert werden. Hierzu ist jedoch eine senkrechte Fixierung der Kerne nötig, und damit polymerer Klebstoff im Gehäuseinneren. Zudem ist die Bearbeitung von Ferrit sehr aufwendig, sodass auf Ferritkerne verzichtet wird.

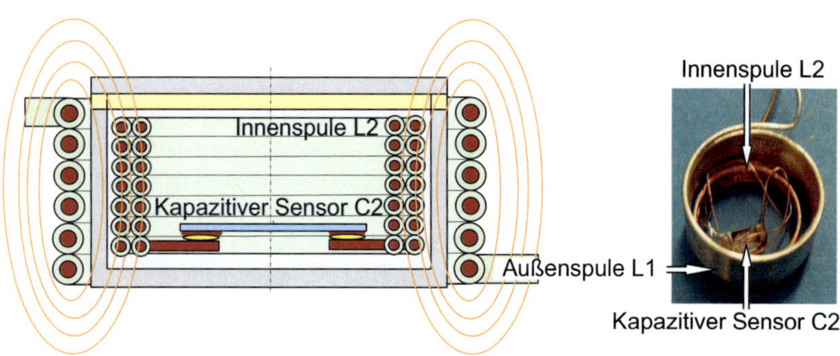

Abb. 4.8: Aufbau eines Schwingkreises aus kapazitivem Feuchtesensor und Innenspule im Gehäuse sowie der induktiven Einkopplung durch eine Außenspule, schematisch (links), Foto (rechts).

In Tabelle 4.3 sind die Parameter der für die Messung eingesetzten Bauteile aufgeführt. Die Spulen sind speziell für die vorliegende Anwendung gefertigte Bauteile; der

Feuchtigkeitssensor ist kommerziell erhältlich. Die hohe Schwankung der Grundkapazität des kapazitiven Sensors erfordert eine Kalibrierung jedes Sensorsystems (vgl. Abs. 4.2.3).

Kapazitiver Feuchtesensor KFS 140 -MSMD			Innenspule	Außenspule
Geometrie	$2 \times 4 \times 0{,}38\,\mathrm{mm}^3$	Innendurchm.	8,4 mm	10,1 mm
		Höhe	3,2 mm	6,0 mm
Kapazität	$180 \pm 50\,\mathrm{pF}$	Induktivität	$30\,\mu\mathrm{H} \pm 3\,\mathrm{pH}$	$2\,\mu\mathrm{H} \pm 0{,}2\,\mathrm{pH}$
Empfindlichkeit	0,3 pF / % r.H.	Lagenzahl	2	1
Hysterese	1,5 %	Windungszahl	55	14
		Drahtdurchm.	0,1 mm	0,4 mm
		Drahtlacktyp	B 110	V 140

Tab. 4.3: Bauteilkennwerte für die Messung der Resonanzfrequenz eines Schwingkreises mit kapazitivem Feuchtesensor, Innen- und Außenspule.

4.1.5 Automatisierte Messwerterfassung

Im Rahmen der vorliegenden Arbeit soll erstmals eine automatisierte Messwerterfassung für Gehäuse ohne galvanische Durchführungen erfolgen. Hierzu muss die Resonanzfrequenz des internen Schwingkreises gemessen werden, sodass Rückschlüsse auf die Kapazität des Feuchtesensors und damit auf die Feuchtigkeit im Gehäuse möglich sind. Dafür können entweder der Extremwert der Amplitude des Außenspulenstroms bzw. der Impedanz oder der entsprechende Phasennulldurchgang genutzt werden. Um mit dem vorgestellten Messprinzip eine ausreichend genaue, zuverlässige und statistisch verwertbare Aussage über den Feuchtigkeitsverlauf zu ermöglichen, werden folgende Anforderungen definiert:

- Die Feuchtigkeit soll auf $\pm\,3\,\%$ r.H. genau gemessen werden. Daraus ergibt sich die Forderung einer Auflösung der Frequenzmessung von mindestens $\pm\,6\,\mathrm{kHz}$.
- Der gesamte Feuchtigkeitsbereich zwischen 0 % r.H. und 100 % r.H. soll für jeden Sensor abgedeckt werden. Daraus ergibt sich der geforderte Frequenzbereich von 1,8 MHz bis 2,6 MHz.
- Die Spulen sollen mit einem sinusförmigen Strom durchflossen werden, um Überlagerungseffekte auszuschließen.
- Die Auswertung soll für 25 bis 50 Proben geeignet sein, um eine statistische Aussage zu ermöglichen.
- Die Zuverlässigkeit der Messeinrichtung muss über die gesamte Versuchsdauer gegeben sein.

Verschiedene untersuchte Möglichkeiten zur Umsetzung der Auswertung mit Impedanzmessgerät, Spannungsgesteuertem Oszillator (VCO) oder einer Phasenregelschleife (PLL) werden im Anhang A.9 beschrieben. Das gewählte Prinzip ist ein digital angesteuerter Sinusgenerator.

In Abbildung 4.9 ist die Auswertungsschaltung schematisch dargestellt. Durch den Sinusgenerator wird ein sinusförmiges Signal der jeweiligen Frequenz zur Ansteuerung der Außenspule L_1 erzeugt. Mit Hilfe eines Messwiderstands wird der Außenspulenstrom I_{L1} in eine Spannung konvertiert und kann gleichgerichtet und erfasst werden. Wird für jede Frequenz im Messbereich ein Ausgangssignal proportional zum Stromfluss durch die Außenspule gemessen, so können daraus der Amplitudenfrequenzgang ermittelt und dessen Minimum detektiert werden.

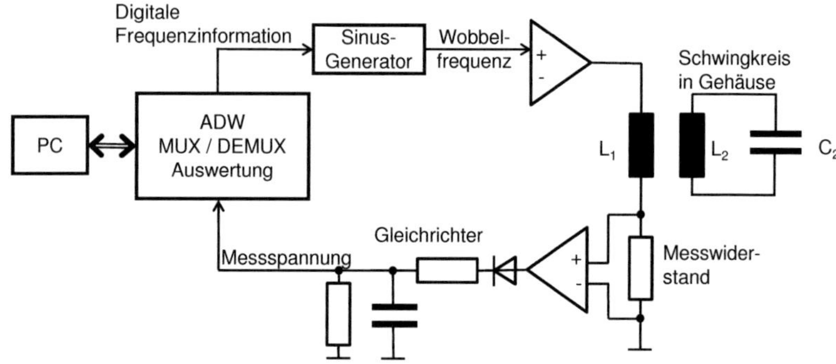

Abb. 4.9: Auswertung des Amplitudenminimums des Stromflusses durch die Außenspule L_1 mittels eines digital angesteuerten Sinusgenerators.

Die Frequenz wird im Bereich von 1,8 MHz bis 2,6 MHz in Schritten von 5 kHz eingestellt. Da hierfür die Kommunikation über eine PC-Schnittstelle sehr messzeitaufwendig ist, wird ein Mikrocontroller zwischengeschaltet. Über einen digitalen Multiplexer werden die einzelnen Sinusgeneratoren angesteuert. Zur Messwerterfassung wird für jede Probe ein eigener Analog-Digital-Wandler (ADW) eingesetzt, sodass auch das Demultiplexen auf digitaler Ebene erfolgen kann.

Der Vorteil der digitalen Ansteuerung ist die erreichbare Auflösung von bis zu 0,1 Hz [Ana03]. Sinusförmige Wechselspannungen können erzeugt werden und die Signalführung kann bis zur Ansteuerung der Außenspule digital und damit störungsunanfällig erfolgen. Der Programmieraufwand für die digitale Ansteuerung ist jedoch deutlich höher als beim Einsatz von VCO oder PLL. Aufgrund der mangelnden Verfügbarkeit von frequenzbereichsoptimierten und damit im relevanten Bereich hochauflösenden VCO und PLL, die eine sinusförmige Wechselspannung erzeugen können, wird für die Auswertung die digitale Ansteuerung eingesetzt.

4.1.6 Lebensdauerbestimmung und deren Genauigkeit

Im Folgenden wird die Methode zur Bestimmung der Lebensdauer in Bezug auf Dichtigkeit des Gehäuses aus den während der Alterung gemessenen relativen Feuchtewerten in den Gehäusemustern beschrieben. Um eine Aussage über die Genauigkeit der Lebensdauerabschätzung zu ermöglichen, wird die Genauigkeit der verschiedenen Einflussfaktoren untersucht.

Herleitung der Betriebstemperatur

Entscheidenden Einfluss auf die relative Feuchtigkeit und somit auf die Vorhersage der Lebensdauer hat die Betriebstemperatur. Im Folgenden werden die durchschnittliche Betriebstemperatur T_B sowie die minimal erreichbare Betriebstemperatur T_{min} für das Künstliche Akkommodationssystem hergeleitet. Die Grundlage hierfür bilden die Aussagen über den Einfluss der Außentemperatur auf die Cornea- sowie die Retinatemperatur [GBQ04] sowie die Herleitung des Temperaturgradienten im menschlichen Auge [NSG$^+$10] (vgl. Abb. 4.10).

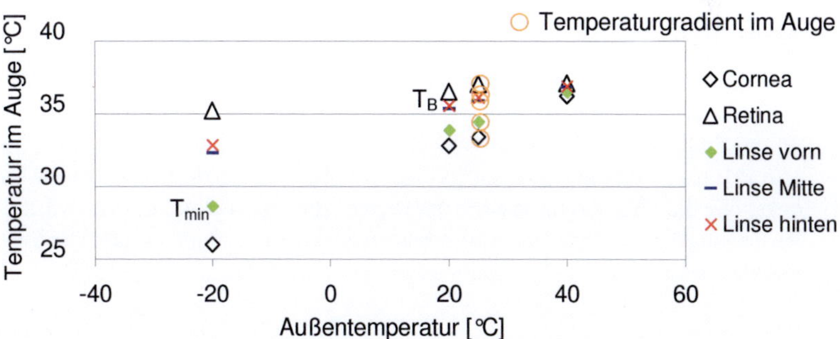

Abb. 4.10: Herleitung der Temperaturen in der Linse (und damit im Implantat) in Abhängigkeit von der Außentemperatur. Grundlagen: Cornea- und Retinatemperatur in Abhängigkeit von der Außentemperatur [GBQ04], Temperaturgradient im menschlichen Auge [NSG$^+$10].

Die durchschnittliche Betriebstemperatur T_B wird definiert als die Temperatur in der Linsenmitte T_{LM}, die bei der Außentemperatur (AT) 20 °C erreicht wird (vgl. Abb. 4.10):

$$T_B = T_{LM}(AT : 20\,°C) = 35{,}3\,°C. \tag{4.19}$$

Für die Definition der minimal erreichbaren Implantattemperatur T_{min} bei normaler Durchblutung wird bei einer Außentemperatur von -20 °C die Temperatur der Linsenvorderseite T_{LV} betrachtet (vgl. Abb. 4.10):

$$T_{min} = T_{LV}(AT : -20\,°C) = 28{,}7\,°C. \tag{4.20}$$

Da die relative Feuchtigkeit im Gehäuse stark von der vorherrschenden Temperatur abhängig ist, bilden die ermittelten Betriebstemperaturen T_B und T_{min} im Folgenden die Grundlage für die Definition des Versagenskriteriums.

Lebensdauerberechnung

Die Bestimmung der Lebensdauer kann in folgende Unterpunkte unterteilt werden:

1. Aus der gemessenen relativen Feuchtigkeit $r.H.$ in Abhängigkeit von der Zeit t wird durch eine Regression der Exponentialfunktion

$$r.H. = 100\,\%\ r.H. \cdot (1 - e^{-t/\tau}) \tag{4.21}$$

   die Sättigungskurve bzw. Kondensatorladekurve (vgl. Abs. 4.1.2) für die erhöhten Messtemperaturen ermittelt. Der Verlauf der Sättigungskurve ist dabei abhängig von der Zeitkonstante τ. Daraus kann der Permeationswiderstand R_P bei den erhöhten Messtemperaturen bestimmt werden, da τ dem Produkt aus R_P und der Wasseraufnahmekapazität K_W aller internen Komponenten entspricht, d.h. Gas, Spulendrahtisolierlack und Sensor.

2. Aus $\tau = R_P \cdot K_W$ ist ersichtlich, dass bei einer konstanten Wasseraufnahmekapazität K_W die für die Diffusion benötigte Zeit durch den Permeationswiderstand R_P bestimmt wird. Er wird deshalb in der Arrhenius-Formel (vgl. Formel (1.3), [Arr15]) als Reaktionsgeschwindigkeitskonstante angewandt. Um die zweite Unbekannte, die Aktivierungsenergie der Permeation E_A zu eliminieren, werden die Permeationswiderstände bei zwei erhöhten Messtemperaturen ermittelt und eingesetzt. Damit kann $R_P(T_B)$ bestimmt werden (vgl. Formeln (1.4), (1.5)):

$$R_P(T_B) = \frac{R_P(T_{Alt1})}{e^{\ln\left(\frac{R_P(T_{Alt1})}{R_P(T_{Alt2})}\right) \cdot \frac{T_{Alt1} \cdot T_{Alt2}}{T_{Alt1} - T_{Alt2}} \cdot \frac{T_B - T_{Alt1}}{T_B \cdot T_{Alt1}}}} \tag{4.22}$$

3. Mit Hilfe des Permeationswiderstands $R_P(T_B)$ kann die Lebensdauer bei Betriebstemperatur abgeschätzt werden. Das Ende der Lebensdauer wird bei Eintreten des Versagenskriteriums $r.H.(T_B) = 100\,\%\ r.H.$ definiert. Eine Sättigung

von 100 % r.H. wird unter Anwendung von Formel (4.21) jedoch theoretisch in einem endlichen Zeitraum nicht erreicht. Deshalb wird die Mindesttemperatur T_{min} für die Definition des minimalen Versagenskriteriums genutzt. Mit der absoluten Wassermenge im System, die bei T_{min} zu 100 % r.H. führt, ergibt sich bei T_B eine relative Feuchtigkeit von 70,2 % r.H. Die Zeit bis zum Erreichen dieser Feuchtigkeitsgrenze lässt sich mit Formel (4.21) bestimmen und wird als minimale Lebensdauer t_{LD} definiert. Sie beträgt

$$t_{LD} = 1{,}21 \cdot \tau(T_B) = 1{,}21 \cdot R_P(T_B) \cdot K_{W\,Ziel}(T_B). \tag{4.23}$$

Dabei wird die Wasseraufnahmekapazität $K_{W\,Ziel}(T_B)$ durch die Komponenten bestimmt, die im Zielsystem vorliegen.

Einflüsse auf die Genauigkeit

Die Angaben für die verschiedenen Einflussgrößen auf die Abschätzung der Lebensdauer sind mit Ungenauigkeiten behaftet. Im Folgenden werden die Ungenauigkeiten und ihr jeweiliger Einfluss auf die Lebensdauerabschätzung aufgezeigt.

Messungenauigkeiten Die Einflussfaktoren auf die Messungenauigkeit bei der Bestimmung der relativen Feuchtigkeit während der Alterungstests sind in Anhang A.10 angegeben. Daraus ist ersichtlich, dass der aufgrund der Alterung der kapazitiven Feuchtesensoren verursachte Messfehler von ca. $\pm$ 4 % r.H. bei 65 °C und $\pm$ 14 % r.H. bei 85 °C gegenüber den Auswirkungen der Ungenauigkeit des zur Kalibrierung eingesetzten Feuchte- und Temperatursensors oder den Temperaturunterschieden zwischen Kalibrierumgebung und Teststand dominiert. Die Alterung kann den Messwert theoretisch in beliebige Richtung beeinflussen [Sen10], die Messergebnisse der beschleunigten Alterungstests (Anh. A.13) zeigen jedoch, dass die Sensorsysteme ausschließlich bei Werten von z.T. weit unterhalb der erwarteten 100 % r.H. die Feuchtesättigung erreichen. Die Untersuchung von kapazitiven Sensoren ähnlicher Geometrie [MTK⁺03] bestätigt, dass die Alterung zu einer Abnahme der elektrischen Kapazität führt, wodurch für die vorliegende Messung eine geringere Feuchte gemessen wird, als im System vorherrscht. Der Effekt wird auf eine irreversible Quellung des Dielektrikums und die daraus resultierende Erhöhung des Elektrodenabstands zurückgeführt. [2]

---

[2]In eigenen Untersuchungen nach dem Alterungstest wurde hingegen eine starke Zunahme der Empfindlichkeit der gealterten Sensorsysteme festgestellt. Hierbei ist jedoch zu berücksichtigen, dass Sensor und Spule mit der Salzlösung in Kontakt traten, wodurch andere Effekte möglich sind.

Die Fortpflanzung des Fehlers auf die Zeitkonstante τ entspricht der Änderung von τ in Abhängigkeit von der Änderung der relativen Feuchtigkeit $r.H.$ und damit der Ableitung der Formel (4.21):

$$\frac{\partial \tau}{\partial r.H.} = \frac{t}{(1 - r.H.)(ln(1 - r.H.))^2} \tag{4.24}$$

Da keine allgemein gültige analytische Lösung der Ableitung möglich ist, wird vereinfachend von der Reduktion des Permeationswiderstands $R_P(T_{Alt})$ um jeweils maximal 15 % ausgegangen. Die Annahmen sind abgeleitet aus den Messergebnissen der beschleunigten Alterungstests (Anh. A.13).

Kenntnis der Wasseraufnahmekapazitäten   Die Ungenauigkeiten in der Kenntnis der Wasseraufnahmekapazitäten der einzelnen Komponenten im System beeinflussen ebenfalls die Genauigkeit der Lebensdauerabschätzung. Das Volumen V ist für jede der Komponenten gegeben, ebenso dessen Toleranzen. Die Wasserdampfsättigungskonzentration C_0 kann jedoch nur für das interne Gas mit Hilfe der Untersuchungen zu feuchter Luft sehr genau beschrieben werden (vgl. Abs. 4.1.2, [SH82]). Für die Polymere im Inneren sind nur wenige Angaben zur Wasseraufnahme und deren Temperaturabhängigkeit verfügbar. Für die Auswertung der Alterungstests wird deshalb der jeweils ungünstigste Fall betrachtet, d.h. die maximale Wasseraufnahmefähigkeit der Komponenten (vgl. Anh. A.8). Aus der jeweiligen, im Anhang hergeleiteten, maximalen Wassermenge Q_0 lassen sich mit Formel (4.6) und dem gemäß Formel (4.14) bestimmten Sättigungsdampfdruck E_W für jede Temperatur die Maxima der Wasseraufnahmekapazitäten des Gases sowie der polymeren Komponenten bestimmen (Tab. 4.4). Dass dabei die maximale Wasseraufnahmekapazität des parasitären Drahtlacks mehr als eine Größenordnung größer ist als die des Gases im System verdeutlicht, wie stark die Messung durch die Messkomponenten beeinflusst werden kann.

	Wasseraufnahmekapazität K_W in g/Pa	
bei		
T_{Alt} in °C	65	85
E_W in Pa	25154	58118
Gas	$1{,}33 \cdot 10^{-9}$	$1{,}26 \cdot 10^{-9}$
Sensor	$3{,}24 \cdot 10^{-12}$	$2{,}80 \cdot 10^{-12}$
Drahtlack	$1{,}85 \cdot 10^{-8}$	$1{,}71 \cdot 10^{-8}$

Tab. 4.4: Wasseraufnahmekapazität K_W des Gases sowie der polymeren Komponenten, die sich während der Messung im Gehäuse befinden. Angegeben ist jeweils das Maximum und damit der ungünstigste Fall.

Um den maximalen Modellfehler zu ermitteln, der aus der Betrachtung des ungünstigsten Falls resultiert, wird die Lebensdauer mit internen Komponenten bei maximaler Wasseraufnahme geschätzt sowie für den theoretischen Idealfall mit reiner Gasfüllung, ohne die polymeren Komponenten zu berücksichtigen. Zwischen dem theoretischen Idealfall und dem ungünstigsten Fall liegt der Faktor 18. Eine mindestens um eine Größenordnung höhere Lebensdauer als die hier sehr konservativ abgeschätzte ist somit nicht unrealistisch.

Modellvereinfachungen Jedes mathematische Modell stellt eine Vereinfachung der Realität dar und ist deshalb fehlerbehaftet. Für die Beschreibung des vorliegenden Sachverhalts werden zwei unabhängige Modelle eingesetzt. Im Modell von Arrhenius wird die Temperaturabhängigkeit physikalischer und chemischer Prozesse durch eine Exponentialfunktion beschrieben. Das zweite Modell beschreibt die Komponenten im Gehäuse als verschiedene Wasserspeicher, die im statischen Fall betrachtet werden. Der Modellfehler für die Anwendung des Arrheniusmodells ist nicht bekannt und wird auf ca. $\pm 15\,\%$ geschätzt. Die Abweichung aufgrund der Anwendung des RC-Modells (vgl. Abs. 4.1.2) ergibt sich aus der Abweichung der Messwerte von der Exponentialfunktion der RC-Ladekurve (Formel (4.21)).

Einfluss der Messumgebung Die Messung selbst kann das Messergebnis wesentlich beeinflussen. Durch die erhöhten Temperaturen ist es möglich, dass sich Effekte ergeben, die bei Betriebstemperatur nicht auftreten. Hierzu gehören chemische Reaktionen, die erst ab einer bestimmten Aktivierungsenergie ablaufen. Bei Gehäusen aus Werkstoffen mit sehr verschiedenen thermischen Ausdehnungskoeffizienten können mechanische Spannungen entstehen. Damit wird die Schädigung durch den Test verstärkt. Besteht ein Gehäuse den Alterungstest, so kann es sicher als dicht eingestuft werden. Besteht es ihn nicht, so ist die Dichtigkeit fraglich, aber nicht in jedem Fall auszuschließen.

Mit Hilfe des hier entwickelten Modells sowie der Auslegung eines elektronischen drahtlosen Messprinzips und dessen Auswertung wird künftig die automatisierte Durchführung von beschleunigten Alterungstests ermöglicht.

4.2 Aufbau der Prozesskette

Im Folgenden wird der Aufbau von Versuchsständen für die Umsetzung der in Abschnitt 4.1 entwickelten Prozesskette beschrieben. Dazu gehören die Helium- und Groblecktests (Abs. 4.2.1) sowie die beschleunigten Alterungstests. Für letztere werden zunächst die Auswertung realisiert (Abs. 4.2.2), die Sensoren kalibriert (Abs. 4.2.3) und daraufhin der Teststand aufgebaut (Abs. 4.2.4).

Die in Abschnitt 4.2 vorgestellten Versuchsstände und Vorgehensweisen werden in Abschnitt 5.2 eingesetzt, um verschiedene Gehäusemuster bezüglich ihrer Dichtigkeit zu charakterisieren. Die Ergebnisse der Messungen werden in Abschnitt 5.2.6 zusammengefasst.

4.2.1 Durchführung von Heliumlecktests und Groblecktests

Heliumlecktests

Für die Durchführung der Heliumlecktests wird ein Lecktester mit einer minimal messbaren Leckrate von $2 \cdot 10^{-10}$ cm^3·atm/s eingesetzt [Ley96], kalibriert mit einem externen Testleck. Das Bombing mit Helium wird in einem zuvor evakuierten Invatec-Drucktopf anfangs nach der Methode mit festen Parametern (vgl. MIL-STD-883G) bei 5,2 bar(abs) über 4 h durchgeführt (vgl. Abs. 1.3.3). Da dieser Überdruck bei einigen Proben zu Beschädigungen führt, werden für die folgenden Messungen ein Heliumabsolutdruck von 2 bar(abs) und eine entsprechend längere Bombingzeit von ca. 24 h angewandt. Die kritische Leckrate wird nach der flexiblen Testmethode berechnet (vgl. MIL-STD-883G).

Weil einige der Glasgehäuse sich als nicht vakuumbeständig erweisen, werden die entsprechend gefertigten Proben mit einem Messinggewicht der Masse m_g beschwert. Durch diese Gegenkraft wird ein Zerbrechen der Deckel im Vakuum verhindert.

$$m_g = \frac{\Delta p \cdot A_S}{g} \approx 800\,\text{g} \tag{4.25}$$

Das Gewicht wird auf die Stirnseite des Implantatgehäuses der Fläche A_S aufgelegt. Die Maßnahme ist bei einem Druckunterschied $\Delta p = 1\,\text{atm}$ notwendig, und damit sowohl während des Bombings als auch während des Lecktests. Der Absolutdruck des Heliums während des Bombings wird für die mit Gewicht belasteten Proben auf 1 atm(abs) reduziert.

Da eine Leckmessung ca. 10 min dauert, bis eine relativ stabile Leckrate angezeigt wird, und die Wartezeit nach dem Bombing maximal 60 min betragen soll, werden maximal sechs Proben gleichzeitig gebombt.

Groblecktests

In Abbildung 1.15 wurde veranschaulicht, dass eine niedrige Heliumleckrate entweder auf ein sehr dichtes Gehäuse schließen lässt, aus dem nur wenige Atome diffundieren können, oder aber auf ein sehr undichtes Gehäuse mit einem Grobleck, aus dem der Großteil des Heliums bereits vor der Messung entwichen ist. Um ein Grobleck ausschließen zu können, sind zusätzlich zu den Heliumlecktests Groblecktests erforderlich. In der Regel werden Groblecktests nur auf Systeme angewandt, die den Heliumlecktest bestanden haben, werden in der vorliegenden Arbeit jedoch zur besseren Beurteilung der Messergebnisse auch bei einem Großteil der im Heliumlecktest undichten Proben durchgeführt.

Aufgrund des geringsten apparativen Aufwands wird aus den in MIL-STD-883G vorgeschlagenen Messmethoden zur Durchführung der Groblecktests die Gewichtszunahme gewählt. Dabei wird die Massendifferenz vor und nach dem Einbringen der Probe in flüssiges Perfluorcarbon bestimmt.

In Vorbereitung auf den Groblecktest werden die Proben gereinigt und gemäß MIL-STD-883G eine Stunde einer Umgebungstemperatur von 125 °C (bei geklebten Proben 105 °C) ausgesetzt. Nach dem Abkühlen werden sie gewogen und im Anschluss in Perfluorcarbon [F2 08] getaucht. Mit Gewichten wird dabei ein Aufschwimmen verhindert. Der Überdruck des Perfluorcarbons wird in einem Drucktopf mit Hilfe von Pressluft erzeugt. Der in MIL-STD-883G vorgeschriebene Druck von 6,2 bar(abs) wird aufgrund der geringen Belastbarkeit der Gehäuse auf 2 bar(abs) reduziert; die Verweilzeit im Gegenzug von $\geq$ 2 h auf 20 h erhöht. Für das Trocknen der Proben sind 2 ± 1 min vorgegeben, die Gewichtsbestimmung erfolgt innerhalb von maximal 4 min nach Entnahme aus der Flüssigkeit mit einer Präzisionslaborwaage.

Das Kriterium für Undichtigkeit entspricht für das vorliegende Innenvolumen einer Gewichtszunahme von $\geq$ 2 mg. Die Zuordnung der Messergebnisse ist eindeutig: Für dichte Proben liegen die Messwerte der Gewichtszunahme innerhalb der Messtoleranz der Waage von $\pm$ 0,1 mg. Bei undichten Proben ist die eingetretene Flüssigkeit bereits optisch erkennbar (Abb. 4.11 unten); die Gewichtszunahme liegt zwischen 12,1 mg und 500 mg. Die für die Auswertung der Messergebnisse eingesetzte Kennzeichnung von bestandenen und nicht bestandenen Groblecktests ist in Abbildung 4.11 oben dargestellt.

G   Groblecktest bestanden: $\pm$ 0,1 mg (Toleranz der Waage)

Ⓖ   Groblecktest nicht bestanden: > 12 mg (sichtbar)

Abb. 4.11: Kennzeichnung von bestandenen und nicht bestandenen Groblecktests für die Messergebnisse in Abschnitt 5.2 (oben). Optisch erkennbare Flüssigkeit in den Gehäusen nach einem nicht bestandenen Groblecktest mit Perfluorcarbon: geklebtes Gehäuse (unten links), lasergelötetes Gehäuse (unten Mitte), kugelgelötetes Gehäuse (unten rechts).

4.2.2 Aufbau der Auswertungsschaltung für beschleunigte Alterungstests

Im Folgenden wird die Umsetzung der in Abschnitt 4.1.5 beschriebenen automatisierten Auswertung der Feuchtemesswerte beschrieben.

Schaltungsentwurf

In Abbildung 4.12 ist die Beschaltung für die Generation und Auswertung des Außenspulenstroms für die Feuchtemessung dargestellt (vgl. Abb. 4.9). Als Filter werden Butterworthfilter in Sallen-Key-Beschaltung eingesetzt (vgl. [TS99]), die aufgrund ihres glatten Amplitudenverlaufs und des geringen Überschwingens für die vorliegende Anwendung gut geeignet sind (Anh. A.11.1). Zudem ist eine Signalverstärkung G integrierbar.

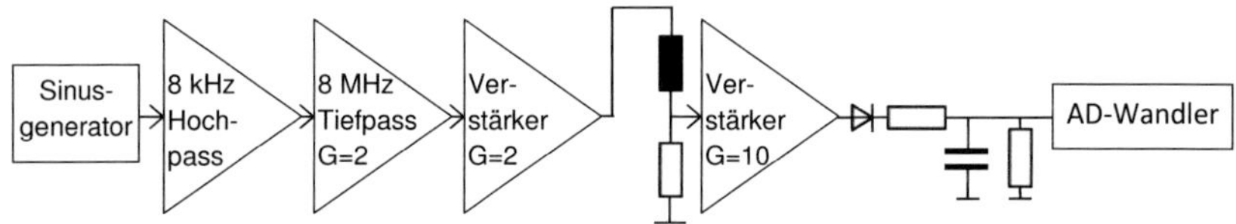

Abb. 4.12: Bauteile und Filterstrecke für die Auswertung der internen Feuchtigkeit einer Probe.

Sowohl bei der Bauteilauswahl als auch bei der Gestaltung der Platine muss die Eignung für hochfrequente Anwendungen berücksichtigt werden. Als Sinusgenerator wird der AD9833 (0 MHz bis 12,5 MHz, 28 bit [Ana03]) eingesetzt, als Operationsverstärker für die Filter und Verstärker der OPA4820 (4-fach, BW 220 MHz [Tex05]) und als AD-Wandler der ADS7844 (8-fach, 12 bit [Tex03]). Die Platinen werden modular aufgebaut, mit jeweils acht Proben. Die Ansteuerung erfolgt über SPI-Bus und Schieberegister (vgl. Anh. A.11.2). Bei der geometrischen Auslegung der Platinen müssen sowohl der endgültige Messaufbau, als auch die Durchführung der Kalibrierung berücksichtigt werden. Während die Proben den hohen Temperaturen und dem Wasser bzw. der Feuchte in der Klimakammer ausgesetzt sind, müssen die Platinen außerhalb der Kammer angeordnet sein, um geschützt zu bleiben (Abb. 4.13).

Ansteuerung

Für die Ansteuerung der Auswertungsschaltung wird der MSP430F2370 [Tex06b] eingesetzt, der auch für die Schaltung eines Demonstrators des Künstlichen Akkommodationssystems genutzt wird (vgl. Abs. 5.1.2). Das digitale Signal für den Sinusgenerator

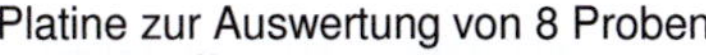
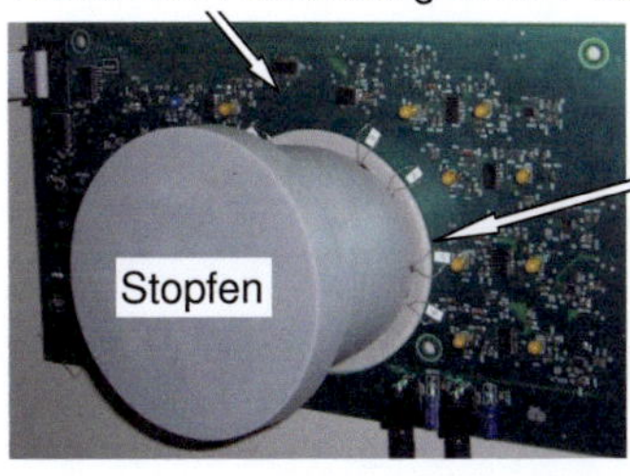
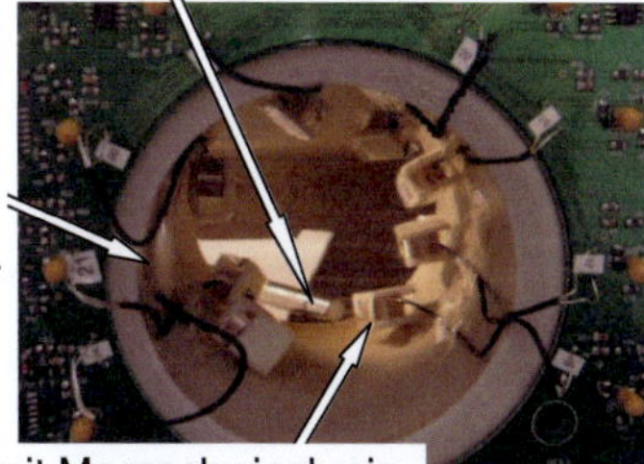

Abb. 4.13: Platine mit acht Proben, die für die Kalibrierung in die Klimakammer eingebracht werden. Öffnung der Klimakammer durch Stopfen verschlossen (links), Blick auf die Proben durch Öffnung in der Klimakammer (rechts).

wird ausgegeben und das gleichgerichtete Messsignal für die entsprechende Frequenz eingelesen. Das endgültige Messsignal entspricht einer Mittelung von je zehn Messwerten. Für die Kalibrierung wird zur Erfassung und Speicherung der einzelnen Messwerte eine PC-Mikrocontroller-Kommunikation durch das Programm LabVIEW [Nat08] genutzt. Um die Zuverlässigkeit der Messung zu erhöhen, wird für die Auswertung während des Alterungstests die gesamte Ansteuerung über den Mikrocontroller realisiert und die Messwerte werden mit Hilfe eines Datenloggers ausgelesen und auf einer SD-Karte gespeichert [Spa09] sowie parallel über USB an einen PC gesendet [Elt].

Datenauswertung

Mit Hilfe eines Matlab-Programms [The10] werden die erfassten Daten weiterverarbeitet. Das Minimum jeder Frequenzantwort wird ermittelt, um zunächst die Kalibriergerade zu berechnen. Auf dieser Basis kann während des Alterungstests der Feuchtigkeitsanstieg über der Zeit bestimmt werden. Mittels der Methode der kleinsten Fehlerquadrate wird aus den Feuchtigkeits-Zeit-Verläufen die Exponentialfunktion für die Ladekurve der internen Wasseraufnahmekapazitäten über den Permeationswiderstand des Gehäuses angenähert. Somit lassen sich die Permeationswiderstände bei den erhöhten Temperaturen und im Anschluss bei Betriebstemperatur ermitteln.

4.2.3 Kalibrierung der Feuchtesensoren für beschleunigte Alterungstests

Mit Hilfe der Kalibrierung soll die Abhängigkeit der Resonanzfrequenz der Sensorsysteme aus kapazitiven Feuchtesensoren und Übertragungsspulen von der relativen Feuchtigkeit ermittelt werden. Aufgrund der hohen Toleranz der Sensorkapazität (vgl. Abs. 4.1.4) ist eine Kalibrierung für jedes Sensorsystem erforderlich.

Für die Erzeugung der klimatischen Bedingungen für die Kalibrierung wird eine programmierbare Klimakammer [Ang93] genutzt. Durch den Einsatz eines zusätzlichen kalibrierten Feuchte- und Temperatursensors [Dri05], der das Klima in der Kammer erfasst, ist eine automatisierte Überwachung von Temperatur und relativer Feuchte möglich. Es werden zwölf Sensorsysteme bei 65 °C und zwölf Sensorsysteme bei 85 °C kalibriert. Dabei sind die folgenden Schritte erforderlich:

- Ansteuerung der Spule mit Frequenzen im Bereich von 1,8 MHz bis 2,6 MHz in 160 Schritten ⇒ je 1,5 min für die Erfassung des vollständigen Frequenzverlaufs
- Erfassung der Amplitude des Außenspulenstroms mit Hilfe der in Abschnitt 4.2.2 entwickelten Auswertungsschaltung
- Erfassung der Temperatur und der relativen Feuchtigkeit 5 Mal pro Erfassung des Frequenzverlaufs (nach jeweils 40 Schritten)
- Ermitteln der Resonanzfrequenz anhand des jeweiligen Minimums der Amplitude des Außenspulenstroms
- Zuordnung der Resonanzfrequenz zur relativen Feuchte.

Die Kalibrierung wird jeweils von 0 % r.H. bis 50 % r.H. durchgeführt. Dadurch wird eine Betauung der Sensoren verhindert und der Zeitaufwand der Kalibrierung reduziert. In exemplarischen Messungen wird der weitere lineare Zusammenhang zwischen relativer Feuchte und Resonanzfrequenz bis 100 % r.H. bestätigt. In Abbildung 4.14 ist exemplarisch das Ergebnis der Kalibrierung für eine Probe dargestellt.

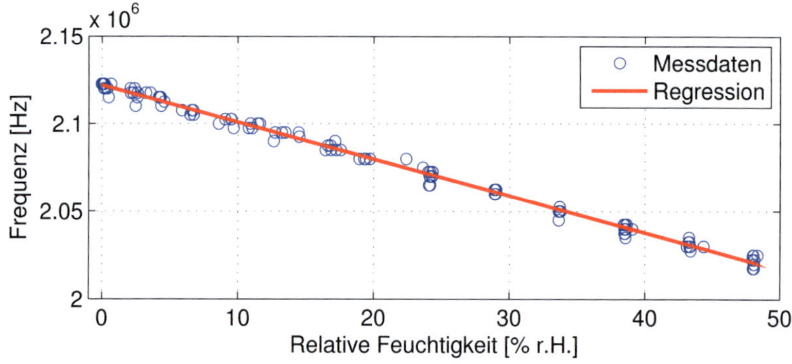

Abb. 4.14: Exemplarische Kalibrierungsmessdaten und Regressionsgerade einer Probe: Resonanzfrequenz des Innenschwingkreises aus kapazitivem Feuchtesensor und Übertragungsspule in Abhängigkeit von der relativen Feuchtigkeit.

Für jede Probe wird eine Kalibriergerade mittels linearer Regression ermittelt; Ausreißer werden dabei ignoriert (vgl. 'robustfit' [The10]). Dabei fließen nur Messwerte ein, bei denen die Streuung von Feuchtigkeit und Temperatur während der 1,5-minütigen Erfassung des Frequenzverlaufs für eine Probe maximal 0,5 % r.H. bzw. 0,5 °C beträgt. Für jede Kalibrierung stehen danach durchschnittlich 117 Messwerte zur Verfügung. Die Kalibriergeraden aller Proben sind in Anhang A.7 abgebildet.

Durch die Kalibrierung jedes Sensorsystems kann die starke Schwankung des Nullpunkts der Kalibriergeraden, die sich aufgrund der hohen Toleranz der Sensorkapazität ergibt (vgl. Abs. 4.1.4), erfasst und somit kompensiert werden. Die durchschnittliche Steigung m der Kalibriergeraden liegt für 65 °C bei -(1,828 ± 0,073) kHz/% r.H. und für 85 °C bei -(2,050 ± 0,085) kHz/% r.H. Jede Kalibriergerade wird gespeichert und während der beschleunigten Alterungstests zur Auswertung des jeweiligen Sensorsystems genutzt. Die Genauigkeit der verschiedenen Sensorsysteme variiert. In Tabelle 4.5 ist die maximale Abweichung (je bis zu zwei Ausreißer werden ignoriert) des jeweils ungenauesten aller kalibrierten Systeme von der Regressionsgeraden angegeben sowie dessen Standardabweichung der Einzelmessungen von der Regressionsgeraden. Als Grundlage für weitere Betrachtungen zur Genauigkeit wird die Standardabweichung dieser ungenausten Systeme genutzt.

T_{Alt} in °C	Maximale Abweichung in kHz	Standardabweichung in kHz
65	± 12,474	± 4,38
85	± 7,559	± 2,93

Tab. 4.5: Abweichung der Messwerte des jeweils ungenauesten Sensorsystems von der Regressionsgeraden für jede Messtemperatur T_{Alt}. Die Standardabweichung wird für das jeweils ungenaueste Sensorsystem bei 65 °C aus 125 Messwerten, bei 85 °C aus 81 Messwerten ermittelt.

4.2.4 Aufbau eines Teststands für die Durchführung von beschleunigten Alterungstests

Der Alterungsteststand bietet die Rahmenbedingungen für die Durchführung der Alterungstests. Eine ophthalmologische Spüllösung, das Kammerwasseräquivalent 'Balanced Salt Solution (BSS)' wird in zwei mit Steinwolle isolierten Edelstahltöpfen mit Hilfe von temperaturgeregelten Heizplatten [IKA09] auf 65 °C bzw. 85 °C erwärmt. Den Deckel bildet jeweils eine PMMA-Platte, in die eine Silikonschaumdichtung eingebracht wird. Darauf sind jeweils zwei Platinen für die Messwerterfassung angebracht. Die Außenspulen werden von oben durch die PMMA-Platte hindurchgeführt, sodass sie sich in der Salzlösung befinden. Die Gehäuse mit den internen Messschwingkreisen werden in die Außenspulen eingebracht. Die Ansteuerung aller Proben erfolgt über die Auswertungseinheit, bestehend aus Mikrocontrollerplatine und SD-Datenlogger. Sicherheitsthermostate beugen einem Überhitzen der Heizplatten bei Systemstörungen vor. Die Entstehung von Überdruck wird durch Druckausgleichsschläuche und Überdruckventile verhindert. Bei Bedarf kann der Füllstand überwacht und automatisch reguliert werden [Fin06].

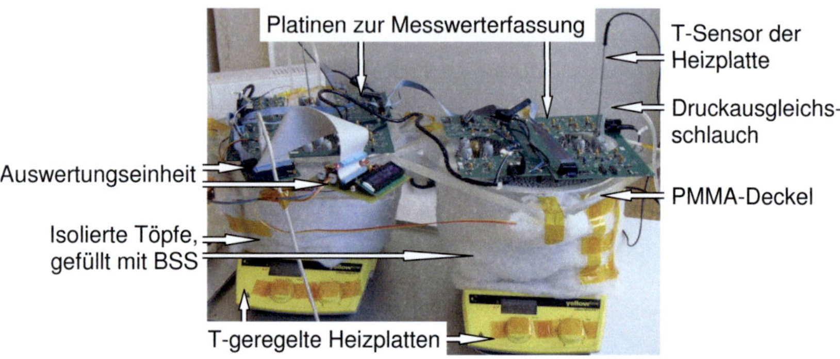

Abb. 4.15: Teststand zur Durchführung von beschleunigten Alterungstests.

Eine Erweiterungsoption des beschriebenen Teststands für Proben, die unempfindlich für Temperaturwechsel sind, ist das zusätzliche periodische Abkühlen auf Betriebstemperatur. Damit kann die Messdauer reduziert werden. Erforderlich sind hierzu eine programmierbare Wärmequelle, die Kalibrierung der Sensoren sowohl bei Betriebs- als auch bei Messtemperatur sowie ein mathematisches Modell zur Bestimmung der tatsächlichen Beschleunigung der Alterung, die nicht bei einer konstanten Messtemperatur durchgeführt wird, sondern aufgrund der Abkühl-, Mess- und Aufheizzeit Temperaturschwankungen unterliegt.

4.3 Zusammenfassung

Für die Überprüfung der langfristigen Dichtigkeit der Implantate wurde eine Prozesskette aus standardisierten Dichtigkeitstests und erstmalig automatisiert durchführbaren beschleunigten Alterungstests entwickelt. Dazu wurde zunächst ein neues generisches Modell zur Lebensdauerbestimmung durch Feuchtemessung in Implantaten erstellt, das den Einfluss der integrierten Komponenten während der Messung sowie während des Betriebs auf die Feuchtigkeit im Inneren des Implantats berücksichtigt. Im Anschluss wurde ein drahtloses Messprinzip konzeptioniert, bei dem ein kapazitiver Feuchtigkeits-sensor mit einer internen Spule einen im Inneren des Gehäuses platzierten Schwingkreis bildet. Die Resonanzfrequenz ist abhängig von der Feuchtigkeit im Gehäuseinneren und kann über eine externe Spule ausgelesen werden. Für die Umsetzung des Messprinzips wurde eine automatisierte Auswertung zur Messwerterfassung und -speicherung ent-wickelt. Dabei wurde auch die Genauigkeit der erzielten Messergebnisse abgeschätzt.

Im Folgenden wurde die entwickelte Prozesskette zur Durchführung von Dichtig-keitstests und beschleunigten Alterungstests aufgebaut und in Betrieb genommen. Die Messgeräte zur Durchführung von Heliumlecktests und Groblecktests wurden beschrie-ben. Zur Umsetzung der beschleunigten Alterungstests war der Schaltungsentwurf für die automatisierte Messwerterfassung und -auswertung erforderlich. Die kapazitiven Feuchtesensoren im Schwingkreis wurden kalibriert und der Teststand zur Durchfüh-rung der beschleunigten Alterungstests wurde aufgebaut.

Mit Hilfe der hier realisierten Prozesskette zur Durchführung von Dichtigkeitstests und beschleunigten Alterungstests können im Folgenden die aufgebauten Gehäusemus-ter bezüglich ihrer Dichtigkeit charakterisiert werden.

5 Erstmalige Realisierung und Charakterisierung von Teillösungen der Systemintegration

Im Folgenden werden Entwurf und Aufbau von Funktionsmustern der favorisierten Konzepte aus Kapitel 3 für die Teillösungen

- Schaltungsträger (Abs. 5.1)
- Glasgehäuse (Abs. 5.2)

durchgeführt. Die Erfüllung der beiden wesentlichen Herausforderungen Bauraum und Dichtigkeit wird dabei untersucht. In Abschnitt 5.1 wird hierfür eine Schaltung des Künstlichen Akkommodationssystems beschrieben, die die Bestimmung des Bauraums der einzelnen Bauteile ermöglicht. Zudem wird das vorhandene Potential der Bauraumreduktion abgeschätzt, das aus der Optimierung der einzelnen Subsysteme sowie aus dem Einsatz der in Abschnitt 3.1.1 beschriebenen Aufbau- und Verbindungstechnik resultiert. In Abschnitt 5.2 wird die Herstellbarkeit der Glasgehäuseeinzelteile und der gefügten Gehäuse unter der Vorgabe der minimalen Bauraumausnutzung untersucht. Um die Glasgehäuse bezüglich ihrer Dichtigkeit zu charakterisieren, wird die in Kapitel 4 entwickelte Prozesskette zur Durchführung von Dichtigkeitstests und beschleunigten Alterungstests angewendet.

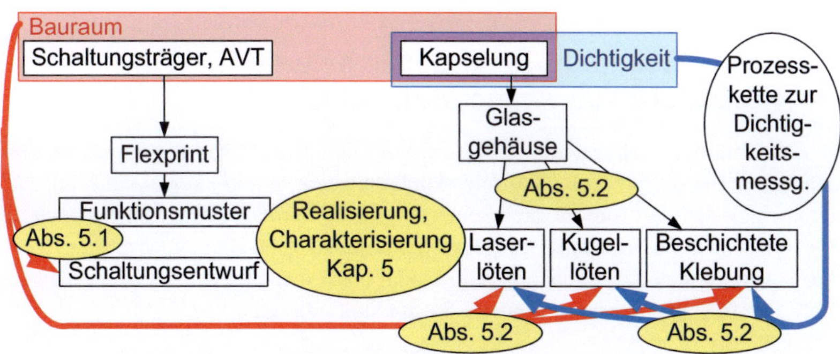

Abb. 5.1: Übersicht Kapitel 5.

5.1 Platinengestaltung und erste Volumenabschätzung für das Gesamtsystem

5.1.1 Funktionsmuster von flexiblen Leiterkarten

Die Herstellbarkeit von flexiblen Leiterkarten mit vergleichbaren Dimensionen wie den hier vorliegenden sowie die Anwendbarkeit der Bestückungstechnologien, deren Einsatz für das Künstliche Akkommodationssystem vorgesehen ist, wurde bereits nachgewiesen [PLB+08, BDL10]. Als erste Funktionsmuster werden Spulen für die induktive Energieeinspeisung als flexible Leiterkarten aufgebaut (Abb. 5.2). Die Funktionalität der Spulen kann im Rahmen der Untersuchungen zur elektromagnetischen Energieübertragung bestätigt werden [Kru10, Nag11].

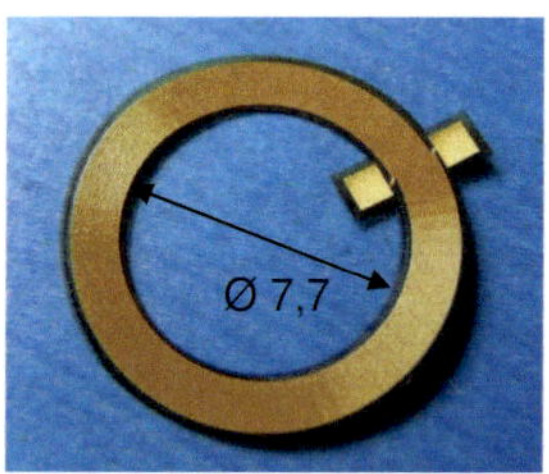

Abb. 5.2: Spule zur induktiven Energieübertragung, Muster für die Fertigungstechnologie von flexiblen Leiterkarten.

5.1.2 Erster Gesamtentwurf der Schaltung für das Künstliche Akkommodationssystem

Zum Zeitpunkt der vorliegenden Arbeit sind die Funktionalitäten der einzelnen Subsysteme zwar bekannt, jedoch noch keine konkreten elektronischen oder mechanischen Komponenten definiert, die im Zielsystem eingesetzt werden sollen. Um dennoch die Größenordnung der Schaltungsträgergeometrie abschätzen zu können, wird eine vereinfachte Schaltung des Künstlichen Akkommodationssystems entworfen (siehe Anhang A.3). Sie umfasst elektronische Bauteile für die Subfunktionen:

- Erfassung des Akkommodationsbedarfs
- Energieversorgung
- Kommunikation
- Steuerung und Überwachung.

Die Schaltung ist zunächst hinsichtlich eines geringen Volumenbedarfs ausgelegt (vgl. [RNGB11]). Für das Zielsystem müssen weitere Optimierungskriterien wie Energieeffizienz oder Dynamik berücksichtigt werden. Die hier entwickelte Schaltung bildet, zusammen mit anderen Subsystemen wie dem optischen Element und der Aktorik, die Grundlage zum Aufbau eines Demonstrators des Künstlichen Akkommodationssystems im Maßstab 2:1.

Bauteilauswahl Für die Umsetzung des neuen Sensorprinzips, das den Vergenzwinkel mit Hilfe des Gravitationsfelds sowie des Erdmagnetfelds erfasst, werden die bereits kombinierbaren Sensoren YAS529 (2 x 2 x 1 mm^3) [Yam07], einer der kleinsten derzeit verfügbaren Magnetfeldsensoren sowie der Beschleunigungssensor KXSC7 (3 x 3 x 0,9 mm^3) [Kio08] aufgebaut und getestet [Rit10]. Die Aufbereitung des Sensorsignals ist im Magnetfeldsensor integriert. Die realisierbare Auflösung des YAS529 erweist sich jedoch als zu gering, die Störanfälligkeit als sehr hoch. Der KXSC7 hingegen kann ab einem Kopfneigungswinkel von $\pm$ 15 ° zur Vergenzwinkelbestimmung eingesetzt werden.

Weitere Untersuchungen zeigen, dass mit einem alternativen Beschleunigungssensor, dem KXTF9 (3 x 3 x 0,9 mm^3) [Kio09], bei störungsfreiem Messen der Vergenzwinkel ab einem Kopfneigungswinkel von $\pm$ 5 ° ausreichend genau bestimmt werden kann [RRN$^+$10]. Für die Messung des Magnetfelds wird im Demonstrator der HMC5843 (4 x 4 x 1,3 mm^3) [Hon09] eingesetzt.

Die Energieversorgung erfolgt durch die induktive Einkopplung von Energie, die in einem Akkumulator zwischengespeichert wird. Dabei ist für den Einsatz im Demonstrator aufgrund der besseren Verfügbarkeit ein Lithium Polymer Akkumulator (LiPo) vorgesehen, nicht der für das Zielsystem favorisierte Lithium Phosphorus Oxynitride Akkumulator (LiPON). Der Schaltungsentwurf beinhaltet die Anschlüsse für die Empfangsspule, eine einfache Gleichrichtungsschaltung, den Laderegler MAX8814 (2 x 2 x 0,8 mm^3) [Max08], den Gleichspannungswandler LTC3240 (2 x 2 x 0,75 mm^3) [Lin06] sowie die Anschlüsse für einen Akkumulator.

Für die Steuerung und Überwachung ist ein Mikrocontroller vorgesehen. Der eingesetzte MSP430-F2370 [Tex06b] ist bezüglich seiner internen Architektur für die vorliegende Anwendung überdimensioniert, gehört jedoch zu den derzeit noch wenigen verfügbaren Bauelementen mit einem Gehäuse als Chip Scale Package (CSP, siehe auch Abs. 1.3.3). Dadurch sind seine äußeren Abmessungen mit 3,1 x 3,1 x 0,625 mm^3 inklusive Lothöhe kleiner als die von anderen Mikrocontrollern.

Der Sende- und Empfangschip CC1101 (4 x 4 x 0,85 mm^3 mit abgeschrägten Ecken) [Tex07] ist für den gemeinsamen Betrieb mit einem MSP430-Mikrocontroller konzipiert [Sch11b]. Anschlüsse für eine Antenne sind vorgesehen.

Externe Komponenten Die externen Bauteile wie Optikkomponenten, Aktorik und Energiespeicher müssen später zusammen mit der elektronischen Schaltung integriert und gekapselt werden. Für derzeit noch nicht integrierte elektronische Bauteile wie die

Spule zur Energieeinspeisung (vgl. Abs. 5.1.1), die Antenne für die Kommunikation und die Ansteuerungselektronik für den Aktor sind im Schaltungsentwurf elektrische Anschlüsse vorgesehen.

Gestaltung der Platine   Die Bestückung ist auf den planaren Stirnseiten des zylindrischen Implantats vorgesehen (Abs. 2.3.3). Um die zentrale Öffnung für die Optik von 5 mm Durchmesser werden die elektronischen Bauteile platziert; der Magnetfeldsensor wird um 90° aus der Ebene der Stirnfläche abgewinkelt.[1]

In Abbildung 5.3 ist die Gestaltung der Platine für die im Anhang A.3 ausgelegte Schaltung mit den oben genannten ausgewählten Bauteilen dargestellt. Daraus ist ersichtlich, dass für diese Beispielschaltung eine Bestückungsseite ausreicht und dass der Außendurchmesser vom größten Bauteil bestimmt wird. Er beträgt mit den derzeit verfügbaren Bauteilen 14 mm. Zusätzliche Platinenfläche ist für den Mindestabstand der Bauteile und Kontaktflächen vom Platinenrand vorzusehen, der abhängig von der gewählten Substrattechnologie ist. Das höchste Bauteil ist 1,3 mm hoch.

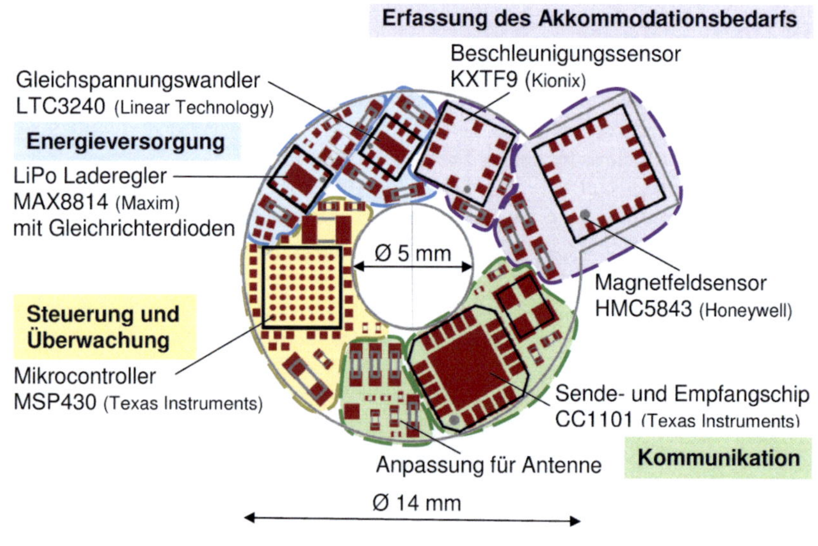

Abb. 5.3: Anordnung der elektronischen Komponenten.

---

[1]Für den dreiachsigen HMC5843 ist theoretisch keine spezielle Ausrichtung erforderlich. Die Abwinklung erfolgt, um die Ausrichtbarkeit von Bauteilen zu demonstrieren.

Damit lässt sich die Schaltung unter Verwendung von kommerziell erhältlichen Halbleiterchips und passiven Bauteilen in einen 2:1-Demonstrator integrieren. Die Spezifikationen der flexiblen Leiterkarte eignen sich gut für die elektrische Kontaktierung der im Entwurf enthaltenen Bauteile.

Für das Zielsystem ist eine weitere Skalierung notwendig. Diese ist realistisch, da bisher hauptsächlich gehäuste SMD-Bauteile eingesetzt werden. Der eigentliche funktionale Bereich eines aktiven Bauteils - der Siliziumhalbleiterchip - nimmt nur einen geringen Teil des SMD-Bauteilvolumens ein. Für den Siliziumhalbleiterchip des Energiewandlers LTC3240 beispielsweise ergibt sich, unter der Annahme einer Höhe von 325 µm (vgl. [Tex06b]), ein Volumen von weniger als 10 % des gehäusten Volumens [Lin]. Im Folgenden wird u.a. abgeschätzt, wie viel Potential zur Bauraumersparnis durch eine Erhöhung der Integrationsdichte der elektronischen Schaltungskomponenten vorhanden ist.

5.1.3 Bauraumabschätzung für die Integration der Subsysteme

Der erste Schaltungsentwurf sowie die Ergebnisse der Arbeiten zu den Subsystemen ermöglichen eine Abschätzung des jeweiligen Bauraums, der für die einzelnen Subsysteme benötigt wird. In Abschnitt 2.2.7 wurde dargelegt, wie viel Volumen die einzelnen Subsysteme ohne Anpassung der bestehenden Technologien an die Anforderungen des Künstlichen Akkommodationssystems beanspruchen. Im Folgenden wird eine Bauraumabschätzung für zwei Weiterentwicklungsgrade betrachtet:

- Derzeit technologisch realisierbar, d.h. beispielsweise für vergleichbare Produkte bereits umgesetzt, aber z.T. mit hohen Beschaffungskosten verbunden
- Zukünftig durch die Weiterentwicklung der einzelnen Technologien sowie durch individuelle Anpassung der Komponenten an die Anforderungen des Künstlichen Akkommodationssystems voraussichtlich erzielbar.

Die Bauraumabschätzung wird für die drei Kategorien von Bauteilen durchgeführt, die im inneren Bauteilring integriert werden:

- Energiespeicher
- Elektronische Schaltungskomponenten (vgl. Abs. 5.1.2)
- Aktorik.

Energiespeicher

Der Energiespeicher des Künstlichen Akkommodationssystems wird in Abschnitt 2.2.7 als das mit Abstand größte Bauteil identifiziert. In [Nag11] werden deshalb Strategien entwickelt, um den Energiebedarf des Gesamtsystems zu senken und damit den erforderlichen Bauraum für den Energiespeicher zu reduzieren. Der aktuelle Energiebedarf

resultiert aus den Vorgaben der Leistungsaufnahme von maximal 1 mW und einer Ladezykluszeit von 24 Stunden. Durch die Implementierung eines intelligenten Energiemanagements, das unter anderem einen interruptgesteuerten Betrieb und eine Schlafabschaltung umfasst, lässt sich der Energiebedarf von 24 mWh auf bis zu 4,3 mWh reduzieren.

Weiteres Optimierungspotential liegt in der technologischen Weiterentwicklung der
Speicher. Für den Einsatz im Künstlichen Akkommodationssystem wird ein Akkumulator aus Lithium Phosphorus Oxynitride (LiPON) favorisiert [Nag11]. Die theoretisch
erreichbare Energiedichte von 959 mWh/cm^3 [Exc10] wird in bereits kommerziell verfügbaren Zellen weit unterschritten, da das Verhältnis zwischen dem Volumen des aktiven Materials zum Gehäusevolumen (vgl. Substrat und Schutzschicht in Abb. 5.4)
bisher sehr klein ist. Derzeit technologisch realisierbar sind ca. 100 mWh/cm^3 [Dun05].
Durch technologische Weiterentwicklungen wie beispielsweise einen Mehrschichtauf-
bau können zukünftig voraussichtlich bis zu 500 mWh/cm^3 erreicht werden.

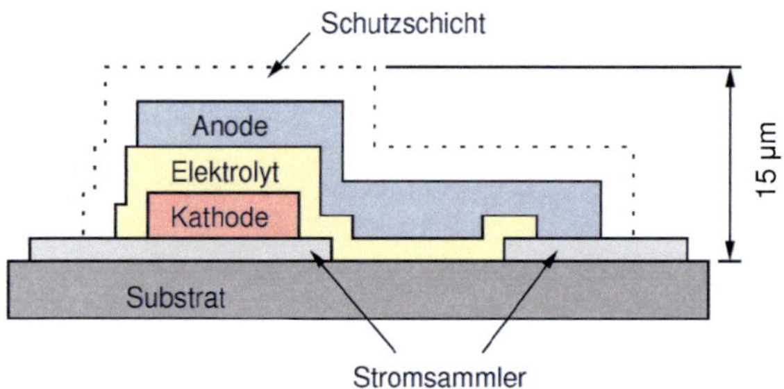

Abb. 5.4: Aufbau eines Dünnfilm Lithium Phosphorus Oxynitride Akkumulators (nach
[BDN$^+$00]).

Elektronische Schaltungskomponenten

Die elektronischen Schaltungskomponenten setzen sich zusammen aus Siliziumhalblei-
terbauteilen und passiven Bauteilen, den Fügehilfsstoffen wie Lot und Füllmaterial sowie der Leiterkarte, auf der die Bauteile montiert sind.

Siliziumhalbleiterchips Die Anordnung der gehäusten elektronischen Bauteilen
um den optischen Bereich (Abb. 5.3) zeigt, dass die Verwendung von Siliziumhalbleiterchips mit Gehäuse im Künstlichen Akkommodationssystem nicht möglich ist. Allein
für die Schaltung ohne Aktoransteuerung (Abb. 5.3) beträgt das Gesamtvolumen der
gehäusten Bauteile ca. 62 mm^3. Der Einsatz von ungehäusten Siliziumhalbleiterchips

ist derzeit technologisch realisierbar; viele Hersteller liefern die Chips jedoch erst für sehr große Stückzahlen ohne Gehäuse.

Das erforderliche Volumen für ungehäuste Siliziumhalbleiterchips ergibt sich aus der benötigten Bestückungsfläche, der Chiphöhe sowie der Höhe für Lot und Füllmaterial. Die internen Abmessungen der Siliziumhalbleiterchips sind nur für wenige Bauteile bekannt [Tex06b, Lin, Tex06a, Zar07]. Aus den vorhandenen Literaturangaben lässt sich ein Verhältnis der benötigten Bestückungsfläche für gehäuste Chips zu ungehäusten Chips von durchschnittlich drei ermitteln, das zur Abschätzung der Siliziumfläche der übrigen Halbleiterchips im System herangezogen wird. Die Höhe von Siliziumwafern beträgt i.d.R. mehrere Hundert Mikrometer (vgl. [Tex06b, Lin, Tex06a, Zar07]). Das Abdünnen von Siliziumhalbleiterchips auf unter $50\,\mu m$ ist bereits Standard, an einer weiteren Dickenreduktion wird gearbeitet [Men11].

Für das Künstliche Akkommodationssystem soll die bauraumsparende Bestückung mit FlipChips erfolgen. Lotkugeldurchmesser von unter $50\,\mu m$ für CSPs sind werkstoffunabhängig bereits verfügbar (vgl. [HHO$^+$04, YTF08, TLM, AIT]). Inwieweit eine weitere Reduktion der Lothöhe die Zuverlässigkeit bezüglich der Haltekräfte zwischen Siliziumhalbleiterchips und Leiterkarte oder der Einbringung des Füllmaterials beeinflusst, muss anhand des endgültigen Designs überprüft werden.

Die individuelle Anpassung der Elektronik für das Künstliche Akkommodationssystem betrifft die Siliziumhalbleiterchips in mehrerer Hinsicht:

- Optimierungspotential für den Bauraum durch Entwicklung einer anwendungsspezifischen integrierten Schaltung (ASIC, vgl. Abs. 3.1.1)
- Zusätzlich erforderliche Bauteile für die Optimierung der Schaltung bezüglich Energieeffizienz, beispielsweise eine Sensorik zur Detektion des Lichteinfalls, um eine Schlafabschaltung zu ermöglichen (vgl. [Nag11])
- Reduktion des Schaltungsaufwands für die Aktoransteuerung.

Passive Bauteile Der Bauraum der passiven Bauteile setzt sich zusammen aus dem eigentlichen Bauteil und dem Lot für die Bestückung auf der Leiterkarte. Für den Schaltungsentwurf werden bereits die kleinsten derzeit verfügbaren SMD-Bauteile verwendet. Durch die Weiterentwicklung der Technologie lässt sich der Bauraum voraussichtlich nur in geringem Maße weiter reduzieren. Um die gleiche Energie in einem Kondensator oder einer Spule auf kleinerem Bauraum zu speichern, müssen beispielsweise neue Werkstoffe eingesetzt werden. Die Anwendung von reinen Siliziumbauteilen als Oszillatoren und damit als Ersatz für Quarze befindet sich im Entwicklungsstadium (vgl. [Sil08]). Durch Schaltungsoptimierung kann eventuell auf einige der passiven Bauteile verzichtet werden. Aufgrund der Integration von Zusatzfunktionen zur Steigerung der Energieeffizienz wird bei einer Weiterentwicklung der Schaltung der Bauraum der passiven Bauteile jedoch tendenziell eher erhöht.

Leiterkarte Aus dem Schaltungsentwurf (Abs. 5.1.2) ist ersichtlich, dass die Fläche der flexiblen Leiterkarte ca. dem Doppelten der Fläche der darauf bestückten elektronischen Bauteile entspricht. Zudem werden die Spule zur Energieübertragung sowie die Antenne als Satelliten der Leiterkarte ausgeführt. Die Leiterkartendicke lässt sich eventuell geringfügig durch die Reduktion um eine Verdrahtungslage oder durch die weitere Optimierung der Lagendicke reduzieren. Die Dicke der Metallisierung liegt im Bereich weniger Mikrometer, ist jedoch von den Anforderungen der Schaltung abhängig.

Aktoransteuerung Die Aktoransteuerung ist im ersten Schaltungsentwurf (Abs. 5.1.2) noch nicht enthalten, gehört aber bezüglich der Bauraumabschätzung zu den elektronischen Schaltungskomponenten. Der in Abschnitt 2.2.7 angegebene Bauraum von ca. $60\,\text{mm}^3$ wird anhand des Schaltungsentwurfs in [Baß10] abgeschätzt und bezieht sich auf eine bauraumoptimierte Variante ohne Energierückgewinnung. Die Aktorspannung beträgt dabei 60 V. Durch die Reduktion der Schichtdicken von Piezoaktoren ist es möglich, die Ansteuerspannung pro Auslenkung zu reduzieren (vgl. [Hae99, JLYG04, SSH$^+$04]). Langfristiges Ziel für das Künstliche Akkommodationssystem ist, durch eine optimierte Fertigung der Piezoaktoren die Ansteuerspannung auf $\leq 10\,\text{V}$ zu senken. Damit können der Schaltungsaufwand und somit der Bauraum für die Aktoransteuerung deutlich reduziert werden (vgl. [MGBG10a]).

Aktorik

Die Arbeiten zur Aktorik sind noch nicht abgeschlossen. Die Aussagen zum Bauraum basieren auf dem in Abbildung 2.8 dargestellten Entwurf eines Piezobiegeaktors, dessen Stellweg über ein Siliziumkoppelgetriebe vergrößert wird [MGR$^+$10]. Der bisher im Maßstab 1:1,5 umgesetzte Aktorikdemonstrator umfasst zudem eine optische Positionssensorik. Für die Bauraumabschätzung erfolgt eine Skalierung auf Zielgröße. Weitere Bauraumoptimierungen sind geplant, jedoch bisher noch nicht spezifiziert.

In Tabelle 5.1 sind die Optimierungsmöglichkeiten für die einzelnen Subsysteme und die damit voraussichtlich erzielbaren Dimensionen zusammengefasst, die als Grundlage zur in Abbildung 5.5 dargestellten Bauraumabschätzung dienen. Die Werte für die 'Anpassung und Weiterentwicklung' sind dabei Schätzwerte.

Ergebnisse

In Abbildung 5.5 ist der jeweils im inneren Bauteilring zur Verfügung stehende Bauraum für die zwei Extremfälle dargestellt:

- Den maximalen Bauraum bietet ein zylindrisches Implantat mit 10 mm Durchmesser und 4 mm Höhe.

- Den minimalen Bauraum bietet ein linsenförmiges Implantat mit 9 mm Durchmesser und 3,7 mm Höhe.

	Derzeit technologisch realisierbar	Anpassung und technologische Weiterentwicklung
Energiespeicher LiPON Energiebedarf [mWh] Energiedichte [mWh/cm^3]	24 ca. 100	Energiemanagement ca. 4,3 ca. 500
Aktorik	Skalierung des Entwurfs für Triple-Optik Demonstrator	Reduktion der Aktorspannung
Siliziumhalbleiterchips Dicke [µm] Lothöhe [µm]	50 ≤ 50	ASIC-Integration ca. 20 ca. 20
Passive Bauteile	Kleinste SMD-Gehäuse plus Lot	Schaltungsoptimierung, neue Werkstoffe
Leiterkarte Dicke [µm] Fläche	50 2 x Bauteilfläche, Spule, Antenne	ca. 40 Schaltungsoptimierung
Glasgehäuse Wandstärke [µm]	300	ca. 200

Tab. 5.1: Grundlagen für die Abschätzung des Bauraums der Subsysteme im Künstlichen Akkommodationssystem.

Das zur Verfügung stehende Volumen im inneren Bauteilring ist dabei jeweils von der realisierbaren Wandstärke des Glasgehäuses abhängig. Zudem ist in Abbildung 5.5 das Volumen angegeben, das die Subsysteme jeweils benötigen. Dabei werden drei verschiedene Entwicklungsgrade betrachtet:

1. Mit derzeit kommerziell verfügbaren Bauteilen realisierbar[2] (vgl. Tab. 2.3)
2. Derzeit technologisch realisierbar
3. Durch zukünftige technologische Weiterentwicklung sowie individuelle Anpassung voraussichtlich erzielbar.

Für jeden Entwicklungsgrad wird unter Anwendung der in Tabelle 5.1 angegebenen Dimensionen für jedes Subsystem der benötigte Bauraum berechnet. In Abbildung 5.5 sind die daraus resultierenden einzelnen Volumina additiv aufgetragen, um den insgesamt für Bauteile im inneren Bauteilring erforderlichen Bauraum zu veranschaulichen.

Aus Abbildung 5.5 ist eindeutig ersichtlich, dass die derzeit kommerziell verfügbaren Bauteile für die einzelnen Subsysteme nicht vollständig in das Künstliche Akkommodationssystem eingebracht werden können. Selbst die Anwendung aller derzeit technologisch realisierbaren Möglichkeiten reicht noch nicht aus, um alle Komponenten im

---

[2]Nur für die Abschätzung des Bauraums der Aktorik wird ein bereits individuell für das Künstliche Akkommodationssystem ausgelegter Entwurf herangezogen.

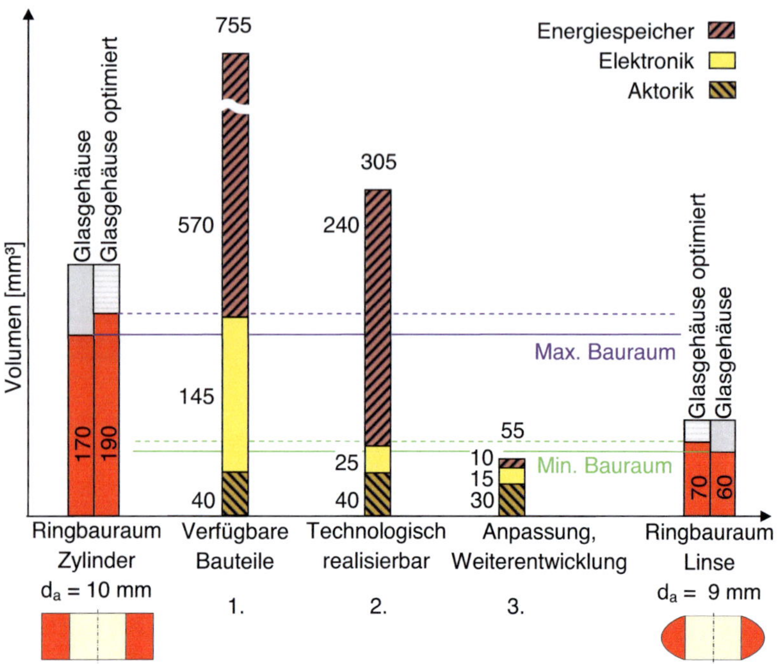

Abb. 5.5: Abschätzung des Bauraums der verschiedenen Subsysteme des Künstlichen Akkommodationssystems, aufgebaut mit: 1. Verfügbaren Bauteilen, 2. Derzeit technologisch realisierbaren Bauteilen, 3. Bauteilen mit zukünftig durch die Weiterentwicklung der einzelnen Technologien und durch individuelle Anpassung der Komponenten an die Anforderungen des Künstlichen Akkommodationssystems voraussichtlich erzielbarer Baugröße. Rundung auf Vielfache von $5\,\text{mm}^3$ [RMNB12].

Implantat zu integrieren. Dafür sind die Weiterentwicklung aktueller Technologien sowie die individuelle Anpassung jedes Subsystems an die Bauraumanforderungen nötig, die jedoch entsprechende Investitionen und weitere Forschungsarbeit erfordern. Im Einzelnen sind folgende Schlussfolgerungen aus der Bauraumabschätzung möglich:

- Mit verfügbaren Bauteilen aber auch mit derzeit technologisch realisierbaren Akkumulatoren wird allein für den Energiespeicher der maximal im Implantat zur Verfügung stehende Bauraum überschritten. Durch die Implementierung eines individuellen Energiemanagements kann der Energiebedarf um mehr als Faktor Fünf reduziert werden [Nag11]. Der benötigte Bauraum für den Speicher kann damit auf ca. $45\,\text{mm}^3$ reduziert werden. Die Größenordnung zur Integration des Energiespeichers im Künstlichen Akkommodationssystem ist damit erreicht; eine weitere technologische Optimierung ist jedoch erforderlich, um den Bauraum auf ca. 10 mm^3 zu senken und damit die Montage in einem linsenförmigen Implantat zu ermöglichen.

- Durch Anwendung aller aktuell verfügbaren Technologien auf die Halbleiter der Schaltung kann der für die gesamte Elektronik erforderliche Bauraum auf weniger als ein Fünftel gesenkt werden. Dabei sinkt der Anteil der Halbleiterbauteile am Volumen aller elektronischen Komponenten von über 80 % auf ca. 10 %. Die zukünftige Weiterentwicklung ist deshalb ausgerichtet auf die Reduktion der passiven Bauteile sowie die Spannungsreduktion des Aktors zur Bauraumoptimierung der Aktoransteuerung. Dennoch ist die Integration der Halbleiter in ASICs sinnvoll. Dadurch wird eine Reduktion der Fläche ermöglicht und damit z.B. das Überschreiten des maximalen Durchmessers des Implantats verhindert.

- Das Optimierungspotential für den Bauraum der Aktorik ist derzeit nur schwer abzuschätzen. Für die Integration in ein linsenförmiges Implantat müssen nicht nur das Volumen, sondern auch die äußeren Dimensionen deutlich reduziert werden. Dabei müssen jedoch die mechanische Festigkeit gegeben sein und der erforderliche Stellweg realisiert werden.

- Die Wandstärke des Gehäuses muss weiter reduziert werden, um alle Subsysteme integrieren zu können. Angestrebt ist die Reduktion um ein Drittel auf 200 µm.

- Werden die individuelle Anpassung für die Energieversorgung angewandt und die derzeit verfügbaren Technologien für alle Subsysteme eingesetzt, so ist die Integration der Bauteile in einem zylindrischen Implantat bezüglich des Volumens möglich. Der Ringbauraum eines linsenförmigen Implantats mit reduzierten Dimensionen bietet hingegen erst nach der technologischen Weiterentwicklung und individuellen Anpassung des gesamten Systems voraussichtlich ausreichend Bauraum. In der Formgebung des Künstlichen Akkommodationssystems ist somit ein Kompromiss zwischen optimaler Implantierbarkeit und Bauraummaximierung sinnvoll.

In Abbildung 5.5 wird bisher ausschließlich das Volumen betrachtet, die Form des Implantats sowie der einzelnen Bauteile ist noch nicht berücksichtigt. So müssen die relativ großflächigen Siliziumhalbleiterbauteile beispielsweise so ausgelegt werden, dass sie nicht über den maximalen Implantatdurchmesser hinausragen. Es ist zu erwarten, dass bei der Montage nicht nur die Fertigungs- und Montagetoleranzen der Bauteile eingeplant werden müssen, sondern ein Teil des Bauraums nicht genutzt werden kann, da eine vollständige Anpassung der Form der internen Komponenten an den Bauraum nicht möglich ist. Die Arbeiten zur Systemintegration müssen daher weiter fortgeführt und bezüglich der Bauteilpositionierung intensiviert werden.

Weitere Optimierungsoptionen

Bei den vorangegangenen Bauraumabschätzungen wird die Vergenzwinkelmessung für die Bestimmung des Akkommodationsbedarfs genutzt. Dafür sind derzeit zwei Sensoren pro Implantat sowie eine Kommunikation zwischen den Implantaten erforderlich. Die Kommunikation benötigt einen Großteil der Energie (vgl. [Nag11]). Eine Weiterentwicklung und Optimierung der Kommunikation bezüglich des eigenen Bauraums, aber insbesondere bezüglich des Energiebedarfs ist somit essentiell für die Anwendung der Vergenzwinkelmessung im Künstlichen Akkommodationssystem.

Bei der alternativen Messmethode, der Erfassung des Pupillendurchmessers, befindet sich der Sensor im optischen Bereich, die Bauteile zur Signalaufbereitung im Bauteilring. Eine Kommunikation zwischen den Implantaten ist dabei optional und kann eingesetzt werden, um durch Abgleich der Messergebnisse in beiden Implantaten die Zuverlässigkeit zu erhöhen, durch Redundanz den Ausfall der Sensorik in einem Implantat zu kompensieren und möglichen Abweichungen zwischen der Akkommodation der beiden Implantate vorzubeugen, die den Implantatträger belasten [Wil11b]. Gelingt es jedoch, die Pupillenweite zuverlässig und sicher monokular als Messgröße zur Bestimmung des Akkommodationsbedarfs einzusetzen oder wird die Implantation des Künstlichen Akkommodationssystems auf ein Auge beschränkt, so ist damit voraussichtlich eine deutliche Bauraumreduktion erzielbar: Der Sensor selbst inklusive Auswertungsschaltung benötigt weniger Bauraum und voraussichtlich deutlich weniger Energie. Bei Verzicht auf die interne Kommunikation kann der Energiespeicher um weitere 65 % reduziert werden. Die externe Kommunikation kann induktiv erfolgen, sodass der Funkchip entfällt. Der Bauraum für die zusätzlichen Bauteile zur Integration dieser induktiven Kommunikation in die Energieversorgungseinheit entspricht in etwa dem der derzeitigen Antennenauslegung.

In Abschnitt 5.1 konnte anhand der Platinengestaltung für eine erste Gesamtschaltung des Künstlichen Akkommodationssystems der Bauraum für die einzelnen Subsysteme sowie die Komponenten der Systemintegration abgeschätzt werden. Daraus ist ersichtlich, dass mit derzeit verfügbaren Komponenten keine Integration in den vorgegebenen Bauraum möglich ist. Selbst beim Einsatz von aufwendigen Fertigungsprozessen zur Miniaturisierung benötigen alle Subsysteme in Summe zu viel Volumen. Für die zukünftige Optimierung des Bauraums ist die Implementierung eines Energiemanagements, die Integration der Siliziumkomponenten in einen ASIC, die Senkung der Ansteuerspannung für die Aktorik sowie die Reduktion der Wandstärken des Gehäuses vorgesehen. Die Kommunikation sowie die Sensorik werden ebenfalls weiter optimiert. Dadurch lässt sich das benötigte Gesamtvolumen voraussichtlich soweit reduzieren, dass auch der Bauraum eines Linsenrings mit einem Außendurchmesser von 9 mm ausreicht, um volumetrisch betrachtet alle Subsysteme in das Künstliche Akkommodationssystem zu integrieren. Die endgültige Positionierung der einzelnen Bauteile in dem ungünstig geformten Bauraum bleibt eine Herausforderung für die zukünftige Weiterführung der Systemintegration.

5.2 Aufbau und Charakterisierung von Gehäusefunktionsmustern

Im Abschnitt 3.2.7 wurde gezeigt, dass ein Glasgehäuse die Anforderungen an die Kapselung des Künstlichen Akkommodationssystems am besten erfüllt. Die Funktionsmuster für Glasgehäuse können unabhängig von anderen Komponenten aufgebaut und charakterisiert werden. Anhand der Muster können die Herstellbarkeit sowie die Dichtigkeit der mit verschiedenen Herstellungsverfahren aufgebauten Gehäuse analysiert werden. Die Fertigung der Gehäuseeinzelteile wird in Abschnitt 5.2.1 beschrieben. Für die Untersuchung der folgenden Fügetechnologien werden Funktionsmuster erstellt und charakterisiert:

- **Laserlöten** (Abs. 5.2.3)
  23 Gehäuse im Heliumlecktest, davon 8 nach erneutem Bombing im Heliumlecktest und Groblecktest
- **Kugellöten** (Abs. 5.2.4)
  10 Gehäuse im Heliumlecktest, kein Groblecktest sinnvoll
- **Von oben SiO$_2$-beschichtete Klebung** (Abs. 5.2.5)
  9 Gehäuse im Heliumlecktest und Groblecktest
- **Seitlich titanbeschichtete Klebung** (Abs. 5.2.5)
  10 Gehäuse im Heliumlecktest und Groblecktest, 24 Gehäuse im Alterungstest.

Im Folgenden werden die jeweiligen Ergebnisse vorgestellt und in Abschnitt 5.2.6 bewertet und verglichen. Zudem ist eine Aussage über die Eignung des neuen Teststands für die Durchführung beschleunigter Alterungstests möglich (Abs. 5.2.7).

5.2.1 Fertigung der Glasgehäuseeinzelteile

Um verschiedene Fügeprozesse untersuchen zu können, werden für den Musteraufbau Halbzeuge eingesetzt, die die Anwendung aller Fügeverfahren ermöglichen. Die Abmessungen und Eigenschaften der verwendeten Wafer aus dem Borosilikatglas Borofloat 33 sind in Abbildung 5.6 rechts dargestellt. Abbildung 5.6 links zeigt die verallgemeinerte Geometrie der Glasgehäuse. Die Abmessungen für die Höhe des Glasdeckels sowie des Glastopfs (HD, HT) sind durch die jeweilige Waferdicke gegeben. Die Abmessungen für den Durchmesser des Deckels und des Topfs (DD, DT) sowie Durchmesser und Tiefe der Kavität (DK, TK) werden in den folgenden Abschnitten für jedes Fügeverfahren spezifiziert.

Für den Aufbau der ersten Funktionsmuster wird die Ultraschallbearbeitung ausgewählt. Das Verfahren wird sowohl für das Einbringen der Kavitäten als auch das Heraustrennen der äußeren Gehäuseform aus dem Glaswafer angewandt. Da die Zylinderform der Muster sehr einfach ist und eine optische Qualität der Oberfläche für die Funktionstests des Gehäuses, wie z.B. Dichtigkeit und Stabilität, nicht erforderlich ist, wird die Standardkörnung eingesetzt (vgl. Abs. 3.2.3).

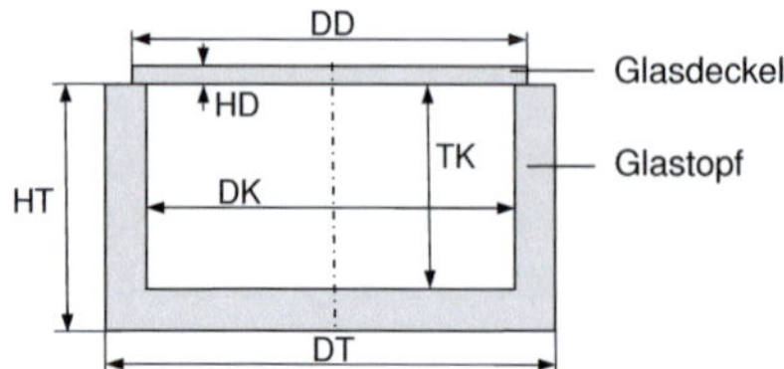

Abb. 5.6: Schnittansicht der verallgemeinerten Geometrie der Glasgehäuse aus Topf und Deckel (links) sowie Abmessungen und Eigenschaften der verwendeten Wafer aus Borosilikatglas (vgl. [Sie09]) (rechts).

Für die Anwendung beim Kugellöten sowie beim beschichteten Kleben werden einzelne Töpfe und Deckel durch die Firma 'Rainer Schmieg Ultraschall (RSU)' gefertigt. Dabei werden Wandstärken von 300 µm bis 400 µm realisiert. In Abbildung 5.7 rechts sind die ultraschallgefertigten Gehäuseeinzelteile Glastopf und Glasdeckel dargestellt. Zum Schutz vor Ausbrüchen im Kantenbereich werden während der Fertigung Schutzwafer auf die zu bearbeitenden Glasflächen aufgebracht und im Anschluss wieder entfernt. Dennoch entstehen Muschelausbrüche, die die spätere Fügefläche zwischen Glastopf und Glasdeckel reduzieren. In Abbildung 5.7 links ist der Randbereich eines Glastopfs mit Muschelausbrüchen dargestellt. Die für die vorliegende Anwendung maximal tolerierte Ausdehnung quer zur Wand beträgt 50 µm.

Die Ultraschallfertigung für die lasergelöteten Gehäuse erfolgt im Rahmen der Umsetzung des neuen Waferfertigungsprozesses (vgl. Abs. 3.2.3) am 'Fraunhofer Institut für Angewandte Optik und Feinmechanik (IOF)'.

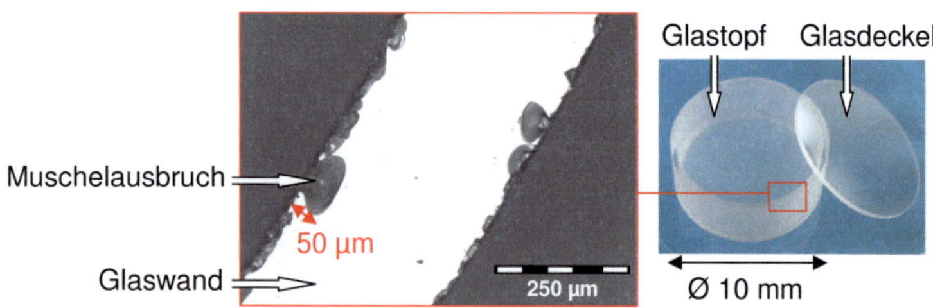

Abb. 5.7: Draufsicht auf eine mit Ultraschallbearbeitung gefertigte Borosilikatglaswand mit Muschelausbrüchen von maximal tolerierbarer Ausdehnung (links). Glastopf mit -deckel (rechts).

5.2.2 Fügen von Glasgehäusen durch Laserbonden

Für das Fügen mittels Laserbonden ist die erzielbare Oberflächenqualität des Glases nach der Ultraschallbearbeitung sehr kritisch einzuschätzen. Die Herstellbarkeit von dünnwandigen und hermetisch dichten Gehäusen ist mit Laserbonden bisher nicht untersucht und ist aufgrund der Ausbrüche fraglich. Die Durchführung einer entsprechenden Machbarkeitsstudie sowie die anschließende Fertigung von Gehäusemustern für Dichtigkeits- und Alterungstests sind im Rahmen dieser Arbeit bisher noch nicht möglich. Ein Kostenpunkt hierbei ist der Aufbau einer bisher nicht verfügbaren Vorrichtung zum Fügen unter Schutzgasatmosphäre. Durch die Anwendung des in Abschnitt 4.1.2 entwickelten Modells zur Messung des Permeationswiderstands kann darauf zukünftig verzichtet werden, wenn die Feuchtigkeit während des Bondens genau erfasst wird. Somit ist die Untersuchung des Laserbondens als Fügeverfahren nach einer Optimierung der Fertigungsmethode für die Glasgehäuseeinzelteile zukünftig möglich.

5.2.3 Fügen von Glasgehäusen durch Laserlöten

Der in Abschnitt 3.2.3 entwickelte Waferfertigungsprozess wird am 'Fraunhofer Institut für Angewandte Optik und Feinmechanik (IOF)' in Jena für das Laserlöten umgesetzt.

Herstellbarkeit

Zunächst werden die Kavitäten mit einem Durchmesser DK von 9,2 mm und einer Tiefe TK von 3,3 mm in den 'Topfwafer' eingebracht. Die aufgrund der Ultraschallbearbeitung entstehenden Muschelausbrüche im oberen Randbereich der zylindrischen Kavität von bis zu 200 µm erfordern ein Nachpolieren der Waferoberseite. Ein Nachpolieren des rauen Kavitätsbodens, um optische Qualität zu erreichen, stellt sich als schwer automatisierbar und sehr zeitaufwendig heraus.

Das Lot wird mittels Sputtern auf den 'Topfwafer' mit Kavitäten sowie auf den 'Deckelwafer' aufgetragen. Der optische Bereich wird dabei maskiert. Als Lotwerkstoff wird Gold-Zinn zusammen mit dem Haftvermittler Titan sowie einer Diffusionsbarriere aus Platin eingesetzt. Bei einer Lotdicke von 3 µm ergibt sich eine Metallisierungsdicke von 3,5 µm auf jedem Fügepartner. Die Fügezone wird in umlaufenden Linien durch einen Infrarotlaser bestrahlt und dadurch erwärmt und aufgeschmolzen, sodass eine Verbindung zwischen den Fügepartnern entsteht. Die Fügepartner werden während des Prozesses mit leichtem Druck aufeinandergepresst. Gefügt wird unter Heliumatmosphäre. Die Prozessparameter des Lötvorgangs werden variiert – eine gute Fügezone entsteht bei 380 °C und einem Laservorschub von 1 mm/s. Um die Belastung der gefügten Gehäuse zu minimieren, wird das Heraustrennen aus dem Waferverbund nicht mittels Ultraschallbearbeitung durchgeführt. Es werden zunächst quaderförmige Elemente durch Sägen aus dem Wafer herausgetrennt, die im Anschluss mit Hilfe von Feinschleifen rondiert werden. In Abbildung 5.8 sind die Fertigungsschritte dargestellt. Für das

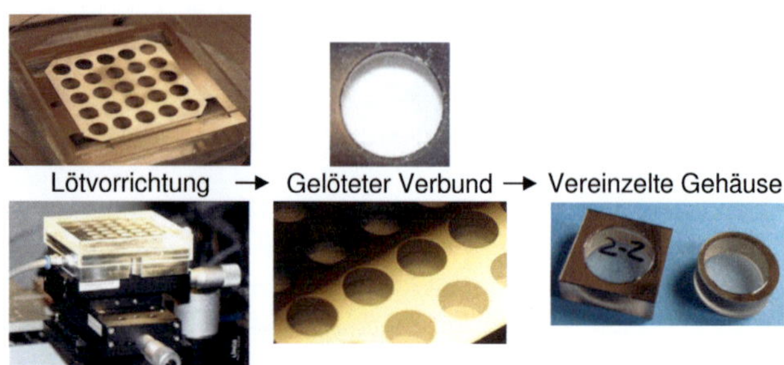

Abb. 5.8: Fertigungsschritte für das Laserlöten und Vereinzeln von Glasgehäusen am Fraunhofer IOF [Bec09].

Rondieren werden die gefügten Quader gestapelt und auf einer Drehmaschine eingespannt. Die Wände werden auf eine Stärke von $991 \pm 236\,\mu m$ geschliffen. Eine weitere Reduktion birgt Bruchgefahr. Zentrierungsprobleme während des Rondierens führen zu einer starken Variation der Wandstärke von durchschnittlich $330\,\mu m$ zwischen Mindest- und Maximalwandstärke der einzelnen Proben (Anh. A.12).

In Mikroskopaufnahmen der gelöteten Wände sind die Spuren des Laserspots sowie deutliche Risse im Lotbereich erkennbar (Abb. 5.9). Hauptsächlich im Übergangsbereich zwischen Lotbereich und Kavität, aber auch im Außenbereich der Lotnaht weisen die Proben sowohl radiale als auch tangentiale Risse auf. Die Risse sind bei einigen Proben bereits unmittelbar nach dem Löten sichtbar, bei anderen nach dem Rondieren und bei manchen Proben erfolgt die Bildung sichtbarer Risse erst nach einigen Tagen Lagerzeit. Die Rissbildung ist vermutlich auf Verspannungen zurückzuführen, die sich aufgrund des Anpressdrucks während des Lötvorgangs sowie aufgrund der verschiedenen thermischen Ausdehnungskoeffizienten von Glas, Lot und Helium während des Abkühlens bilden. Im Dichtigkeitstest werden die 23 Gehäuse untersucht, die nach der Variation der Fertigungsparameter am IOF die beste Fügezone aufweisen.

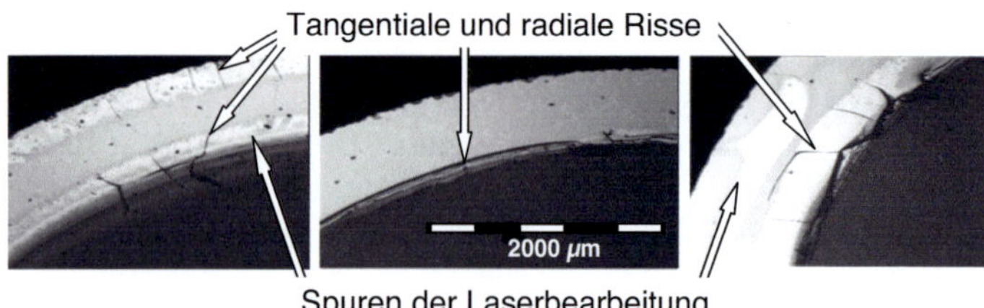

Abb. 5.9: Rissbildung im Lotbereich lasergelöteter Glasgehäuse zwischen Glastopf und Glasdeckel. Draufsichten verschiedener Proben.

Dichtigkeitstests

Die optische Beurteilung der Qualität der Fügezone lässt darauf schließen, dass die Proben trotz der hohen Wandstärken nicht dicht sind. Eine Überprüfung erfolgt durch Heliumlecktests. Da die Proben unter Heliumatmosphäre gefügt werden, sind sie anfangs mit Helium gefüllt. Es ist jedoch keine Heliumleckrate detektierbar, die das Hintergrundrauschen von 10^{-9} atm·cm^3/s übersteigt. Daraus lässt sich entweder auf eine sehr hohe Dichtigkeit oder auf den Austritt des gesamten Heliums innerhalb der Zeit zwischen Fügeprozess und Messung schließen. Zur Validierung wird eine Stichprobe von acht der Proben zusätzlich mit 5 bar(abs) Heliumdruck gebombt. Die Ergebnisse zeigen, dass keine der betrachteten Proben das Dichtigkeitskriterium erfüllt (Abb. 5.10). Selbst für die beste Probe wird die erlaubte Heliumleckrate um den Faktor 1,4 überschritten. Die zusätzliche Durchführung von Groblecktests dient der Einstufung der Ergebnisse aus den Heliumlecktests.

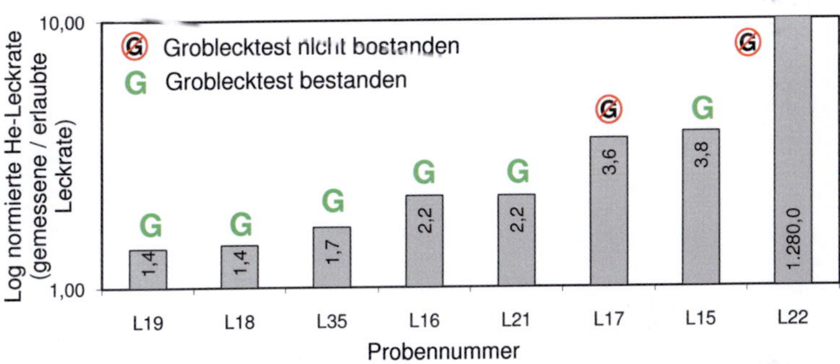

Abb. 5.10: Ergebnisse der Heliumlecktests, normiert dargestellt als Quotient der gemessenen und der jeweils erlaubten Leckrate, sowie Ergebnisse der Groblecktests der zusätzlich mit Helium gebombten Stichprobe lasergelöteter Glasgehäuse.

Bewertung

Die angestrebten Wandstärken von maximal 300 µm können nicht realisiert werden. Spannungen, die während der Fertigung induziert werden, führen zu Rissbildung. Eine Variation der Fertigungsparameter führt bisher nicht zu hinreichender Optimierung der Fügung. Um die Rissbildung zu verhindern, ist eine weitere Reduktion der Fügetemperatur erforderlich. Dadurch wird jedoch die Dichtigkeit der Gehäuse voraussichtlich weiter reduziert. Bereits bei den vorliegenden Gehäusen wird trotz der breiten Wandstärken keine Dichtigkeit erreicht. Zudem ist das für die Musterfertigung eingesetzte Rondieren auf bestückte Systeme nicht anwendbar. Das Laserlöten wird deshalb mit dem derzeit verfügbaren Prozess und den untersuchten Fertigungsparametern und Werkstoffen als nicht geeignet für die Herstellung von dichten dünnwandigen Glasgehäusen eingestuft.

5.2.4 Fügen von Glasgehäusen durch Kugellöten

Das Kugellöten erfolgt im 'Fraunhofer Institut für Angewandte Optik und Feinmechanik (IOF)' in Jena mit zuvor durch 'RSU' gefertigten Glastöpfen.

Herstellbarkeit

Durch das Kugellöten werden einzelne Glastöpfe mit Glasdeckeln verbunden. Die Töpfe werden gefertigt durch Ultraschallbearbeitung des 'Topfwafers' (vgl. Abs. 5.2.1). Als Deckel werden zunächst Deckgläser aus Quarzglas eingesetzt. Bei Einbringung in Vakuum während der Heliumlecktests zerbrechen jedoch die ca. 150 µm dicken Deckel einiger Proben. In einer zweiten Charge werden Deckel mit 300 µm Dicke eingesetzt, die aus Quarzglasstäben geschnitten werden. Vakuumbeständigkeit kann dennoch nicht für alle Proben erreicht werden. Die Wandstärken der Zylinderwände der Töpfe werden in der zweiten Charge ebenfalls erhöht (Tab. 5.2), um Einflüsse auf die Fügenaht durch Ausbrüche im Kantenbereich auszuschließen.

Geometrie	Charge 1	Charge 2
DT in mm	$10,50 \pm 0,05$	$10,75 \pm 0,05$
DK in mm	$9,70 \pm 0,05$	$9,55 \pm 0,05$
TK in mm	$3,35 \pm 0,05$	$3,35 \pm 0,05$
DD in mm	ca. 10	$10,00 \pm 0,05$
HD in mm	ca. 0,15	$0,30 \pm 0,01$

Tab. 5.2: Abmessungen der Glasgehäuseeinzelteile für das Kugellöten (vgl. Abb. 5.6).

Eine auf die Glastöpfe und -deckel im Fügebereich aufgesputterte Gold-Zinn-Beschichtung bildet die Grundlage für das Applizieren der Gold-Zinn-Lotkugeln mit einem Durchmesser von 100 µm. Das Sputtern der Beschichtung auf die Deckel erfolgt in der ersten Charge planar von oben, in der zweiten Charge seitlich mit einmaligem Wenden der Deckel um 180° um die Symmetrieachse. Der konzentrisch auf dem Glastopf liegende Deckel (Abb. 5.11 rechts oben) wird durch drei senkrecht applizierte Lotkugeln fixiert (Abb. 5.11 links). Für das Aufbringen der Lotnaht (Abb. 5.11 rechts unten) wird die Probe schräg ausgerichtet (Abb. 5.11 Mitte) und für das Aufbringen der einzelnen Kugeln zunächst manuell um je eine Kugelbreite weitergedreht, für die zweite Charge automatisiert. Nach der Einstellung der Fertigungsparameter werden in der ersten Charge sieben, in der zweiten drei Proben für die Untersuchung im Dichtigkeitstest gefertigt.

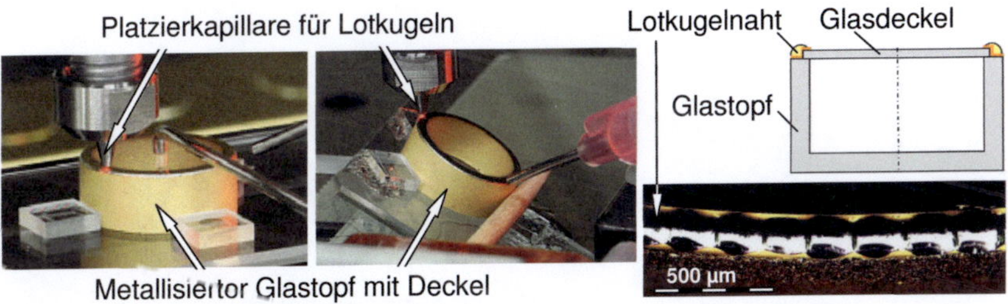

Abb. 5.11: Fixierung des Glasgehäuses beim Kugellöten durch senkrecht applizierte Lotkugeln (links) und Aufbringen der Lotnaht auf schräg gestelltes Gehäuse (Mitte), Gehäusegeometrie für das Kugellöten von Glasgehäusen (rechts oben), Lotkugelnaht (rechts unten). Fertigung am Fraunhofer IOF [Bur10].

Dichtigkeitstests

Aufgrund der mangelnden Vakuumbeständigkeit der Gehäuse werden die Heliumlecktests mit zusätzlichen Gewichten durchgeführt, wie in Abschnitt 4.2.1 beschrieben. Die Dichtigkeitstests werden mit der Methode der variablen Parameter durchgeführt (vgl. Abs. 1.3.3). Die Gehäuse weisen sehr hohe Heliumleckraten von mindestens dem 7,5-fachen der erlaubten Leckrate auf (Abb. 5.12). Die Dichtigkeit kann auch durch die zusätzliche Wandstärke der zweiten Charge nicht wesentlich erhöht werden. Auf die Durchführung von Groblecktests wird aufgrund der hohen Leckraten im Dichtigkeitstest verzichtet.

Bewertung

Bisher können keine dichten kugelgelöteten Glasgehäuse gefertigt werden. Da jedoch die Herstellbarkeit hermetisch dichter Gehäuse mit Hilfe des Kugellötens bereits durch die Fertigung von Endoskopen nachgewiesen ist [BHB+10a], wird das Fügeverfahren weiter untersucht werden. Hierfür ist eine Optimierung der Fertigungsparameter erforderlich. Die mangelnde Vakuumbeständigkeit lässt auf die Induktion von thermischen Spannungen durch die lokale Wärmezufuhr schließen. Die Möglichkeit zur Reduktion der Wandstärke auf die angestrebten maximal 300 µm bleibt zu prüfen.

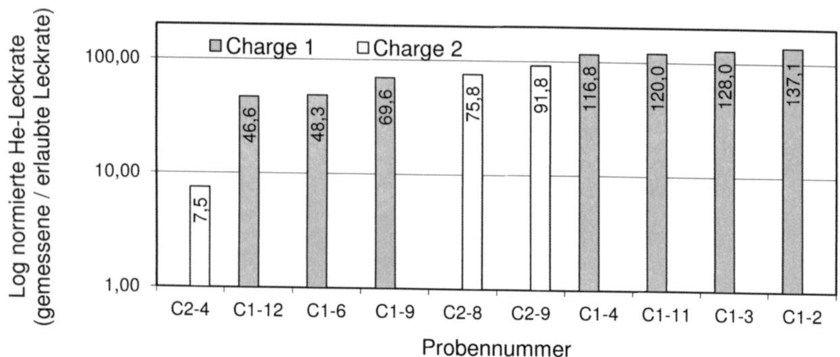

Abb. 5.12: Ergebnisse der Heliumlecktests von kugelgelöteten Glasgehäusen, normiert dargestellt als Quotient der gemessenen und der jeweils erlaubten Leckrate.

5.2.5 Fügen von Glasgehäusen durch beschichtetes Kleben

Im Folgenden wird der Herstellungsprozess für das Kleben mit anschließender Beschichtung mit verschiedenen Werkstoffen beschrieben.

Herstellbarkeit

Die Glasgehäuseeinzelteile werden aus dem 'Topfwafer' sowie dem 'Deckelwafer' (vgl. Abs. 5.2.1) mittels Ultraschall gefertigt. Die Abmessungen sind in Tabelle 5.3 dargestellt. Die Reinigung der Einzelteile erfolgt für 5 min im Ultraschallbad aus Isopropanol / Wasser im Verhältnis 50 / 50 plus Spülmittel. Für das Verbinden der Töpfe und Deckel wird der Klebstoff EPO-TEK OG116-31 [Epo07] eingesetzt. Es entsteht eine ca. 50 µm hohe Klebenaht. Der Klebstoff ist biokompatibel nach den Vorgaben der USP Class VI (United States Pharmacopeial Convention) und wird durch ultraviolettes Licht ausgehärtet. Seine Glasübergangstemperatur beträgt $\geq 115\,°C$ und der thermische Ausdehnungskoeffizient $41 \cdot 10^{-6}\,K^{-1}$. Eine leichte Außenwulst bildet die optimale Nahtgeometrie für das anschließende Beschichten.

DT in mm	$10,00 \pm 0,05$
DK in mm	$9,20 \pm 0,05$
TK in mm	$3,35 \pm 0,05$
DD in mm	$10,00 \pm 0,05$

Tab. 5.3: Abmessungen der Glasgehäuseeinzelteile für das beschichtete Kleben, (vgl. Abb. 5.6).

In Abbildung 5.13 ist der Kleberoboter GLT JR2203 [Gesb] im Institut für Mikrostrukturtechnik (IMT) des Karlsruher Instituts für Technologie (KIT) mit den konstruktiven Anpassungen für das Kleben der Glasgehäuse dargestellt. Über die Kanüle wird der Klebstoff auf den oberen Rand des Topfs aufgetragen. Der Deckel wird mit Hilfe eines Sauggreifers platziert; die Ausrichtung zum Topf ist nur visuell möglich. Der Klebstoff wird mit einer UV-Lampe [DEL10] zwei Minuten ausgehärtet.

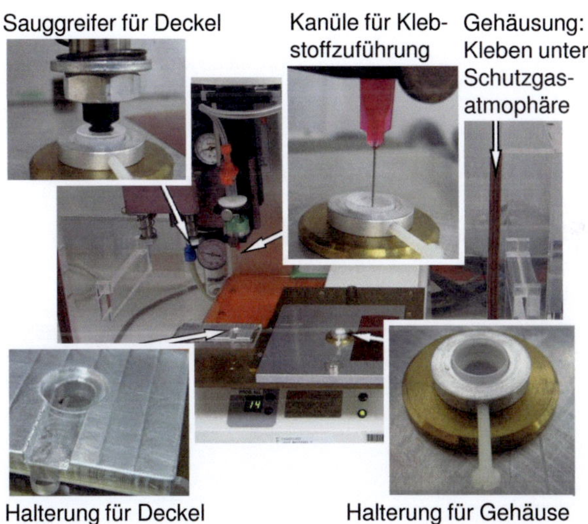

Abb. 5.13: Kleberoboter GLT JR2203 mit konstruktiven Anpassungen für das Kleben von Glasgehäusen.

Da die Reinigung der geklebten Gehäuse im Ultraschallbad für 5 min in Isopropanol zu einer Schädigung führt, werden die Proben vor dem Beschichten manuell mit Isopropanol und deionisiertem Wasser gereinigt.

Zwei verschiedene Beschichtungsmethoden werden untersucht:

- Seitliches Sputtern von 100 nm Titan auf die Klebenaht (Abb. 5.14 links)
- Planares Sputtern von oben mit 500 nm transparentem SiO_2 (Glas) (Abb. 5.14 rechts).

Das Sputtern wird im Institut für Materialforschung (IMF) des KIT durchgeführt. Anlagen für die seitliche Beschichtung mit nicht elektrisch leitfähigen Werkstoffen sind hier nicht vorhanden. Die Wahl der erhöhten Schichtdicke beim planaren Sputtern mit

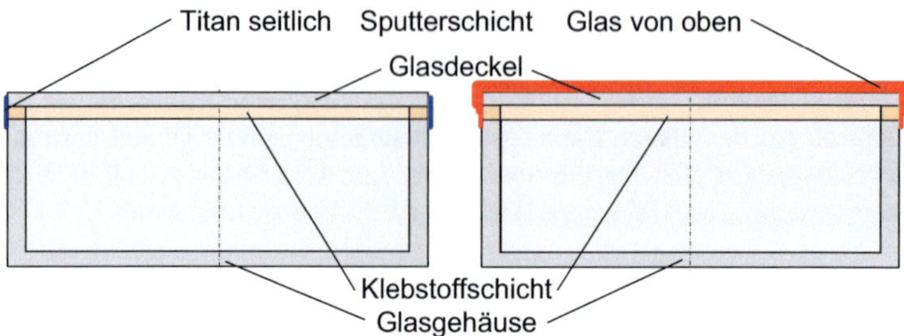

Abb. 5.14: Seitliche Beschichtung mit Titan (links), planare Beschichtung mit Glas von oben (rechts).

Glas von oben resultiert daraus, dass sich dabei auf der seitlichen Klebenaht nur wenige der gesputterten Teilchen absetzen. Um die Klebenaht seitlich mit Titan zu beschichten, ist ein Rotieren der Gehäuse während des Sputterns erforderlich. Die Halterung hierfür ist in Abbildung 5.15 links dargestellt. Beide Werkstoffe werden bei Temperaturen $< 100\,°C$ aufgesputtert.

Die Titanbeschichtung weist trotz der geringen Sputtertemperaturen und des mit der genutzten Anlage erstmals polymeren beschichteten Klebstoffsubstrats visuell eine gute Haftung auf (Abb. 5.15 rechts). Die Glasbeschichtung kann visuell nicht bewertet werden.

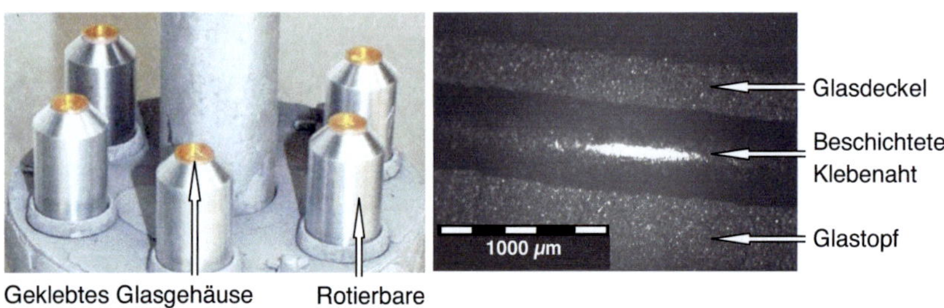

Abb. 5.15: Rotierbare Halterung der Glasgehäuse in der Sputteranlage für die Titanbeschichtung (links), titanbeschichteter seitlicher Bereich des Glasgehäuses mit Klebenaht (rechts).

Dichtigkeitstests

Im Heliumlecktest und Groblecktest werden untersucht:

- 9 Gehäuse mit einer von oben SiO_2-beschichteten Klebung
- 10 Gehäuse mit einer seitlich titanbeschichteten Klebung
- 2 unbeschichtete Vergleichsgehäuse.

Die Hälfte der titanbeschichteten Gehäuse weist Heliumleckraten auf, mit denen sie nach MIL-STD-883G als hermetisch dicht definiert sind. Ihre gemessene Leckrate liegt unterhalb der erlaubten Leckrate (vgl. Abb. 5.16). Groblecktests bestätigen die Dichtigkeit der titanbeschichteten Gehäuse.

Die gemessene Leckrate der glasbeschichteten Gehäuse überschreitet die erlaubte um mindestens Faktor 1,4 und entspricht damit der Größenordnung der unbeschichteten geklebten Vergleichsgehäuse (vgl. Abb. 5.16). Zudem besteht keines der glasbeschichteten und unbeschichteten Gehäuse den Groblecktest. Die glasbeschichteten Gehäuse werden deshalb als undicht eingestuft.

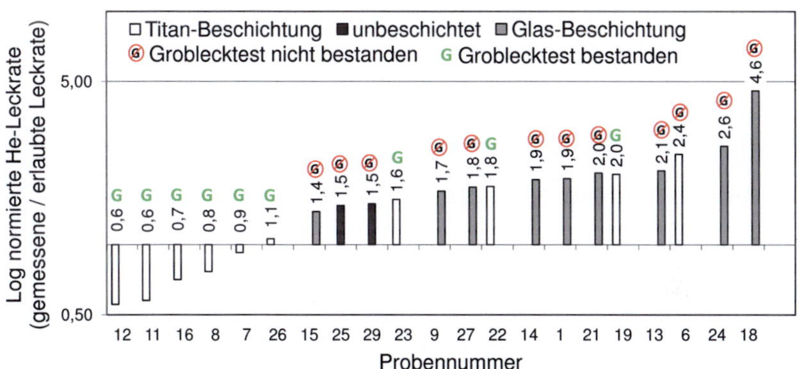

Abb. 5.16: Ergebnisse der Heliumlecktests, normiert dargestellt als Quotient der gemessenen und der jeweils erlaubten Leckrate, sowie Ergebnisse der Groblecktests von geklebten und im Bereich der Klebenaht mit Titan sowie SiO_2 (Glas) beschichteten Glasgehäusen.

Mit der Technik des Beschichtens von geklebten Glasgehäusen mit Titan ist ein Herstellungsprozess gefunden, mit dem nach MIL-STD-883G hermetisch dichte Gehäuse gefertigt werden können. Damit werden die aktuellen Normvorgaben für aktive Implantate erfüllt (vgl. Abs. 1.3.3). Das Langzeitverhalten wird zusätzlich im Alterungstest geprüft.

Alterungstests

Die titanbeschichteten geklebten Glasgehäuse für die Alterungstests werden mit dem zuvor beschriebenen Gehäusefertigungsprozess hergestellt. Der in Abschnitt 4.1.4 erarbeitete Messschwingkreis wird in die Glasgehäuse eingebracht. Um eine Anfangsfeuchtigkeit von 0 % r.H. zu realisieren, werden die elektronischen Komponenten in einem Ofen getrocknet und alle Komponenten / Gehäuse nach jedem Fertigungsschritt in einem Exsikkator [Cara] zusammen mit Silikagel [Carb] bei leichtem Unterdruck gelagert. Das Kleben erfolgt unter trockener Argonatmosphäre.

Zur Validierung des Messprinzips werden zwei der Gehäuse nicht beschichtet, sodass sie undicht sind. Der Sensor einer der beschichteten Proben ist nach dem Sputtern beschädigt. Der Alterungstest erfolgt deshalb mit

- 10 titanbeschichteten Gehäusen bei 65 °C
- 1 unbeschichteten Gehäuse bei 65 °C
- 11 titanbeschichteten Gehäusen bei 85 °C
- 1 unbeschichteten Gehäuse bei 85 °C.

Messergebnisse In Abbildung 5.17 sind exemplarisch anhand zweier Proben, die bei jeweils 65 °C und 85 °C gealtert wurden, die Ergebnisse der beschleunigten Alterungstests dargestellt. Die vollständigen Messwerte für alle Gehäuse sind in Anhang A.13 abgebildet. Für den Großteil der Proben kann der Kurvenverlauf der gemessenen relativen Feuchtigkeit über der Versuchszeit in drei Bereiche unterteilt werden:

- Bereich A: Exponentialfunktion mit relativ geringem Anstieg
- Bereich B: Exponentialfunktion mit starkem Anstieg
- Bereich C: Übergangsbereich zwischen den beiden Bereichen A und B.

Bereich A erstreckt sich, abhängig von der betrachteten Probe, über einen Bereich zwischen 0 % r.H. und ca. 20 % r.H. bis 40 % r.H. und verläuft dann über Bereich C zu Bereich B. Bei Erreichen einer relativen Feuchtigkeit im Bereich B von ca. 85 % r.H. bis 100 % r.H. endet die Messung. Bei einem Großteil der Proben kann ab diesem Zeitpunkt kein Messwert mehr erfasst werden, d.h. der Strom durch die Außenspule weist kein Minimum bei einer bestimmten Frequenz innerhalb des Messbereichs auf. Bei anderen Proben steigt der Messwert abrupt auf Werte oberhalb des relevanten Messbereichs an.

Die Untersuchung der geklebten Gehäuse nach Abschluss des beschleunigten Alterungstests zeigt, dass sich mit Ausnahme einer Probe alle Deckel vom Topf gelöst haben. Das Ende der Messung ist somit auf das Eindringen der flüssigen Salzlösung zurückzuführen. Der Klebstoffring liegt ebenfalls separiert vor. Die Titanbeschichtung löst sich während der Messung fast vollständig vom Klebstoff; auf dem beschichteten Glastopf unterhalb der Klebenaht ist die Beschichtung größtenteils erhalten, in einigen Bereichen jedoch ebenfalls abgelöst (Abb. 5.18).

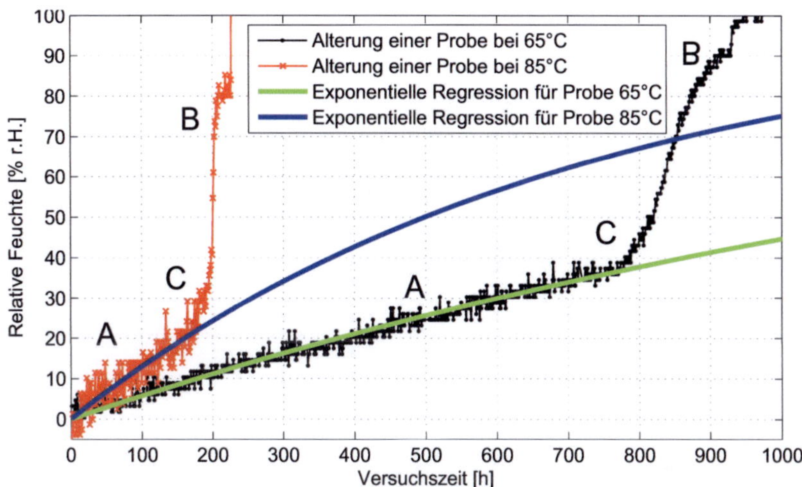

Abb. 5.17: Exemplarische Auswahl der Messergebnisse der relativen Feuchtigkeit über der Zeit in zwei geklebten Glasgehäusen mit Titanbeschichtung im Bereich der Klebenaht während der beschleunigten Alterung bei 65 °C bzw. 85 °C.

Auswertung Aus den Messergebnissen der beschleunigten Alterung ist ersichtlich, dass der Anstieg der relativen Feuchtigkeit im Inneren der Gehäuse nicht vollständig mit einer einzigen Exponentialfunktion, vergleichbar mit einer RC-Ladekurve (vgl. Abs. 4.1.2), beschrieben werden kann. Durch das Ablösen der Titanbeschichtung im Verlauf der Messung ergibt sich ein veränderlicher Permeationswiderstand. Der Verlauf der Messkurven wird wie folgt interpretiert:

- Der Bereich A entspricht der Ladekurve eines RC-Glieds aus dem Permeationswiderstand des geklebten Glasgehäuses mit Titanbeschichtung und der Wasseraufnahmekapazität der Komponenten im Inneren des Gehäuses.

- Bereich B entspricht der Ladekurve eines RC-Glieds aus dem Permeationswiderstand des geklebten Glasgehäuses annähernd ohne Titanbeschichtung und der Wasseraufnahmekapazität der Komponenten im Inneren des Gehäuses.

- Der Übergangsbereich C entsteht durch die Veränderung des Permeationswiderstands aufgrund von Rissen und abgeplatzten Bereichen in der Titanbeschichtung.

Mögliche Gründe für das Ablösen der Titanschicht bei erhöhten Temperaturen sind:

- **Thermische Ausdehnung:** Der relativ geringe thermische Längenausdehnungskoeffizient des Klebstoffs von $41 \cdot 10^{-6}$ K^{-1} [Epo07] war ein Entscheidungskriterium bei der Auswahl. Dennoch sind die Ausdehnungskoeffizienten der Fügepartner nicht optimal aufeinander abgestimmt. Für Borofloat beträgt der Längenausdehnungskoeffizient $3{,}25 \cdot 10^{-6}$ K^{-1} [Pla], für Titan $8{,}2 \cdot 10^{-6}$ K^{-1} [HKN^{+}99]. Die daraus

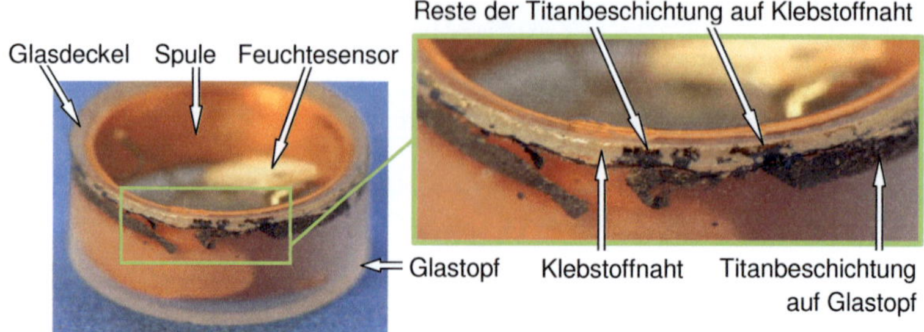

Abb. 5.18: Geklebtes und seitlich mit Titan beschichtetes Glasgehäuse nach Durchführung der beschleunigten Alterungstests.

bei Erwärmung resultierenden thermischen Spannungen können zum Ablösen im Bereich der Klebenaht, aber auch im Bereich des Glasgehäuses beitragen und möglicherweise bereits den Permeationswiderstand in Bereich A reduzieren.

- **Rissbildung und Abplatzen durch Quellung:** Dringt aufgrund einer Vorschädigung der Schicht, z.B. durch thermisch induzierte Rissbildung, Wasser in den Klebstoff ein, führt dies zur Ausbildung von internen Spannungen und in Abhängigkeit von den mechanischen Eigenschaften des Klebstoffs und der Beschichtung zu einer Volumenzunahme, der sogenannten Quelldehnung [Men81]. Dadurch entstehen weitere Risse und Fehlstellen in der Beschichtung. Die Dehnung ist proportional zur Wasseraufnahmefähigkeit, die in Polymeren stark temperaturabhängig ist.

Die maximal vom Klebstoff bei Betriebstemperatur aufgenommene Wassermenge $Q_{imax}(T_B)$ ergibt sich aus dem Ausfallkriterium

$$Q_{imax}(T_B) = 70{,}2\,\%\text{r.H.}(T_B) \cdot Q_{0\,Kleb}(T_B) \tag{5.1}$$

in Abhängigkeit der Wasseraufnahmefähigkeit des Klebstoffs $Q_{0\,Kleb}$. Die kritische Wassermenge Q_{ikrit}, die zu starker Quelldehnung und zur Delamination der Titanschicht führt, ist aus den Messergebnissen abzulesen:

$$Q_{ikrit} = 20\,\%\text{r.H.}(65\,^\circ\text{C}) \cdot Q_{0\,Kleb}(65\,^\circ\text{C}). \tag{5.2}$$

Unter der Voraussetzung, dass die Temperaturabhängigkeit der Wasseraufnahmefähigkeit des Klebstoffs die Bedingung

$$Q_{0\,Kleb}(65\,^\circ\text{C}) > 3{,}5 \cdot Q_{0\,Kleb}(T_B) \tag{5.3}$$

erfüllt, führt die mögliche Wasseraufnahme bei Betriebstemperatur nicht zu einer kritischen Dehnung und der Bereich A der Messungen kann extrapoliert werden.

- **Ungenügende Dichtwirkung der Schicht:** Möglich ist auch, dass die Haftung der Schicht zu gering oder die Schicht zu dünn ist. Sie kann dann durch mechanische und chemische Einflüsse beschädigt werden. Erhöhte Temperaturen verstärken die Beschädigung der Schicht; eine Schädigung bei Betriebstemperatur kann dabei jedoch nicht ausgeschlossen werden. Die Haftung der Schicht sowie die Dichtwirkung bei Betriebstemperatur müssen in weiteren Versuchen untersucht werden.

Die folgende Auswertung beruht auf einer Extrapolation der Messergebnisse aus Bereich A. Voraussetzung für die Gültigkeit der daraus resultierenden Aussagen ist somit, dass die Ablösung der Titanschicht bei Betriebstemperatur ausgeschlossen wird. Für die Auswertung wird die in Abschnitt 4.1.6 beschriebene Methode zur Bestimmung der Lebensdauer angewandt. Zusätzlich zu den Wasseraufnahmekapazitäten der Messkomponenten muss die des Klebstoffs berücksichtigt werden, die vermutlich eine hohe Temperaturabhängigkeit aufweist (vgl. Formel (5.3)) und in Anhang A.8 abgeschätzt wird. Die Permeationswiderstände bei den Messtemperaturen $T_{Alt1,2}$ sowie bei Betriebstemperatur T_B sind in Tabelle 5.4 angegeben. Die Reduktion um 15 % aufgrund von Sensoralterung ist darin bereits enthalten. Der mittlere Permeationswiderstand R_{Pmitt} ergibt sich aus dem Mittelwert aller beschichteter Proben der jeweiligen Temperatur[3]; für die Bestimmung des maximalen Permeationswiderstands R_{Pmax} bei T_B werden die Proben mit den maximalen Permeationswiderständen bei der jeweiligen erhöhten Messtemperatur genutzt. Der maximale Permeationswiderstand dient der Abschätzung der potentiell erreichbaren Dichtigkeit mit Hilfe der angewandten Herstellungsmethode. Die Standardabweichungen für die exponentiale Regression der Sättigungskurven sind ebenfalls in Tabelle 5.4 aufgeführt. Dabei ist jeweils der Durchschnittswert über alle beschichteten Proben angegeben.

Für die Ermittlung des relativen Fehlers und damit des RC-Modellfehlers (vgl. Abs. 4.1.6) wird die Standardabweichung der Messwerte von der Sättigungskurve bzw. Kondensatorladekurve jeweils auf den Feuchtigkteiswert des Versagenskriteriums bei erhöhter Temperatur $r.H._V$ bezogen, da die Genauigkeit in diesem Bereich von besonderem Interesse ist. Das Versagenskriterium wird mit Formel (1.2) jeweils berechnet zu 24,5 % bei 65 °C und 11,2 % bei 85 °C.

Unter Anwendung des in Abschnitt 4.1.6 hergeleiteten minimalen Ausfallkriteriums von $t_{LD} = 1{,}21 \cdot \tau$ kann die Lebensdauer t_{LD} exemplarisch für verschiedene, im Zielsystem enthaltene Komponenten mit ihren Wasseraufnahmekapazitäten abgeschätzt werden. Die einzeln betrachteten Komponenten sind ein gasgefüllter Innenraum des Implantats; ein Alvarez-Humphrey-Linsensystem von 3,4 mm Dicke aus PMMA mit einer Masse von 50,3 mg und einer gewichtsbezogenen Wasseraufnahmefähigkeit Q_0 von 2 % [Kerb] sowie ein vollständiger Verguss des inneren Bauteilrings (ohne Bauteile). Für letzteren wird eine volumenbezogene Wasseraufnahmefähigkeit von 3 % angenommen.

---

[3]Probe 1 fließt aufgrund des stark abweichenden Kurvenverlaufs nicht in die Auswertung ein.

T in °C	65	85	35,3
R_{Pmitt} in h·Pa/g	$7{,}93 \cdot 10^{10}$	$3{,}70 \cdot 10^{10}$	$2{,}96 \cdot 10^{11}$
R_{Pmax} in h·Pa/g	$1{,}34 \cdot 10^{11}$	$6{,}25 \cdot 10^{10}$	$5{,}03 \cdot 10^{11}$
Standardabweichung Exponentialfunktion in % r.H.	$\pm 1{,}85$	$\pm 1{,}91$	
Relative Abweichung in % (RC-Modellfehler)	$\pm 7{,}5$	$\pm 17{,}1$	

Tab. 5.4: Aus Messungen ermittelte Permeationswiderstände bei den erhöhten Temperaturen während der beschleunigten Alterung von 65 °C und 85 °C sowie daraus berechnete Permeationswiderstände bei der Betriebstemperatur von 35,3 °C; jeweils mittlere und maximale Werte der Messungen; Standardabweichungen der exponentialen Regression der Sättigungskurven und RC-Modellfehler.

Vergussmaterialien mit höherer Wasseraufnahmefähigkeit sind verfügbar, die resultierende Quellung führt jedoch zu starken mechanischen Spannungen im System.

Die jeweils zur Berechnung der Lebensdauer in Tabelle 5.5 herangezogene Wasseraufnahmekapazität des Systems ergibt sich aus der Summe der Kapazität der jeweils betrachteten Komponente K_{WK} sowie der Kapazität des Klebstoffrings $K_{WKleb} = 2{,}8 \cdot 10^{-9}$ g/Pa bei Betriebstemperatur (vgl. Anh. A.8).

	Gas	Alvarez-Humphrey-Linse	Innerer Bauteilring vergossen
K_{WK} in g/Pa	$1{,}58 \cdot 10^{-9}$	$1{,}75 \cdot 10^{-7}$	$8{,}3 \cdot 10^{-7}$
$t_{LD}(R_{Pmitt})$ in Jahren	0,2	7	34
$t_{LD}(R_{Pmax})$ in Jahren	0,4	13	58

Tab. 5.5: Aus Permeationswiderstand R_P und jeweiliger Wasseraufnahmekapazität $K_W = K_{WK} + K_{WKleb}$ einzelner möglicher Komponenten des Zielsystems bestimmte Lebensdauer des Künstlichen Akkommodationssystems bezüglich Dichtigkeit.

Aus Tabelle 5.5 ist ersichtlich, dass eine komponentenunabhängige Dichtigkeit des Systems nicht erreicht werden kann. Für ein ausschließlich mit Gas gefülltes Gehäuse beträgt die Lebensdauer maximal 0,4 Jahre. Durch das Einbringen von polymeren Komponenten, die als Wasserspeicher fungieren, kann jedoch die geforderte Größenordnung für die Lebensdauer des Künstlichen Akkommodationssystems erreicht werden. Durch einen vollständig vergossenen inneren Bauteilring ist beispielsweise eine Lebensdauer von bis zu 58 Jahren erzielbar.

Bei der Bewertung der Ergebnisse des beschleunigten Alterungstests ist zu berücksichtigen, dass die Berechnung der Lebensdauer mit großen Ungenauigkeiten verbunden ist. Sowohl für den Einfluss des Messfehlers als auch bei der Abschätzung der internen Wasseraufnahmekapazitäten wird der jeweils ungünstigste Fall betrachtet. Es ist möglich, dass die tatsächliche Lebensdauer die berechnete um mehr als eine Größenordnung übersteigt. Dabei wird jedoch vorausgesetzt, dass das Ablösen der Titanschicht bei Betriebstemperatur nicht auftritt.

Bewertung

Die Herstellbarkeit von geklebten und im Bereich der Klebenaht titanbeschichteten Glasgehäusen kann für die manuelle Fertigung gezeigt werden. Die durch die Ultraschallbearbeitung erzeugten Ausbrüche der Gehäuseeinzelteile können dabei durch den Klebstoff ausgeglichen werden. Auf Transparenz im optischen Bereich wird für den Aufbau erster Funktionsmuster verzichtet. Die Hälfte der zehn im Heliumlecktest untersuchten Gehäuse ist nach MIL-STD-883G hermetisch dicht. Damit erzielt die titanbeschichtete Klebung die besten Ergebnisse der getesteten Fügeverfahren. In Alterungstests kann keine komponentenunabhängige Dichtigkeit nachgewiesen werden. Mit der Einbringung von polymeren Subsystemen, die eine hohe Wasseraufnahmekapazität besitzen, kann jedoch eine Lebensdauer im für das Künstliche Akkommodationssystem geforderten Bereich realisiert werden. Voraussetzung hierfür ist die Gewährleistung der Haftung zwischen Klebstoff und Titan sowie zwischen Klebstoff und Glas über die gesamte Lebensdauer bei Betriebstemperatur. Bei den erhöhten Temperaturen während der Alterungstests tritt eine nahezu vollständige Delamination des Titans sowie des Glases vom Klebstoff auf. Ob die Delamination vollständig auf die Umgebungsbedingungen während der Alterung zurückgeführt werden kann oder auch bei Betriebstemperatur auftritt, muss weiter geprüft werden. Optimierungsmöglichkeiten im Herstellungsprozess sind unter anderem das Aufrauen der zu klebenden Oberflächen, um eine bessere Haftung zu erzielen sowie die Anwendung einer mehrlagigen Beschichtung, um mechanische Spannungen im Verbund der Fügezone abzufangen.

5.2.6 Bewertung der Funktionsmuster

Durch die Fertigung von über 50 Funktionsmustern für das Kugellöten und das beschichtete Kleben wird gezeigt, dass mit Hilfe von Ultraschallbearbeitung Wandstärken von $300\,\mu m$ bis $400\,\mu m$ realisiert werden können. Eine weitere Reduktion ist möglich, aber ohne zusätzliche Nachbearbeitung kritisch, da die Bruchgefahr aufgrund der durch die Ultraschallbearbeitung eingebrachten Mikrorisse steigt. Die gefertigten Musterteile weisen an den bearbeiteten Kanten deutliche Muschelausbrüche auf. Die Ausbrüche erfordern eine Nachbearbeitung der Einzelkomponenten vor dem Fügeprozess, da andernfalls die effektive Fügefläche reduziert wird, wenn kein Ausgleich der Ausbrüche durch Einbringung eines Zwischenstoffs möglich ist. Um zukünftig die Ausbrüche zu reduzieren und damit die Oberflächenqualität zu optimieren, bietet es sich für die Fügeverfahren außer dem Laserbonden an, keine Wafer zu verwenden, in die durch Polieren Oberflächenspannungen eingebracht sind. Durch den Einsatz von Quarzglas können voraussichtlich ebenfalls kleinere Ausbrüche erzielt werden. Zudem ist eine Analyse sinnvoll, inwieweit sich die Ausbreitung der induzierten Mikrorisse mit Hilfe mechanischer oder chemischer Nachbehandlung reduzieren lässt. Alternativ sind weitere Fertigungsverfahren näher zu untersuchen und ggf. anzupassen, wie beispielsweise das Blankpressen oder laserinduziertes Ätzen. Eignet sich das Blankpressen zur Herstellung der geforderten Geometrien, so können hiermit Freiformflächen bereits mit optischer Qualität realisiert werden.

Die Glasgehäuseeinzelteile sowie die gefügten Gehäuse sind stabil bezüglich der Handhabungskräfte während der Fertigung. Die äußere Applikation von Vakuum während des Heliumlecktests ist bei lasergelöteten sowie geklebten Gehäusen problemlos möglich; die kugelgelöteten Gehäuse hingegen sind bisher nicht vakuumbeständig. In Tabelle 5.6 ist eine Übersicht der Ergebnisse aus dem Aufbau und der Charakterisierung der einzelnen Funktionsmuster dargestellt. Daraus ergeben sich folgende Erkenntnisse:

- Der Aufbau von lasergelöteten Gehäusen mit Hilfe des neuen Waferfertigungsprozesses zeigt, dass das Laserlöten in der untersuchten Form nicht zum Fügen dünnwandiger Glasbauteile mit großen Kavitäten angewendet werden kann. Die Lotnähte weisen z.T. bereits vor dem Vereinzeln deutliche Risse auf, sodass auch durch die entwickelte Optimierung zur Reduktion der Belastung während des Heraustrennens aus dem Wafer (vgl. Abs. 3.2.3) keine entscheidende Verbesserung erreicht werden kann. Dichtigkeit kann trotz relativ hoher Wandstärken der Gehäusemuster nicht realisiert werden. Das Fügeverfahren wird deshalb für die Fertigung eines Implantatgehäuses ausgeschlossen.

- Auch durch Kugellöten kann bisher keine Dichtigkeit der Gehäuse nach MIL-STD-883G erreicht werden. Die fehlende Vakuumbeständigkeit lässt auf die Induktion thermischer Spannungen während des Fügens schließen. Voraussichtlich kann durch Optimierung der Parameter mit Kugellöten eine dichte Verbindung erzielt werden. Hierzu sind jedoch umfangreiche weitere Untersuchungen nötig.

- Die Gehäuse mit von oben SiO_2-beschichter Klebung erweisen sich im Lecktest als ebenso undicht wie unbeschichtete Vergleichsgehäuse. Ein Effekt der Beschichtung ist somit nicht erkennbar.

- Die seitlich titanbeschichtete Klebung erzielt im Heliumlecktest die mit Abstand besten Ergebnisse. Von 10 getesteten Proben werden 5 laut MIL-STD-883G und damit nach den aktuellen Vorgaben für aktive Implantate als dicht bewertet. Im Alterungstest zeigt sich jedoch, dass eine langzeitstabile Abdichtung bisher nur erreicht werden kann, wenn die Subkomponenten in ausreichendem Maße Wasser binden. Weitere grundlegende Optimierungen in der Herstellung sind erforderlich.

- Das Laserbonden stellt ein vielversprechendes Verfahren dar und sollte näher untersucht werden. Da es eine sehr gute Oberflächenqualität erfordert, ist es jedoch sinnvoll, zunächst die Fertigung der Glasgehäuseeinzelteile zu optimieren.

	Laserlöten	Kugellöten	Von oben SiO_2-beschichte Klebung	Seitlich titanbeschichtete Klebung
Herstellbarkeit	- -	0	-	+
Vakuumbeständigkeit	++	-	++	++
Lecktests Dichte / getestete Gehäuse	0 / 23	0 / 10	0 / 9	5 / 10
Beschleunigte Alterung Anzahl Gehäuse				24
t_{LD} der gasgefüllten Gehäuse in Jahren				0,2 bis 0,4
t_{LD} der im inneren Bauteilring vergossenen Gehäuse in Jahren				34 bis 58

Tab. 5.6: Ergebnisse aus dem Aufbau und der Charakterisierung der einzelnen Funktionsmuster.

5.2.7 Bewertung des Teststands für die Durchführung von beschleunigten Alterungstests

Durch den Aufbau und die Durchführung von ersten Alterungstests mit dem neu entwickelten Teststand wird bestätigt, dass eine automatisierte Überwachung der eindringenden Feuchtigkeit in Mikrosysteme, insbesondere Implantatgehäuse, möglich ist. Die sichere und zuverlässige Durchführung der ersten Messungen zeigt, dass der Teststand eine gute Grundlage für Alterungstests mit weiteren Gehäusemustern bietet.

Die Genauigkeit der Vorhersage der Lebensdauer ist relativ gering. Zur Optimierung sind zusätzliche Untersuchungen der Wasseraufnahmefähigkeit des Spulenlacks sowie zur Alterung des Sensors sinnvoll. Wird in weiteren Alterungstests eine Betauung der Sensoren vermieden, so kann im Anschluss an die Alterungstests eine erneute Kalibrierung durchgeführt und damit der Einfluss der Alterung bestimmt werden. Eine zusätzliche Option zur Optimierung ist der Einsatz eines kapazitiven Sensors mit größerer Empfindlichkeit.

5.3 Zusammenfassung

In Kapitel 5 wurde zunächst der Aufbau erster Funktionsmuster der flexiblen Leiterkarte in Form einer Spule beschrieben. In die im Anschluss entworfene erste Schaltung für das Künstliche Akkommodationssystem sind die Subfunktionen 'Erfassung des Akkommodationsbedarfs', 'Energieversorgung', 'Kommunikation' und 'Steuerung und Überwachung' integriert. Durch die Platzierung von kommerziell verfügbaren Bauteilen zur Erfüllung der genannten Subfunktionen wurde ein Außendurchmesser von 14 mm ermittelt, wenn der optische Bereich von 5 mm Durchmesser in der Leiterkarte ausgespart ist. Mit Hilfe der Ergebnisse der Platinengestaltung für die Schaltung sowie der Arbeiten zur Energieversorgung und Aktorik war erstmals eine Bauraumabschätzung für alle Subsysteme im Künstlichen Akkommodationssystem möglich. Daraus ist ersichtlich, dass für die Integration aller Bauteile die individuelle Anpassung jedes Subsystems an die Anforderungen des Implantats erforderlich ist. Wird zudem eine weitere Technologieentwicklung für die Realisierung der einzelnen Bauteile vorausgesetzt, so ist die Integration voraussichtlich nicht nur in ein zylindrisches Implantat, sondern auch in ein linsenförmiges Implantat mit reduziertem Bauraum möglich. Die Positionierung aller Bauteile stellt dabei jedoch eine große Herausforderung für die zukünftige Weiterführung der Systemintegration dar.

Aufbau und Test von verschiedenen Glasgehäusemustern wurden beschrieben. Die Herstellung von Glasgehäuseeinzelteilen mit Ultraschallbearbeitung stellt ein gutes Verfahren für die Musterfertigung dar. Eine Reduktion der Wandstärken unter die derzeit gefertigten 300 µm bis 400 µm ist jedoch kritisch, da aufgrund von Mikrorissen Bruchgefahr besteht. Muschelausbrüche im Kantenbereich der Bearbeitung erfordern eine Nachbearbeitung; das Erreichen optischer Qualität des Kavitätsbodens ist sehr aufwendig.

Die mit Ultraschallbearbeitung gefertigten Glasgehäuseeinzelteile wurden durch Laserlöten, Kugellöten sowie beschichtete Klebung gefügt. Die Anwendung des in Abschnitt 3.2.3 entwickelten Waferfertigungsprozesses auf das Laserlöten erwies sich als nicht praktikabel. Die Gehäuse wiesen deutliche Risse im Fügebereich auf und waren trotz Wandstärken von ca. 1 mm nicht dicht. Mit den kugelgelöteten Gehäusen konnte bisher ebenfalls keine Dichtigkeit erzielt werden; auch nicht nach Erhöhung der Wandstärken auf 600 µm. Bei der beschichteten Klebung bestand die Hälfte der seitlich mit Titan beschichteten Gehäuse den Heliumlecktest nach MIL-STD-883G. Planar von oben mit Glas beschichtete Gehäuse erwiesen sich hingegen als undicht.

Aufgrund der guten Ergebnisse des Dichtigkeitstests wurden mit weiteren titanbeschichteten geklebten Gehäusen beschleunigte Alterungstests durchgeführt. Die ermittelte Lebensdauer ist stark von den internen Komponenten abhängig. Bei ausreichender Wasseraufnahmekapazität der Bauteile im Gehäuse kann die Größenordnung der geforderten Lebensdauer erreicht werden. Die Haftung der Titanschicht auf dem Klebstoff sowie auf dem Glasgehäuse erwies sich unter den Testbedingungen als nicht langzeitstabil, ebenso wie die Haftung zwischen Klebstoff und Glasgehäuseeinzelteilen. Weitere Optimierungen im Fertigungsprozess sind erforderlich.

Damit weist von den getesteten Fügeverfahren für Glasgehäuse das beschichtete Kleben bisher das höchste Potential auf. Weiterführende Untersuchungen sind erforderlich. Mit der neu entwickelten Methode zur Durchführung von Alterungstests, die eine zuverlässige automatisierte Überwachung der eindringenden Feuchtigkeit in das Gehäuse ermöglicht, können zukünftig Gehäusemuster mit relativ wenig Vorlaufzeit untersucht werden. Die Genauigkeit der Messung kann weiter optimiert werden.

6 Zusammenfassung

Das Ziel der vorliegenden Arbeit war der erstmalige Gesamtentwurf der Systemintegration für das Künstliche Akkommodationssystem, ein komplexes mechatronisches Linsenimplantat, das die Akkommodationsfähigkeit des Auges wiederherstellen soll. Die beiden großen Herausforderungen an die Integration dieses Mikrosystems bestehen darin, die verschiedenen mechanischen und elektronischen Subsysteme in den anatomisch vorgegebenen Bauraum als Gesamtsystem zu integrieren und dabei die Dichtigkeit gegen äußere und innere Einflüsse zu gewährleisten.

In Kapitel 1 wurde nach der Einführung in die Anatomie des Auges dargelegt, dass Alterssichtigkeit (Presbyopie) und die Behandlung des Grauen Stars (Katarakt) im Alter zum Verlust der Akkommodationsfähigkeit führen. Da durch bestehende Implantate keine tatsächliche Akkommodation wiederhergestellt werden kann, wird ein neuartiger mechatronischer Ansatz verfolgt: das Künstliche Akkommodationssystem. Aufgrund der hohen Anforderungen an die Systemintegration können die Integrationskonzepte anderer Implantate, deren Entwicklungsstand insbesondere bezüglich Miniaturisierung und Abdichtung analysiert wurde, nicht auf das Linsenimplantat übertragen werden. Deshalb wurden verschiedene Technologien zur Lösung der einzelnen Teilaufgaben untersucht, beispielsweise für die Kapselung und die elektrische Verbindung der Komponenten.

In Kapitel 2 wurden der begrenzte Bauraum für die Integration aller Subsysteme sowie die Dichtigkeit der Kapselung über die Lebensdauer von 30 Jahren als wesentliche Herausforderungen an die Systemintegration identifiziert. Weitere wichtige Randbedingungen sind die erforderliche Biokompatibilität, die Transparenz, die elektromagnetische Einkopplungsmöglichkeit von Energie und Signalen sowie die Temperaturempfindlichkeit der Komponenten. Die zu integrierenden Subsysteme wurden detailliert analysiert. Sie umfassen das optische Element, die Aktorik, die Sensorik, die Energieversorgungseinheit, die Kommunikationseinheit sowie die Steuerungseinheit. Die bisher favorisierten optischen Elemente sind die Triple-Optik und die Alvarez-Humphrey-Linse, deren Brechkraftanpassung jeweils durch mechanische Verschiebung von einzelnen Linsenkomponenten erreicht wird. Für den Einsatz einer elektrisch angesteuerten Fluidlinse wurde in der vorliegenden Arbeit ein Optimierungsansatz aufgezeigt. Zudem konnte das bestehende Sensorprinzip der Vergenzwinkelmessung bezüglich Störanfälligkeit und Messgenauigkeit weiterentwickelt werden. Aus der Untersuchung des jeweils benötigten Bauraums aller Subsysteme wurde ersichtlich, dass beim Einsatz von kommerziell verfügbaren Bauteilen bereits die Subsysteme des Implantats zusammen mehr als das Doppelte des maximal zur Verfügung stehenden Volumens beanspruchen. Noch nicht berücksichtigt sind dabei die Systemintegrationskomponenten – Schaltungsträger, Kapselung und Haptiken – die für die Lösung der einzelnen Teilaufgaben der Systemintegration eingesetzt werden. Für die Gesamtintegration wurden zwei prinzipielle Methoden identifiziert:

- Integration verschiedener Funktionen in ein Bauteil
- Bauteilspezifische Trennung der Funktionen.

Für die Umsetzung der Systemintegrationsmethoden in konkrete Konzepte wurden in Kapitel 3 verschiedene Schaltungsträgertechnologien untersucht: keramische Substrate (LTCC) und dreidimensionale spritzgegossene Schaltungsträger (MID), die die Integration von Kapselungsfunktionen ermöglichen sowie dünne flexible Leiterkarten, die ausschließlich Schaltungsträgerfunktionen erfüllen. Die damit erstellten Integrationskonzepte wurden bewertet und verglichen. Favorisiert wird die flexible Leiterkarte und damit die bauteilspezifische Trennung der Funktionen. Somit muss die Kapselung separat durch Gehäuse aus Metall, Polymer, Glas- bzw. Glasverbunden oder durch Polymerverguss erfolgen. Im Zuge der Erstellung zahlreicher Kapselungskonzepte wurden ein neues Verfahren für die Massenfertigung von Glasgehäusen erarbeitet und ein Optimierungsansatz entwickelt, bei dem durch Polymerverguss im Gehäuseinneren die Sicherheit im Versagensfall erhöht wird. Aus dem Vergleich der Kapselungskonzepte ist ersichtlich, dass Glas- bzw. Glasverbundgehäuse die Kapselungsanforderungen am besten erfüllen. Bezüglich der Auswahl von Fertigungs- und Fügetechniken zur Herstellung der Gehäuse ist dabei noch keine eindeutige Priorisierung möglich. Eine weitere Kapselungsoption ist die direkte abdichtende Beschichtung der Bauteile mit anschließendem Polymerverguss. Die Ausrichtung und Fixierung im Auge kann durch die Form des Implantats und/oder zusätzliche Halterungselemente, die sogenannten Haptiken erreicht werden.

Anhand der Bewertung der Realisierbarkeit der zu lösenden Teilaufgaben wurden die folgenden drei Gesamtintegrationskonzepte ausgewählt, für die als Schaltungsträger jeweils flexible Leiterkarten verwendet werden:

- Konzept ①: Integration einer Alvarez-Humphrey-Linse im gasgefüllten Glasgehäuse mit Polymerverguss der Komponenten im inneren Bauteilring und zusätzlich montierten Haptiken
- Konzept ②: Integration einer Triple-Optik im gasgefüllten Glasgehäuse mit Polymerverguss der Komponenten im inneren Bauteilring und zusätzlich montierten Haptiken
- Konzept ③: Nutzung einer Alvarez-Humphrey-Linse in Kammerwasser in Kombination mit einer Beschichtung der Bauteile und anschließendem Polymerverguss des Bauteilrings mit angegossenen Haptiken.

In Kapitel 4 wurde für die Dichtigkeitsmessung von Gehäusen eine neue Prozesskette aus standardisierten Heliumlecktests und erstmals drahtlos automatisiert durchführbaren beschleunigten Alterungstests entwickelt und aufgebaut. Zur Messung der Feuchtigkeit in einem abgeschlossenen System wird die Resonanzfrequenz eines Schwingkreises aus kapazitivem Feuchtesensor mit Übertragungsspule erfasst. Die Grundlage der Feuchtemessung bildet ein generisches Modell, das erstmals den Einfluss der Wasseraufnahme durch interne Komponenten berücksichtigt. Diese Prozesskette ermöglicht eine Charakterisierung von Gehäusefunktionsmustern bezüglich Dichtigkeit und Langzeitstabilität über die aktuellen Normvorgaben für aktive Implantate hinaus.

In Kapitel 5 wurde anhand eines ersten Schaltungsentwurfs des Künstlichen Akkommodationssystems ermittelt, dass unter anderem durch den Einsatz der vorab untersuchten Technologien zur Miniaturisierung und Integration der elektronischen Bauteile das Gesamtvolumen aller Subsysteme auf weniger als die Hälfte reduziert werden kann. Eine vollständige Integration aller Komponenten in das Implantat ist realisierbar, wenn die für den Aufbau der Subsysteme eingesetzten Technologien weiterentwickelt werden und jedes Subsystem individuell an die Anforderungen im Künstlichen Akkommodationssytem angepasst wird.

Verschiedene Glasgehäusefunktionsmuster wurden mit Hilfe von Ultraschallbearbeitung gefertigt und durch die Fügeverfahren Laserlöten, Kugellöten und beschichtete Klebung gefügt. Die Ultraschallbearbeitung von Glas stellte sich dabei als bedingt geeignet für die Fertigung von Implantatgehäusen heraus. Mit Hilfe des Laserlötens und des Kugellötens konnte die geforderte Dichtigkeit noch nicht erreicht werden. Die beschichtete Klebung erwies sich hingegen als sehr vielversprechender Fügeprozess, mit dem die normierten Dichtigkeitsanforderungen erfüllt wurden. Die Langzeitstabilität konnte in beschleunigten Alterungstests jedoch bisher nur bedingt bestätigt werden.

Die wesentlichen Ergebnisse der Dissertation sind:

1. Erstmaliger Gesamtentwurf für die Systemintegration aller Subsysteme des Künstlichen Akkommodationssystems zu einem funktionalen Gesamtsystem
2. Konzeption zweier generischer Methoden für die Integration von Implantaten
3. Entwurf und Analyse neuartiger Konzepte für die langzeitstabile Kapselung des Implantats durch Gehäuse aus Metall, Polymer, Glas- bzw. Glasverbunden oder durch Polymerverguss in Kombination mit abdichtender Beschichtung
4. Erstellung und Analyse von neuen Integrationskonzepten für das Implantat unter Nutzung der Schaltungsträgertechnologien LTCC, MID und flexible Leiterkarte
5. Entwicklung eines generischen Modells zur Überwachung der Feuchtigkeit im Inneren von Mikrosystemen
6. Erstmalige automatisierte Überwachung des Feuchtigkeitsanstiegs in den Funktionsmustern für Implantatgehäuse
7. Optimierung des bestehenden Sensorprinzips zur Vergenzwinkelmessung bezüglich Messgenauigkeit und Störanfälligkeit
8. Generische Optimierung der Kapselung von Implantaten durch eine Kombination aus Gehäuse und Verguss
9. Entwicklung eines neuen Verfahrens für die Massenfertigung von Glasgehäusen
10. Konzepte zur Ausrichtung und Fixierung des Implantats im Körper

11. Verifikation der Herstellbarkeit ausgewählter Kapselungskonzepte durch den Aufbau von Funktionsmustern

12. Erstmaliger Entwurf der Platinengestaltung für die elektronische Schaltung des Künstlichen Akkommodationssystems

13. Erste Abschätzung des derzeit benötigten und durch künftige Optimierungen realisierbaren Bauraums für das Künstliche Akkommodationssystem bei Integration aller Subsysteme

14. Konzeption und Umsetzung einer neuen Prozesskette zur Durchführung von Dichtigkeitstests und Alterungstests für Implantate

15. Entwurf und Aufbau eines generischen Teststands für die Durchführung und Auswertung von Alterungstests

16. Charakterisierung von Gehäusefunktionsmustern bezüglich ihrer Dichtigkeit.

In folgenden Arbeiten kann nach Abschluss der Untersuchungen zu den Subsystemen Energieversorgung, Aktorik, Sensorik und Kommunikation die endgültige Umsetzung der Systemintegration auf elektronischer Ebene sowie auf Softwareebene erfolgen. Eine weitere offene Herausforderung stellt die Positionierung aller Subsysteme ohne gegenseitige Beeinflussung dar, wenn der derzeit betrachtete Bauraum durch die Änderung der Implantatgeometrie auf eine leichter implantierbare Linsenform weiter reduziert wird.

Durch den Aufbau von ersten Funktionsmustern verschiedener Glasgehäuse wurde gezeigt, dass die Fertigungsverfahren zur Erfüllung der Anforderungen an die Wandstärke weiter optimiert werden müssen. Ansätze hierfür sind die Reduktion der durch die Ultraschallbearbeitung entstehenden Mikrorisse sowie die Untersuchung alternativer Fertigungsverfahren wie Blankpressen und selektives laserinduziertes Ätzen. Optimierungspotential besteht auch bei den Fügeverfahren der Glasgehäuse. Zur Ermittlung der idealen Fertigungsparameter des Kugellötens werden weitere Muster benötigt. Für das beschichtete Kleben können alternative und/oder optimierte Beschichtungstechniken und Klebstoffe untersucht werden. Das Laserbonden besitzt hohes Potential zur Erstellung einer hermetisch dichten Verbindung und sollte nach der Optimierung des Fertigungsverfahrens für die Glasgehäuseeinzelteile näher analysiert werden. Eine weitere Option ist der Aufbau von beschichteten Systemen mit anschließendem Polymerverguss.

Die Prozesskette zur Durchführung von Dichtigkeits- und Alterungstests für Implantate stellt eine sehr gute Grundlage zur Beurteilung der Dichtigkeit und der diesbezüglichen Lebensdauer weiterer Kapselungsfunktionsmuster dar. Neben der Feuchtigkeit im System müssen in folgenden Arbeiten die anderen Einflüsse auf die Alterung der internen Komponenten analysiert werden. Zudem müssen die Stabilität, die Biokompatibilität, die Anwendbarkeit von Nachstarbehandlungen sowie die Implantierbarkeit und Sterilisierbarkeit des Künstlichen Akkommodationssystems in praktischen Untersuchungen noch bestätigt werden.

7 Literaturverzeichnis

[AA01]   AUFFARTH, G. U.; APPLE, D. J.: Zur Entwicklungsgeschichte der Intrao-
            kularlinsen. In: *Ophthalmologe* 98 (2001), S. 1017–1028

[Acr]   ACRITEC: *Monofokale Optik.* http://zeiss.acritec.eu/index.php?
            id=48. – Zugriff: 12. 05. 2011

[Adv]   ADVANCED CERAMIC-X CORPORATION: *Based on LTCC Technolo-
            gy.* Produktinformation. http://www.acxc.com.tw/ltcc.php. – Zugriff:
            04.01.2010

[Agi03]   AGILENT TECHNOLOGIES JAPAN LTD.: *40 Hz – 110 MHz Precision
            Impedance Analyzer 4294A.* Datenblatt, 2003. – Ed. 7

[AIT]   AIT: *Bumping Services.* http://www.ait.com.hk/html/bump.asp. – Zu-
            griff: 30.05.2011

[Ali10]   ALIÓ, J. L.: NuLens. In: *World Ophthalmology Congress (WOC 2010),
            32nd International Congress of Ophthalmology, 108th DOG Congress,
            Berlin,* 2010, S. 206. – TU-75-02

[All05]   ALLEN, M. G.: Micromachined endovascularly-implantable wireless an-
            eurysm pressure sensors: from concept to clinic. In: *Transducers '05 –
            The 13th International Conference on Solid-State Sensors, Actuators and
            Microsystems. Digest of Technical Papers.* Bd. 1, 2005, S. 275 – 278

[Ams03]   AMSLER & FREY AG: *Polyurethan.* Datenblatt, 2003. – Ed. 7.6.1

[Ana03]   ANALOG DEVICES: *AD9833 – Low Power 20 mW 2.3 V to 5.5 V Pro-
            grammable Waveform Generator.* One Technology Way, P.O. Box 9106,
            Norwood, MA 02062-9106, U.S.A.: Datenblatt, 2003. – Rev. A

[And06]   ANDUS ELECTRONIC: *Andus Technologie CD – Flexible und Starrflexi-
            ble Leiterplatten.* 2006. – Version 5.0

[Ang93]   ANGELANTORI CLIMATIC SYSTEMS (ACS) SYNTEL: *Klimakammer
            Hygros 15 G.* Hauptstraße 68, 82008 Unterhaching: Datenblatt, 1993. –
            No. 5034

[ANP+09]   AARTS, A. A. A.; NEVES, H. P.; PUERS, R. P.; HERWIK, S.; SEIDL, K.;
            RUTHER, P.; HOOF, C. V.: A slim out-of-plane 3D implantable CMOS
            based probe array. In: *Smart Systems Integration – European Conference
            and Exhibition on Integration Issues of Miniaturized Systems - MEMS,
            MOEMS, ICs and Electronic Components, Brüssel, Belgien*, 2009, S.
            258–263

[Arr15]   ARRHENIUS, S.: *Quantitative laws in biological chemistry*. G. Bell, 1915

[Asc11]   ASCHENBRENNER, R.: Systemintegration auf organischen Substraten.
            In: *Packaging von Mikrosystemen – 2. GMM Workshop, Magdeburg*, 2011

[Atc95]   ATCHINSON, D.: Accommodation and presbyopia. In: *Ophthalmic and
            Physiological Optics 15* 4 (1995), S. 325–329

[Auf10]   AUFFARTH, G.: Clinical Experience with the Implantation of Accommo-
            dative Intraocular Lenses (A-IOL). In: *Nova Acta Leopoldina NF* 111
            (2010), Nr. 379, S. 137–141

[Aug07]   AUGUSTEYN, R. C.: Growth of the human eye lens. In: *Molecular Vision*
            13 (2007), S. 252–257

[Axe15]   AXENFELD, T.: *Lehrbuch der Augenheilkunde*. Verlag von Gustav Fi-
            scher, 1915

[AZDN95]   ARX, J. V.; ZIAIE, B.; DOKMECI, M.; NAJAFI, K.: Hermeticity Testing
            Of Glass-silicon Packages With On Chip Feed Throughs. In: *Transdu-
            cers '95 – The 8th International Conference on Solid-State Sensors and
            Actuators and Eurosensors* Bd. 1, 1995, S. 244–247

[Baß10]   BASSLER, M.: *Entwicklung einer energieeffizienten Ansteuerung von pie-
            zoelektrischen Aktoren für den Einsatz in einem mechatronischen Implan-
            tat*, Karlsruher Institut für Technologie, Bachelorarbeit, 2010

[Bar02]   BARBUCCI, R.: *Integrated Biomaterials Science*. Kluwer Acade-
            mic/Plenum Publishers, 2002

[BAS]   BASF: *Neues laserstrukturierbares Polyamid in Elektronikbauteilen von
            Kromberg & Schubert*. BASF Presseinformation, Foto: Kromberg &
            Schubert, 2007. http://www.plasticsportal.net/wa/plasticsEU~de_
            DE/portal/show/common/plasticsportal_news/2007/07_161. – Zu-
            griff: 22.01.2012

[BAS+97]   BANERJEE, S.; ASREY, R.; SAXENA, C.; VYAS, K.; BHATTACHARYA,
            A.: Kinetics of Diffusion of Water and Dimethylmethylphosphonate

Through Poly(dimethylsiloxane) Membrane Using Coated Quartz Piezo-electric Sensor. In: *Journal of Applied Polymeric Science* 65 (1997), S. 1789–1794

[Bas08]   BASISTA: *Design Rules für HighTec–Leiterkarten (HDI)*. `http://www.basista.de/technologie_hightech--leiterplatten.html`. Version: 2008. – Zugriff: 28.05.2008

[Bau10]   BAUER, A.: *Glass biochips for medical engineering: resource-friendly, cost-effective and high-quality*. Informationsdienst der Wissenschaft idw: Pressemittteilung des Fraunhofer Instituts für Lasertechnik ILF, Mai 2010

[BB06]   BERGEMANN, M.; BRETTHAUER, G: Untersuchung der Eignung einer Electrowettinglinse zur Wiederherstellung der Akkommodationsfähigkeit. In: *6.Workshop Automatisierungstechnische Verfahren für die Medizin, Rostock*, 2006

[BBE+99]   BASTIAN, P.; BUMILLER, H.; EICHLER, W.; HUBER, F.; JAUFMANN, N.; MANDERLA, J.; SPIELVOGEL, O.; STRICKER, F.-D.; TKOTZ, K.; WINTER, U.; TKOTZ, Klaus (Hrsg.): *Fachkunde Elektrotechnik*. Bd. 22. Verlag Europa-Lehrmittel, 1999

[BBE+05]   BANSE, H.; BECKERT, E.; EBERHARDT, R.; STOCKL, W.; VOGEL, J.: Laser beam soldering – a new assembly technology for microoptical systems. In: *Microsystem Technologies 11*, Springer, 2005, S. 186–193

[BBES03]   BANSE, H.; BECKERT, E.; EBERHARDT, R.; STÖCKEL, W.: Laser beam soldering - a joining technologies for optical assemblies. In: *Statusseminare BMBF. Tagungsband. Verbundvorhaben IESSICA; MOFA; MOBMO; BAULIN; IMODAS, München, Deutschland*, 2003, S. 209–215

[BBET08]   BECKERT, E.; BURKHARDT, T.; EBERHARDT, R.; TÜNNERMANN, A.: Solder bumping – a flexible joining approach for the precision assembly of optoelectronical systems. In: *International Precision Assembly Seminar (IPAS), Chamonix, France*, 2008, S. 139–147. – DOI: 10.1007/978-0-387-77405-3-13

[BBWG09]   BRÄUER, J.; BAUM, M.; WIEMER, M.; GESSNER, T.: Using of reactive multilayer systems for room temperature bonding of micro components. In: *Smart Systems Integration – European Conference and Exhibition on Integration Issues of Miniaturized Systems - MEMS, MOEMS, ICs and Electronic Components, Brüssel, Belgien*, 2009, S. 432–435

[Bäc08]   BÄCKER, D.: From the flexible / rigid–flexible circuit board solution to the mechatronic 3D unit. In: *Smart Systems Integration – European*

Conference and Exhibition on Integration Issues of Miniaturized Systems - MEMS, MOEMS, ICs and Electronic Components, Barcelona, Spanien, 2008, S. 385–388

[BCJH06] BECKER, K. A.; CONTACT; JAKSCHE, A.; HOLZ, F. G.: PresbyLASIK Behandlungsansätze mit dem Excimerlaser / Treatment approaches with the excimer laser. In: *Der Ophthalmologe* 103 (2006), Nr. 8, S. 667–672

[BCLM02] BERGMANN, J. P.; CASALINI, G.; LANGENFELDER, D.; MÜLLER, K.: Laserschweißen von Titan. In: SEPOLD, G. (Hrsg.); WAGNER, F. (Hrsg.); TOBOLSKI, J. (Hrsg.): *Kurzzeitmetallurgie Strahltechnik Band 18.* BIAS Verlag, Bremen, 2002

[BDL10] BURKARD, H.; DEBSKI, T.; LINK, J.: Thin film ultra-flexible multilayers for HDI industrial and medical systems. In: *Smart Systems Integration – 4th European Conf.and Exhibition of Integration Issues of Miniaturized Systems - MEMS, MOEMS, ICs and Electronic Components, Como, Italien,* 2010. – Paper 66

[BDN+00] BATES, J. B.; DUDNEY, N. J.; NEUDECKER, B.; UEDA, A.; EVANS, C. D.: Thin-film lithium and lithium-ion batteries. In: *Solid State Ionics* 135 (2000), Nr. 1-4, S. 33–45

[Bec09] BECKERT, E.: *Löten der Substrate.* Fotographien des Laserlötprozesses am Fraunhofer Institut für Angewandte Optik und Feinmechanik (IOF) in Jena, 2009

[Ber07] BERGEMANN, M.: *Neues mechatronisches System für die Wiederherstellung der Akkomodationsfähigkeit des menschlichen Auges,* Universität Karlsruhe, Diss., 2007

[Bey08] BEYER, E.: *Machbarkeitsstudie von Micro Systems Engineering (MSE): Einsatz eines LTCC–Gehäuses für das Künstliche Akkommodationssystem.* internes Dokument, Juni 2008

[BGB+05] BRETTHAUER, G.; GENGENBACH, U.; BERGEMANN, M.; KOKER, T.; RÜCKERT, W.; GUTHOFF, R.: *Künstliches Akkommodationssystem.* Patentschrift DE 10 2005 038 542 A1, 2005

[BGBG07] BERGEMANN, M.; GENGENBACH, U.; BRETTHAUER, G.; GUTHOFF, R. F.: Artificial Accommodation System – a new approach to restore the accommodative ability of the human eye. In: MAGJAREVIC, R. (Hrsg.); NAGEL, J. H. (Hrsg.): *World Congress on Medical Physics and Biomedical Engineering 2006* Bd. 14. Springer Berlin Heidelberg, 2007. – ISBN 978–3–540–36841–0, S. 267–270

[BGG10]   BRETTHAUER, G.; GENGENBACH, U.; GUTHOFF, R. F.: Mechatronic
           Systems to Restore Accommodation. In: *Nova Acta Leopoldina NF* 111
           (2010), Nr. 379, S. 167–175

[BGSG10]   BRETTHAUER, G.; GENGENBACH, U.; STACHS, O.; GUTHOFF, R. F.:
           Ein neues mechatronisches System zur Wiederherstellung der Akkomo-
           dationsfähigkeit des menschlichen Auges. In: *Klinische Monatsblätter
           der Augenheilkunde* 227 (2010), S. 935–936. – DOI:10.1055/s-0029-
           1245888

[BHB+10a] BURKHARDT, T.; HORNAFF, M.; BECKERT, E.; EBERHARDT, R.; TÜN-
           NERMANN, A.: Laserbasiertes Löten – Fügetechnologie für den hermeti-
           schen Verschluss miniaturisierter medizintechnischer Geräte. In: *Biome-
           dizinische Technik / Biomedical Engineering - BMT 2010 - 44. Jahresta-
           gung der Deutschen Gesellschaft für Biomedizinische Technik (DGBMT),
           3-Länder-Tagung D-A-CH, Rostock* Bd. 55 (Suppl. 1), 2010, S. 106–108.
           – DOI 10.1515/BMT.2010.631

[BHB+10b] BURKHARDT, T.; HORNAFF, M.; BECKERT, E.; EBERHARDT, R.; TÜN-
           NERMANN, A.: Prozess zur Herstellung von hermetisch dichten Gehäu-
           sen für Mikrosysteme (mit integriertem Getter-Material). In: *Smart Sys-
           tems Integration – 4th European Conf.and Exhibition of Integration Issu-
           es of Miniaturized Systems - MEMS, MOEMS, ICs and Electronic Com-
           ponents, Como, Italien,* 2010. – Paper 066

[BHM+01]   BOHNET, M.; HEMPEL, D.C.; MERSMANN, A.; SCHWEDES, J.; SEIDEL-
           MORGENSTERN, A.: Dubbel - Taschenbuch für den Maschinenbau.
           Springer, 2001, Kapitel Grundlagen der Verfahrenstechnik, S. N1–N49

[Bio10]   BIONIC: *Harmony HiResolution Bionic Ear System.* www.
           cochlearimplant.com. Version: 2010

[BJC02]   BURD, H. J.; JUDGE, S. J.; CROSS, J. A.: Numerical modelling of the
           accommodating lens. In: *Vision Research* 42 (2002), Nr. 18, S. 2235–
           2251

[BK08]   BAUMEISTER, M.; KOHNEN, T.: Akkommodation und Presbyopie
           Teil 2: Operative Verfahren zur Presbyopiekorrektur. In: *Ophtalmologe*
           11 (2008), S. 1059–1074

[BKMW05]   BENZ, D.; KÜCK, H.; MAYER, V.; WARKENTIN, D.: Mikrosensoren
           aus metallbeschichteten Kunststoffen. In: *Mikrosystemtechnik Kongress,
           Freiburg,* 2005. – 4 S.

[BKN+06] BLUM, M.; KUNERT, K.; NOLTE, S.; RIEHEMANN, S.; PALME, M.; PE-SCHEL, T.; DICK, M.; DICK, H. B.: Presbyopietherapie mit Femtosekundenlaser. In: *Der Ophthalmologe* 103 (2006), Nr. 12, S. 1014–1019

[BLE10] BECKERT, E.; LEIBELING, G.; EBERHARDT, R.: *Blankpressen und Ultraschallbearbeitung von Gläsern.* Persönliche Mitteilung im Rahmen eines Expertengesprächs mit Mitarbeitern des Fraunhofer IOF Jena, Mai 2010

[BLHL06] BATTMER, R.-D.; LINZ, B.; HARTUNG, C.; LENARZ, T.: Cochlear Implant Reliabilität: eine Analyse von 3000 Fällen über 20 Jahre. In: *77th Annual Meeting of the German Society of Oto-Rhino-Laryngology, Head and Neck Surgery, Mannheim,* 2006

[BLV06] BLUMENTHAL, G.; LINKE, D.; VIETH, S.: *Chemie: Grundwissen für Ingenieure.* Bd. 1. B. G. Teubner Verlag / GWV Fachverlage GmbH, Wiesbaden, 2006

[BN06a] BARAM, A.; NAFTALI, M.: Dry etching of deep cavities in Pyrex MEMS applications using standard lithography. In: *Journal of Micromechanics and Microengineering* (2006), S. 2287–2291

[BN06b] BEN-NUN, J.: The NuLens accommodating intraocular lens. In: *Ophthalmology Clinics of North America* 19 (2006), Nr. 1, S. 129–134

[BNG+10] BECK, C.; NAGEL, J.; GENGENBACH, U.; BRETTHAUER, G.; GUTHOFF, R. F.: Conceptual Design of Wireless Communication Interfaces for the Artificial Accommodation System. In: *Biomedizinische Technik / Biomedical Engineering - BMT 2010 - 44. Jahrestagung der Deutschen Gesellschaft für Biomedizinische Technik (DGBMT), 3-Länder-Tagung D-A-CH, Rostock* Bd. 55 (Suppl. 1), 2010. – DOI 10.1515/BMT.2010.184

[BOA+09] BECKERT, E.; OPPERT, T.; AZDASHT, G.; ZAKEL, E.; BURKHARDT, T.; HORNAFF, M.; SCHEIDIG, I.; EBERHARDT, R.; TÜNNERMANN, A.: Solder jetting - a versatile packaging and assembly technology for hybrid photonics and optoelectronical systems. In: *International Symposium on Microelectronics, San Jose/Kalifornien,* 2009, S. 406

[Bou08] BOURZAC, K.: Haltbares Kunstauge. In: *Technology Review* (2008)

[BP00] BERGE, B.; PESEUX, J.: Variable focal lens controlled by an external voltage: An application of electrowetting. In: *The European Physical Journal E* 3 (2000), S. 159–163

[BRG+12] BECK, C.; RHEINSCHMITT, L.; GENGENBACH, U.; BRETTHAUER, G.; GUTHOFF, R. F.: Achieving Accurate Postoperative Refraction with the Artificial Accommodation System. In: *World Ophthalmology Congress (WOC 2012), 33nd International Congress of Ophthalmology, Abu Dhabi,* 2012

[Bro11] BRODERSEN, O.: Multifunktionelle Silizium-Detektoren. In: *Kick-off-Meeting des Verbundprojekts KD OptiMi 2020 'Optische Mikrosysteme',* 2011. – Vortrag

[Bru09] BRUSZAUSKAS, G.: *Fertigungstechnische Untersuchung eines Metall–Gehäusekonzeptes für das künstliche Akkommodationssystem,* Universität Karlsruhe, Diplomarbeit, 2009

[BSBG07] BERGEMANN, M.; SIEBER, I.; BRETTHAUER, G.; GUTHOFF, R. F.: Triple–Optic–Ansatz für das künstliche Akkommodationssystem. In: *Ophtalmologe* 4 (2007), S. 311–316

[BSN+10] BECK, C.; SCHULZ, B.; NAGEL, J. A.; GUTH, H.; GENGENBACH, U.; BRETTHAUER, G.: Low duty cycle inter-implant communication of the artificial accommodation system. In: *3rd International Symposium on Applied Sciences on Biomedical and Communication Technologies (ISABEL 2010), Rom, Italien,* 2010

[BU02] BOLZ, A.; URBASZEK, W.: *Technik in der Kardiologie - Eine interdisziplinäre Darstellung für Ingenieure und Mediziner.* Springer, Berlin, 2002 (ISBN-10: 3540424784)

[BuL] *Crystalens (Bausch und Lomb).* http://www.crystalens.info/. – Zugriff: 28.07.2010

[Bur09] BURKARD, H.: *Technische Realisierbarkeit mit HicoFlex.* Persönliche Mitteilung von Hans Burkard, Mitarbeiter der HighTec MC AG, Smart Systems Integration 2009, Brüssel, Belgien, März 2009

[Bur10] BURKHARDT, T.: *Ergebnis erster Kugellötversuche.* Fotographien des Kugellötprozesses am Fraunhofer Institut für Angewandte Optik und Feinmechanik (IOF) in Jena, 2010

[BWR03] BRIAND, D.; WEBER, P.; ROOJ, N. F.: Metal to glass anodic bonding for microsystems packaging. In: *Boston Transducers 2003: Digest of Technical Papers* 1 & 2 (2003), S. 1824–1827

[Cal10] CALHOUN VISION LAL: *Predictable Results. Customized Vision.* Produktinformation, 2010

[Cara]   CARL ROTH GMBH UND CO. KG: *Rotilabo-Exsikkatoren*. Datenblatt. www.carlroth.de. – Zugriff: 10.12.2010

[Carb]   CARL ROTH GMBH UND CO. KG: *Trockenmittelbeutel Silica Gel Orange*. Datenblatt. www.carlroth.de. – Zugriff: 10.12.2010

[Car95]   CARLOWITZ, B.: *Kunststoff-Tabellen*. 4. Hanser Verlag München Wien, 1995 (ISBN 3-446-17603-9)

[CD05]   CARSKADON, M. A.; DEMENT, W. C.: Normal Human Sleep: An Overview. In: *Principles and Practice of Sleep Medicine* (2005), S. 15–24

[Cha96]   CHATHAM, H.: Review – Oxygen diffusion barrier properties of transparent oxide coatings on polymeric substrates. In: *Surface and Coatings Technology* 78 (1996), S. 1 – 9

[CHK92]   CAHN, R. W.; HAASEN, P.; KRAMER, E. J.; PICKERING, F. B. (Hrsg.): *Materials Science and Technology: A Comprehensive Treatment*. VCH, Weinheim – New York – Basel – Cambridge, 1992

[CK08]   CRAMER, E.; KAMPS, U.: *Grundlagen der Wahrscheinlichkeitsrechnung und Statistik*. Bd. 2. Springer Berlin Heidelberg, 2008

[Cla03]   CLARK, G.: *Cochlear Implants: Fundamentals and Applications*. Springer, 2003

[CLP+97]   CAMERON, T.; LOEB, G. E.; PECK, R. A.; SCHULMAN, J. H.; STROJNIK, P.; TROYK, P. R.: Micromodular Implants to Provide Electrical Stimulation of Paralyzed Muscles and Limbs. In: *IEEE Transactions on Biomedical Engineering* 44 (1997), September, Nr. 9, S. 781–790

[Coc10]   COCHENER, B.: New trifocal diffractive IOL for a better intermediate and qualitative vision. In: *World Ophthalmology Congress (WOC 2010), 32nd International Congress of Ophthalmology, 108th DOG Congress, Berlin*, 2010. – TU-76-04

[CR06]   CAMPBELL, N. A.; REECE, J. B.: *Biologie*. De Boeck Université, 2006

[CV08]   COUDERC, P.; VAL, C.: Ultra small system–in–package for medical applications. In: *Smart Systems Integration – European Conference and Exhibition on Integration Issues of Miniaturized Systems - MEMS, MOEMS, ICs and Electronic Components, Barcelona, Spanien*, 2008, 181–188

[CYYL06]   CHEN, M.; YI, X.; YUAN, L.; LIU, S.: Research on low-temperature anodic bonding using induction heating. In: *Journal of Physics: Conference Series* 34 (2006), S. 973–978

[DAN97]   DOKMECI, M. R.; ARX, J. A. V.; NAJAFI, K.: Accelerated Testing Of Anodically Bonded Glass-Silicon Packages In Salt Water. In: *Transducers '97 – International Conference on Solid-State Sensors and Actuators, Chicago, USA*, 1997

[Dei01]   DEITMAYER, K. C. J.: Magnetische Sensoren auf Basis des AMR-Effekts. In: *Technisches Messen – tm* 68 (2001), Nr. 6, S. 269–279

[DEL10]   DELO INDUSTRIEKLEBSTOFFE: *Geräte und Zubehör zur Verarbeitung von Klebstoffen*. Datenblatt. www.DELO.de. Version: 2010. – Delolux 04

[Den09]   DENKENA, B.: Optimierte Werkzeuge treiben die Mikrosystemtechnik voran. In: *MM – Maschinenmarkt* (2009), S. 4. – SFB 516 – Konstruktion und Fertigung aktiver Mikrosysteme

[DHL07]   DAVIS, E. A.; HARDTENAND, D. R.; LINDSTROM, R.: *Presbyopic Lens Surgery: A Clinical Guide to Current Technology*. Copyright 2009 SLACK Incorporated, 2007 (ISBN 13 978–1–55642–774–9)

[Dil01]   DILLIER, N.: Heutiger Entwicklungsstand bei Cochlea–Implantaten. In: *Tagung CRS Amplifon, 2001*

[DIN92]   *Ergonomische Anforderungen für Bürotätigkeiten mit Bildschirmgeräten – Visuelle Anzeigen*. DIN EN 29241 ISO 9241–3, 1992

[DIN93]   *Methodik zum Entwickeln und Konstruieren technischer Systeme und Produkte*. DIN VDI 2221, 1993

[DIN94]   *Aktive implantierbare medizinische Geräte, Teil 1: Allgemeine Festlegungen für die Sicherheit, Aufschriften und vom Hersteller zur Verfügung zu stellende Informationen*. DIN EN 45502, 1994

[DIN03]   *Biologische Beurteilung von Medizinprodukten*. DIN EN ISO 10993, 2003

[DIN07a]   *Medizinprodukte – Anwendung des Risikomanagements auf Medizinprodukte, Norm des Normenausschuss Medizin (NAMed) im DIN und DKE – Deutsche Kommission Elektrotechnik Informationstechnik im DIN und VDE*. DIN EN ISO 14971, 2007

[DIN07b]   *Ophthalmische Implantate – Intraokularlinsen*. DIN EN ISO 11979 / DIN EN 13503, 2007

[DIN10a]   *Aktive implantierbare medizinische Geräte, Teil 2-3: Besondere Festlegungen für Cochlea–Implantatsysteme und auditorische Hirnstammimplantatsysteme*. DIN EN 45502-2-3, 2010

[DIN10b]   *Entwurf: Aktive implantierbare medizinische Geräte, Teil 1: Allgemeine Festlegungen für die Sicherheit, Aufschriften und vom Hersteller zur Verfügung zu stellende Informationen.* Ersatz für DIN EN 45502-1 (BDE 0750-10):1998-07, September 2010

[DJ07]   DOANE, J. F.; JACKSON, R. T.: Accommodative intraocular lenses: considerations on use, funciton and design. In: *Current Opinion in Ophthalmology* 18 (2007), S. 318–324

[Don87]   DONALDSON, P. E. K.: Twenty years of Neurological Prothesis-Making. In: *Journal of Biomedical Engineering* 9 (1987), S. 291–298

[Don91]   DONALDSON, P.: Aspects of silicone rubber as an encapsulant for neurological prostheses Part 1 Osmosis. In: *Medical and Biological Engineering and Computing* 29 (1991), Januar, Nr. 1, S. 34–39

[Dri05]   DRIESEN + KERN GMBH: *Feuchte-/Temperatursonde DK-RF 400.* Am Hasselt 25, D-24576 Bad Barmstedt: Datenblatt, 2005

[DSBK$^+$06]   DEUSCHL, G.; SCHADE-BRITTINGER, C.; KRACK, P.; VOLKMANN, J.; SCHÄFER, H.; BÖTZEL, K.; DANIELS, C.; DEUTSCHLÄNDER, A.; DILLMANN, U.; EISNER, W.; GRUBER, D.; HAMEL, W.; HERZOG, J.; HILKER, R.; KLEBE, S.; KLOSS, M.; KOY, J.; KRAUSE, M.; KUPSCH, A.; LORENZ, D.; LORENZL, S.; MEHDORN, H. M.; MORINGLANE, J. R.; OERTEL, W.; PINSKER, M. O.; REICHMANN, H.; REUSS, A.; SCHNEIDER, G. H.; SCHNITZLER, A.; STEUDE, U.; STURM, V.; TIMMERMANN, L.; TRONNIER, V.; TROTTENBERG, T.; WOJTECKI, L.; WOLF, E.; POEWE, W.; VOGES, J.: A randomized trial of deep-brain stimulation for Parkinson's disease. In: *New England Journal of Medicine* 355 (2006), Nr. 9, S. 896–908

[DSD05]   DOERING, E.; SCHEDWILL, H.; DEHLI, M.; SCHEDWILL, H. (Hrsg.): *Grundlagen der Technischen Thermodynamik.* Bd. 5. B. G. Teubner Verlag / GWV Fachverlage GmbH, Wiesbaden, 2005

[Dua12]   DUANE, A.: Normal Values of the Accommodation at All Ages. In: *Journal of the American Medical Association* LIX (1912), Nr. 12, S. 1010–1013. – DOI 10.1001/jama.1912.04270090254042

[Dun05]   DUNEY, N. J.: Solid-state thin-film rechargeable batteries. In: *Materials Science and Engineering B* 116 (2005), Nr. 3, S. 245–249

[Ebe14]   EBERHARD KARLS UNIVERSIÄT TÜBINGEN, FORSCHUNGSINSTITUT FÜR MIKROSENSORIK UND PHOTOVOLTAIK GMBH ERFURT CIS,

FRIEDRICH SCHILLER UNIVERSITÄT JENA FSU / FRAUNHOFER INSTITUT FÜR ANGEWANDTE OPTIK UND FEINMECHANIK IOF, KARLSRUHER INSTITUT FÜR TECHNOLOGIE KIT / INSTITUT FÜR ANGEWANDTE INFORMATIK IAI: *Verbundprojekt KD OptiMi 2020 – Kompetenzdreieck Optische Mikrosysteme: Mikrooptisches Akkommodationssystem.* Förderprogramm 'Spitzenforschung und Innovation in den neuen Ländern' des BMBF, 2011 bis 2014

[ECR09]   ERC Report 25. In: *European Conference of Postal and Telecommunications Administrations (CEPT)* Electronic Communications Committee (ECC), 2009

[E+Ea]   E+E ELEKTRONIK GMBH: *HC105/109 – Humidity Sensors for HVAC Applications.* Datenblatt, . – v1.0, Erhalt: 2009

[E+Eb]   E+E ELEKTRONIK GMBH: *HC201 – Humidity Sensors for HVAC Applications.* Datenblatt, . – v1.0, Erhalt: 2009

[EEH05]   EYERER, P.; ELSNER, P.; HIRTH, T.; DOMININGHAUS, H. (Hrsg.): *Die Kunststoffe und ihre Eigenschaften.* Springer Berlin Heidelberg New York, 2005

[Elt]   ELTIMA SOFTWARE GMBH: *RS232 Data Logger.* Datenblatt. `http://www.eltima.com/products/rs232-data-logger/`. Version: 2.7. – Ed. 2.7, Zugriff: 25.11.2010

[Eng10]   ENGELHARDT, M.: *LTspice.* Copyright – Linear Technology Corporation. `www.linear.com`. Version: 2010. – 4.08s

[EOS08]   EOS GMBH – ELECTRO OPTICAL SYSTEMS: *EOS Titanium Ti64 für EOSINT M 270-Systeme (Titanium-Variante).* Materialdatenblatt, 2008

[Epo00]   EPOXY TECHNOLOGIES: *Custom Formulation Data Sheet 354–T.* Datenblatt, Juli 2000. – Nr. 23 Rev. A

[Epo07]   EPOXY TECHNOLOGY UND POLYTEC PT GMBH: *EPO-TEK OG116-31 (UV Cure Optical Epoxy).* Polytec-Platz 1-7, 76337 Waldbronn: Datenblatt, 2007. – Rev. II

[Esc06]   ESCH, V.: *Accommodating intraocular lens system and method.* Patentschrift US 7122053, 2006

[Exc10]   EXCELLATRON: *Advantage of Thin Film Batteries.* `http://www.excellatron.com/advantage.htm`. Version: 2010. – Zugriff: 04.07.2011

[F2 08]   F2 CHEMICALS LTD.: *Perfluordecalin.* Lea Lane, Lea Town, Preston, PR4 0RZ, UK: Materialsicherheitdatenblatt, 2008. – CAS 306-94-5

[FB94]   FELDMANN, K.; BRAND, A.: SMD Assembly on to Molded Interconnection Devices – Available Systems and Developments. In: *Molded Interconnect Devices Congress*, 1994

[FGBG10]   FLIEDNER, J. M.; GUTH, H.; BRETTHAUER, G.; GUTHOFF, R. F.: Pupillary near reflex as sensor principle for the Artificial Accommodation System. In: *Biomedizinische Technik / Biomedical Engineering - BMT 2010 - 44. Jahrestagung der Deutschen Gesellschaft für Biomedizinische Technik (DGBMT), 3-Länder-Tagung D-A-CH, Rostock* Bd. 55 (Suppl. 1), 2010, S. 34–35. – DOI 10.1515/BMT.2010.183

[Fie08]   FIEDELER, U.: *Stand der Technik neuronaler Implantae.* Wissenschaftlicher Bericht des Forschungszentrums Karlsruhe FZKA 7387, 2008

[Fin02]   FINE, I. H.: The SmartLens – a fabulous new IOL technology. In: *Eye World 7* 10 (2002)

[Fin06]   FINDER: *Serie 72 – Niveau-Überwachungs-Relais 16 A.* Via Drubiaglio 14, I-10040 Almese (TO): Datenblatt, 2006. – Ed. FE39D9D9d01

[Fin10a]   FINDL, O.: Best haptic design? In: *World Ophthalmology Congress (WOC 2010), 32nd International Congress of Ophthalmology, 108th DOG Congress, Berlin*, 2010. – TU-76-01

[Fin10b]   FINDL, O.: Shift IOL: They don't work. In: *World Ophthalmology Congress (WOC 2010), 32nd International Congress of Ophthalmology, 108th DOG Congress, Berlin*, 2010. – TU-75-06

[FLM+10]   FRÖMEL, J.; LIN, Y.-C.; MORI, M.; TANAKA, S.; GESSNER, T.; ESASHI, M.: NEMS/MEMS and passive components integration by using novel LTCC substrate. In: *Smart Systems Integration – 4th European Conf.and Exhibition of Integration Issues of Miniaturized Systems - MEMS, MOEMS, ICs and Electronic Components, Como, Italien*, 2010. – Paper 009

[Foe]   FOERCH: *Datenblatt Polysiloxan.* Datenblatt. http://www.foerch.de/tdb/68108230.pdf. – Zugriff: 31.10.2008

[Fraa]   FRAUNHOFER ILT: *Mikrokanäle in Glas und Saphir durch selektives laserinduziertes Ätzen.* http://www.ilt.fraunhofer.de/ger/101660.html. – Zugriff: 09.01.2011

[Frab]   FRAUNHOFER IZM, AUSSENSTELLE POLYMERMATERIALIEN UND COMPOSITE TELTOW: *Anwenderlabor Feuchte– und Sauerstoffpermeation.* Produktinformation. http://www.pyco.fraunhofer.de/Images/perm_de_tcm344--81744.pdf. – Zugriff: 26.03.2009

[Frac]   FRAUNHOFER IZM, AUSSENSTELLE POLYMERMATERIALIEN UND
            COMPOSITE TELTOW: *Ca-Degradationsmessplatz zur Bestimmung der
            Permeation von Wasser und Sauerstoff.* http://www.pb.izm.fhg.de/
            epc/DE/010_acitvities/030_methodes. – Zugriff: 23.03.2009

[Fri02]   FRIEDBURG, D.: Augenärztliche Therapie. Georg Thieme Verlag KG,
            2002, Kapitel Optische Refraktionstherapie mit Brillen, S. 1–10

[Fro09]   FRONT EDGE TECHNOLOGY: *NanoEnergy.* Datenblatt, 2009

[FS06]   FELDMANN, K.; SCHÜSSLER, F.: *Fertigungstechnologien Mecha-
            nik/Elektronik – MID.* Transmechatronic, BMBF-Projekt, 2006

[FSF+11]   FISCHER, R.; STEINERT, S.; FRÖBER, U.; VOGES, D.; STUBENRAUCH,
            M.; HOFMANN, G.O.; WITTE, H.: Cell Cultures in Microsystems: Bio-
            compatibility Aspects. In: *Biotechnology and Bioengineering* 108 (2011),
            S. 687–693

[FUB]   FUBA PRINTED CIRCUITS: *3D MID – Die Technologie der drit-
            ten Dimension.* Produktinformation. http://www.fpc.de/fileadmin/
            pdfs/site/datenblaetter/FPC_Dbl_3D_MID_D_lay.pdf. –   Zugriff:
            14.07.2008

[Gau09]   GAUSS, F.: *Theoria Motus Corporum Coelestium in sectionibus conicis
            solem ambientium (Theorie der Bewegung der Himmelskörper).* 1809

[GBG05]   GENGENBACH, U.; BRETTHAUER, G.; GUTHOFF, R.: Künstliches Ak-
            kommodationssystem auf Basis von Mikro– und Nanotechnologie. In:
            Mikrosystemtechnik–Kongress 2005, VDE–Verlag, 2005, S. 411–414

[GBQ04]   GEISER, M. H.; BONVIN, M.; QUIBEL, O.: Corneal and Retinal Tem-
            peratures under Various Ambient Conditions: a Model and Experimental
            Approach. In: *Klinische Monatsblätter der Augenheilkunde* 221 (2004),
            S. 311–314

[GDMN06]   GERLACH, G.; DÖTZEL, W.; MEHNER, J.; NGUYEN, N.-T.; GERLACH,
            G. (Hrsg.); DÖTZEL, W. (Hrsg.): *Einführung in die Mikrosystemtechnik.*
            Fachbuchverlag Leipzig im Carl Hanser Verlag München Wien, 2006. –
            ISBN 3-446-22558-7

[GDSW07]   GRAF, H.-G.; DOLLBERG, A.; SPÜNTRUP, J.-D. S.; WARKENTIN, K.:
            High-Dynamic-Range (HDR) Vision. Springer Berlin Heidelberg, 2007,
            Kapitel HDR Sub-retinal Implant for the Vision Impaired, S. 141–146

[Gesa]   GESAMTMETALL: *Standort: Der telefonierende Herzschrittmacher.* Re-
            portage 2009. http://www.gesamtmetall.de

[Gesb]   GESELLSCHAFT FÜR LÖTTECHNIK MBH – GLT: *Tischroboter JR-Serie.* http://www.glt-pforzheim.de. – Zugriff: 10.12.2010

[Ges09]   GESSNER, T.: Welcome Address. In: *Smart Systems Integration – European Conference and Exhibition on Integration Issues of Miniaturized Systems - MEMS, MOEMS, ICs and Electronic Components, Brüssel, Belgien*, 2009

[GGH+09]   GUTH, H.; GENGENBACH, U.; HELLMANN, A.; SCHARNOWELL, R.; SCHERER, K. P.; SIEBER, I.; STILLER, P.: Demonstrator zur Veranschaulichung der Wirkungsweise eines künstlichen Akkommodationssystems. In: *107.Kongress der Deutschen Ophthalmologischen Gesellschaft (DOG), Leipzig*, 2009

[GL03]   GUTHOFF, R. F. (Hrsg.); LUDWIG, K. (Hrsg.): *Current Aspects of Human Accommodation II.* Kaden Verlag Heidelberg, 2003

[Gla03]   GLANTSCHNIG, M.: Flipchip-Montage: Kleben statt löten. In: *productronic* 11 (2003), S. 2–3

[Gla10]   GLASSER, A.: Surgical Restoration of Accommodation: Fact or Fiction? In: *Nova Acta Leopoldina NF* 111 (2010), Nr. 379, S. 167–175

[GLG96]   GABRIEL, S.; LAU, R. W.; GABRIEL, C.: The dielectric properties of biological tissues: II. Measurements in the frequency range 10 Hz to 20 GHz. In: *Physics in Medicine and Biology* 41 (1996), Nr. 11, S. 2251–2269

[GMS+99]   GERLACH, A.; MAAS, D.; SEIDEL, D.; BARTUCH, H.; SCHUNDAU, S.; KASCHLIK, K.: Low-temperature anodic bonding of silicon to silicon wafers by means of intermediate glass layers. In: *Microsystem Technologies* 5 (1999), Nr. 3, S. 144–149. – doi:10.1007/s005420050154

[God10]   GODARD, L.: *Evaluierung von mechanischen Schwingungswandlern zur Versorgung des Künstlichen Akkommodationssystems*, Karlsruher Institut für Technologie (KIT), Diplomarbeit, 2010

[Gol51]   GOLDMANN, H.: Abflussdruck, Minutenvolumen und Widerstand der Kammerwasserströmung des Menschen. In: *Documenta Ophthalmologica* 5–6 (1951)

[Grü08]   GRÜNBERG, P. A.: From spinwaves to giant magnetoresistance (GMR) and beyond. In: GRANDIN, K. (Hrsg.); Nobel Foundation (Veranst.): *Les Prix Nobel 2007, Aula Magna, Stockholm University* Nobel Foundation, 2008. – P42 Nachtrag

[GRB+07]   GERTEN, G.; RIPKEN, T.; BREITENFELD, P.; KRUEGER, R.; KERMA-
           NI, O.; LUBATSCHOWSKI, H.; OBERHEIDE, U.: In–vitro– und In–vivo–
           Untersuchungen zur Presbyopiebehandlung mit Femtosekundenlasern.
           In: *Der Ophthalmologe* 104 (2007), Nr. 1, S. 40 – 46

[Gre00]   GREENHOUSE, H.: Hermeticity of Electronic Packages. In: BUNSHAH,
           R. F. (Hrsg.); MCGUIRE, G. E. (Hrsg.); ROSSNAGEL, S. M. (Hrsg.): *Ma-
           terials Science and Process Technology Series*. Noyes Publications / Wil-
           liam Andrew Publishing. LLC, 2000

[GRE03]   GREHN, F: *Augenheilkunde*. Springer Heidelberg, New York, Berlin,
           2003

[Gro]   GROSS, A.: *Ultraschall – Erosion: Stand der Technik, Zukunftschancen*.
           http://www.gross--ust.de/Info/Ultraschall--Erosion.PDF. – Zu-
           griff 29.04.2009

[Gro01]   GROSS, M.: *Entwicklung und Realisierung einer optischen Übertra-
           gungsstrecke für die simultane Signal– und Energieübertragung zur Ver-
           sorgung eines Netzhautimplantates*, Gerhard–Mercator–Universität – Ge-
           samthochschule Duisburg, Diss., 2001

[Gro10]   GROSSMANN, W.: Intrastromal Correction of Presbyopia with Femto-
           second Laser. In: *World Ophthalmology Congress (WOC 2010), 32nd
           International Congress of Ophthalmology, 108th DOG Congress, Berlin*,
           2010, S. 373. – P-MO-127

[HA10]   HOLZER, M.; AUFFARTH, G. U.: Technolas Perfect Vision: INTRACOR.
           In: *Presbyopie-Meeting*, 2010

[Hae99]   HAERTLING, G. H.: Ferroelectric Ceramics: History and Technology. In:
           Journal of the American Ceramic Society 82 (1999), Nr. 4, S. 797–818

[Hae10]   HAEFLIGER, E. A.: Lens Refilling: How Close to Nature Can We Get. In:
           *World Ophthalmology Congress (WOC 2010), 32nd International Con-
           gress of Ophthalmology, 108th DOG Congress, Berlin*, 2010. – TU-76-06

[Hai10]   HAIGIS, W.: High Precision Measurements of IOL Position. In: *Nova
           Acta Leopoldina NF* 111 (2010), Nr. 379, S. 115–126

[Har07]   HARPER, C. A.: *Electronic packaging and interconnection Handbook*.
           McGraw–Hill Handbooks, 2007

[Har10]   HARMS, H.: *Konzeption einer Softwarearchitektur für das Künstliche Ak-
           kommodationssystem*, Karlsruher Institut für Technologie, Diplomarbeit,
           2010

[Hec10]   HECK, B.: Telemetric Intraocular Pressure Measurements – from Bench to Bedside. In: *Nova Acta Leopoldina NF* 111 (2010), Nr. 379, S. 41–48

[Hed08]   HEDGES, M.:   3D MID Manufacture via the M3D Process.   In: *8th International Congress Molded Interconnect Devices, Nürnberg-Fürth, Deutschland*, 2008

[Hee07]   HEERMANN GMBH: *Backlackdrähte 0,03 – 0,90 mm*. Barmefeld 14, D-58119 Hagen: Datenblatt, 2007

[Hei08a]   HEISSLER, S.: *Anwendung der Spektroskopie zur Messung der relativen Feuchtigkeit in Gehäusen*. Persönliche Mitteilung von Stefan Heißler, Karlsruher Institut für Technologie, Institut für Toxikologie und Genetik, Februar 2008

[Hei08b]   HEILMANN, N.: 01005 Assembly – From Board Design To The Reflow Process. In: *ONBOARD–Technology* (2008)

[Hel55]   HELMHOLTZ, H. v.: Über die Akkommodation des Auges. In: *Albrecht von Graefes Archiv für Ophthalmologie 1* (1855), S. 1–74

[Hel67]   HELMHOLTZ, H. v.: *Handbuch der physiologischen Optik*. Leipzig: Leopold Voss, 1867

[Her]   HERAEUS: *Datenblatt Quarzglas*. Datenblatt. www.heraeus.com. – Zugriff: 25.10.2010

[Her10]   HERMANS, M.: *Glasstrukturierung mit laserinduziertem Ätzen*. Antwort eines Mitarbeiters des Fraunhofer ILT auf eine Anfrage zur Erfüllung der Kriterien eines Glasgehäuses für das Künstliche Akkommodationssystem, August 2010

[HFH⁺08]   HOLDEN, B.; FRICKE, T. R.; HO, S. M.; WONG, R.; SCHLENTHER, G.; CRONJE, S.; BURNETT, A.; PAPAS, E.; NAIDOO, K. S.; FRICK, K. D.: Global Vision Impairment Due to Uncorrected Presbyopia. In: *Archives of Ophthalmology* 126 (2008), Nr. 12, S. 1731–1739

[HHDN02]   HARPSTER, T. J.; HAUVESPRE, S.; DOKMECI, M. R.; NAJAFI, K.: A Passive Humidity Monitoring System for In Situ Remote Wireless Testing of Micropackages. In: *Journal of Microelectromechanical Systems* 11 (2002), Nr. 1, S. 61 – 67

[HHO⁺04]   HUTTER, M.; HOHNKE, F.; OPPERMANN, H.; KLEIN, M.; ENGELMANN, G.: Assembly and reliability of flip chip solder joints using miniaturized Au/Sn bumps. In: *Electronic Components and Technology Conference* Bd. 54, 2004

[Hig08]   HIGHTEC MC AG: *HiCoFlex and MCM–D: Properties and Design Rules*. 2008

[HKL+10]   HEISTERKAMP, A.; KRÜGER, A.; LORBEER, R. A.; SCHUMACHER, S.; STACHS, O.; GUTHOFF, R. F.; LUBATSCHOWSKI, H.: Ultrashort Laserpulses and Laser Microscopy in Presbyopia Therapy. In: *Nova Acta Leopoldina NF* 111 (2010), Nr. 379, S. 153–160

[HKN+99]   HEINZLER, M.; KILGUS, R.; NÄHER, F.; PAETZOLD, H.; RÖHRER, W.; SCHILLING, K.; STEPHAN, A.; FISCHER, U. (Hrsg.): *Tabellenbuch Metall*. Verlag Europa-Lehrmittel, 1999

[HM08]   HUNGAR, K; MOKWA, W: Gold/tin soldering of flexible silicon chips onto polymer tapes. In: *Journal of Micromechanics and Microengineering* 18 (2008), Nr. 6. – ISSN 0960–1317. – 064002 – 7 S.

[HNDN05]   HARPSTER, T. J.; NIKLES, S. A.; DOKMECI, M. R.; NAJAFI, K.: Long–Term Hermeticity and Biological Performance of Anodically Bonded Glass-Silicon Implantable Packages. In: *IEEE Transactions on Device and Materials Reliability* 5 (2005), S. 3

[Hof07]   HOFFMANN, H.: Design–Guide: Design von Schaltungsträgern mit HDI Charakteristik. In: *Elektronische Baugruppen – Aufbau– und Fertigungstechnik – High Density Interconnect*, 2007

[Hon09]   HONEYWELL: *3-Axis Digital Compass IC – HMC5843*. Datenblatt, 2009. – Form 900367

[Hor09]   HORN, F.: Biochemie des Menschen: das Lehrbuch für das Medizinstudium. Georg Thieme Verlag Stuttgart – New York, 2009, Kapitel 6.3 Kinetik einer chemischen Reaktion, S. 67–70

[HPD+09]   HERMANS, E. A.; POUWELS, P. J. W.; DUBBELMAN, M.; KUIJER, J. P. A.; HEIJDE, R. G. L. d.; HEETHAAR, R. M.: Constant Volume of the Human Lens and Decrease in Surface Area of the Capsular Bag during Accommodation – An MRI and Scheimpflug Study. In: *Investigative Ophthalmology & Visual Science* 50 (2009), S. 281–289

[HS95]   HOLLECK, H.; SCHIER, V.: Multilayer PVD coatings for wear protection. In: *Surface and Coatings Technology* 76–77 (1995), S. 328–336

[HSG]   HSG IMAT: *Bare Die Assembly on 3D MID (Chip on MID) Flip Chip and Wire Bonding Technology*. Produktinformation. `http://www.uni--stuttgart.de`. – Zugriff: 27.11.2007

[HSH+08]   HUDSON, H. L.; STULTING, R. D.; HEIER, J. S.; LANE, S. S.; CHANG, D. F.; SINGERMANN, L. J.; BRADFORD, C. A.; LEONARD, R. E.: Implantable Telescope for End–Stage Age–related Macular Degeneration: Long–term Visual Acuity and Safety Outcomes. In: *American Journal of Ophthalmology* (2008)

[HSS05]   HOWLADER, M. M. R.; SUEHARA, S.; SUGA, T.: Room temperature wafer level glass/glass bonding. In: *Sensors and Actuators* A 127 (2005), S. 31–36

[HSWS07]   HERRLICH, S.; SCHUETTLER, M.; WILDE, J.; STIEGLITZ, T.: A Miniaturized Hermetic Package for Neuroprosthetic Implants. In: *BMT 2007 –: 41.Jahrestagung der Deutschen Gesellschaft für Biomedizinische Technik (DGBMT), Aachen*, 2007

[HU05]   HOHMANN, D.; UHLIG, R.: Orthopädische Technik. Georg Thieme Verlag KG, 2005, Kapitel Orthesen für die untere Extremität – Aspekte der Elektrostimulation, S. 129. – begründet 1901 von H. Gocht

[Hum10]   HUMAYUN, M.: Retinal prosthesis. In: *World Ophthalmology Congress (WOC 2010), 32nd International Congress of Ophthalmology, 108th DOG Congress, Berlin*, 2010. – WE-14-01

[Hun05]   HUNZIKER, W.: Chipmontage auf MID (Molded Interconnect Device) – Ein Weg zu Chipmodulen höherer Funktionalität. In: *HARTING tec.News* 13–I (2005)

[Hut92]   HUTTEN, H.: *Biomedizinische Technik. Bd. 2.* Springer, 1992

[Hyg07]   HYGROSENS INSTRUMENTS GMBH: *Kapazitiver SMD-Feuchtesensor KFS140-MSMD.* Datenblatt, 2007

[IHT08]   ISLAM, M. A.; HANSEN, H. N.; TANG, P. T.: Micro–MID Manufacturing by two–shot injection moulding. In: *ONBOARD–Technology* (2008)

[IKA09]   IKA-WERKE STAUFEN: *Yellow line MAG HS 7.* Datenblatt. www.ika.net. Version: 2009

[IWM05]   *Herstellung mikrooptisher Komponenten aus anorganischen Gläsern durch schnelles Heißprägen.* Jahresbericht 2005, Fraunhofer Institut für Werkstoffmechanik IWM, Freiburg und Halle, 2005

[Jan08]   JANTZ, R.: LDS-MIDs: Successful in Series Production. In: LANXESS (Hrsg.): *8th International Congress Molded Interconnect Devices, Nürnberg-Fürth, Deutschland*, 2008

[JAP07] JONES, C. E.; ATCHISON, D. A.; POPE, J. M.: Changes in Lens Dimensions and Refractive Index with Age and Accommodation. In: *Optometry and Vision Science* 84 (2007)

[JGB05] JAIN, A.; GUPTA, V.; BASU, S. N.: A quantitative study of moisture adsorption in polyimide and its effect on the strength of the polyimide/silicon nitride interface. In: *Acta Materialia* 53 (2005), Nr. 11, S. 3147 – 3153. http://dx.doi.org/10.1016/j.actamat.2005.02.022. – DOI 10.1016/j.actamat.2005.02.022. – ISSN 1359–6454

[JKH07] JACOBI, F. K.; KESSLER, W.; HELD, S.: Abbildungseigenschaften multifokaler Intraokularlinsen. In: *Ophthalmologe* 3 (2007), S. 236–242

[JLYG04] JING, Y.; LUOA, J.; YI, X.; GU, X.: Design and evaluation of PZT thin-film micro-actuator for hard disk drives. In: *Sensors and Actuators A: Physical* 116 (2004), Nr. 2, S. 329–335

[Jou59] JOUWERSMA, C.: Die Diffusion von Wasser in Kunststoff. In: *Chemie–Ing.–Techn.* 10 (1959)

[JRV03] JOOS, M.; RÖTTING, M.; VELICHKOVSKY, B. M.: Psycholinguistik: ein internationales Handbuch. Walter de Gruyster GmbH & Co. KG, 2003, Kapitel 10. Bewegungen des menschlichen Auges: Fakten, Methoden und innovative Anwendungen, S. 142–174

[Kap08] KAPISCHKE, W.: *Machbarkeit und Kostenrahmen einer flexiblen Leiterkarte für das Künstliche Akkommodationssystem*. Persönliche Mitteilung von Wolfgang Kapischke, Mitarbeiter der HighTec MC AG, Besprechung im Forschungszentrum Karlsruhe, IAI, Nov. 2008

[Kar11] KARLSRUHER INSTITUT FÜR TECHNOLOGIE KIT / INSTITUT FÜR ANGEWANDTE INFORMATIK UND AUTOMATISIERUNGSTECHNIK AIA, UNIVERSITÄTSAUGENKLINIK ROSTOCK: *Grundlagen für ein Künstliches Akkommodationssystem – KueAkk*. Förderprojekt des BMBF 'Intelligente Implantate', 2008 bis 2011

[Kat10] KATZ, E.: *Erstmals europaweit Hirnschrittmacher gegen Epilepsie implantiert*. Informationsdienst der Wissenschaft idw: Pressemitteilung, 2010

[KBG07] KLINK, S.; BRETTHAUER, G.; GUTHOFF, R: Eignung des Pupillennahreflexes zur Bestimmung des Akkommodationsbedarfs. In: *Automatisierungstechnische Verfahren für die Medizin. München, Deutschland*, 2007, S. 31–32

[KBK+09]   KOHNEN, T.; BAUMEISTER, M.; KOOK, D.; KLAPROTH, O. K.; OHR-LOFF, C.: Kataraktchirurgie mit Implantation einer Kunstlinse. In: *Deutsches Ärzteblatt Int.* 106(43) (2009), S. 695–702

[KE00]   KÖHLER, B.; EBERLE, F.: DIPLOM - a digital image processing library for microstructures. In: *MICRO.tec 2000 : Applications - Trends - Visions; VDE World Microtechnologies Congress, Expo 2000, Hannover* Bd. 2, 2000, S. 837–42

[Kera]   KERN GMBH, TECHNISCHE KUNSTSTOFFTEILE: *Datenblatt PMMA.* http://www.kern-gmbh.de. – Zugriff: 22.09.2008

[Kerb]   KERN GMBH, TECHNISCHE KUNSTSTOFFTEILE: *Polymethylmethacrylat (PMMA).* Datenblatt. http://www.kern-gmbh.de/cgi-bin/riweta.cgi?lng=1&nr=2610. – Zugriff: 08.02.2010

[Ker08]   KERN GMBH, TECHNISCHE KUNSTSTOFFTEILE: *Flüssigkristalliner Copolyester mit 30 % Glasfaser (LCP GF30 HT).* Datenblatt, 2008

[KGB07]   KLINK, S.; GENGENBACH, U; BRETTHAUER, G.: Approximation of the accommodation demand for an artificial accommodation system by means of the terrestrial magnetic field and eyeball movements. In: *3rd WACBE World Congress on Bioengineering, Bangkok,* 2007

[KGL+10]   KUHN, J.; GRÜNDLER, T. O. J.; LENARTZ, D.; STURM, V.; KLOSTERKÖTTER, J.; HUFF, W.: Tiefe Hirnstimulation bei psychiatrischen Erkrankungen. In: *Deutsches Ärzteblatt* 107 (2010), Nr. 7, S. 105–13. – 10.3238/arztebl.2010.0105

[KH04]   KUIPER, S.; HENDRIKS, B. H. W.: Variable–focus liquid lens for miniature cameras. In: *Applied Physics Letters* 85 (2004), Nr. 7, S. 1128–1130

[KHW+09]   KIBBEL, S.; HARSCHER, A.; WROBEL, W.-G.; ZRENNER, E.; ROTHERMEL, A.: Design and Performance of an improved active subretinal chip. In: *World Congress of Biomedical Engineering,* 2009

[Kio08]   KIONIX: *KXSC7 ± 2 g Tri-Axis Analog Accelerometer Specifications.* Datenblatt, Januar 2008. – Rev. 2

[Kio09]   KIONIX: *KXTF9 ± 2g Tri-axis Digital Accelerometer Specifications.* Datenblatt, Dezember 2009. – KXTF9-4100, Rev. 1

[KK10]   KOHNEN, T.; KLAPROTH, O.K.: Intraokularlinsen für die mikroinzisionale Kataraktchirurgie. In: *Ophthalmologe* 107 (2010), S. 127–135

[KKJ+09]   KISBAN, S.; KENNTNER, J.; JANSSEN, P.; METZEN, R. v.; HERWIK, S.; BARTSCH, U.; STIEGLITZ, T.; PAUL, O.; RUTHER, P.: A Novel Assembly Method for Silicon–Based Neural Devices. In: *World Congress on Medical Physics and Biomedical Engineering, München, Deutschland*, 2009

[Kli08]   KLINK, S.: *Neues System zur Erfassung des Akkommodationsbedarfs im menschlichen Auge*, Technische Universiät Karlsruhe, Diss., 2008

[Kno10]   KNORZ, M. C.: Clinical evaluation of the IntraCOR intrastromal femtosecond laser procedure to correct presbyopia. In: *World Ophthalmology Congress (WOC 2010), 32nd International Congress of Ophthalmology, 108th DOG Congress, Berlin*, 2010, S. 18. – SA-26-05

[KO89]   KUMAR, A. H.; OZMAT, B.: Microelectronics Packaging Handbook. Van Nostrand Reinhold, 1989, Kapitel Package, Sealing and Encapsulation

[Koc]   KOCH, C.: *EPI-RET-3 – A wireless retina implant system.* Homepage des Instituts für Werkstoffe der Elektrotechnik (IWE 1), RWTH Aachen. `http://www.iwe1.rwth-aachen.de/deutsch/4-forschung/2-projekte/epiret.pdf`. – Zugriff: 20.01.2012

[Kok06]   KOKER, T.: *Konzeption und Realisierung einer neuen Prozesskette zur Integration von Kohlenstoff-Nanoröhren über Handhabung in technische Anwendungen*, Universität Karlsruhe (TH), Diss., 2006

[KPL+99]   KRAUTHEIM, T.; PÖHLAU, F.; LORENZ, W.; STAMPFER, S.; MEIER, R.: *Herstellungsverfahren, Gebrauchsanforderungen und Materialkennwerte Räumlicher Elektronischer Baugruppen 3–D MID.* Forschungsvereinigung Räumliche Elektronische Baugruppen 3–D MID e.V., 1999

[KRR+08]   KLOSE, J.; REHTANZ, E.; ROTHE, C.; EULITZ, I.; GÜTHER, V.; BECK, W.: Manufacture of Titanium implants. In: *Materialwissenschaft und Werkstofftechnik* 39 (2008), S. 304–308

[Kru10]   KRUG, M.: *Konzeption und Aufbau einer induktiven Energieübertragung für das Künstliche Akkommodationssystem*, Hochschule für Wirtschaft und Technik Karlsruhe, Bachelorarbeit, 2010

[KTB+03]   KOOPMANNS, S. A.; TERWEE, T.; BARKHOF, J.; HAITJEMA, H. J.; KOOIJMAN, A. C.: Polymer refilling of presbyopic human lenses in vitro restores the ability to undergo accommodative changes. In: *Investigative Ophthalmology and Visual Science* 44(1) (2003), S. 250–257

[Kur10]   KURTIN, S.: *Introducing Superfocus adjustable glasses.* `www.superfocus.com`. Version: 2010. – Zugriff: 19.04.2011

[Lan08]   LANG, M.: *Innovatives Spritzgießen von Titan – Optimierter MIM-Prozess für Titan, Produkteigenschaften, Neue Konstruktionsmöglichkeiten für Titan*. Produktinformation der TiJet Medizintechnik GmbH, Kiel, 2008. – Ed. 3

[Lau95]   LAU, J. H.: *Flip Chip Technologies*. 1. McGraw-Hill Professional, 1995

[Leh08]   LEHNER, C.: *Skript zur Vorlesung 'Fügetechnik'*. Institut für Werkzeugmaschinen und Betriebswissenschaften. Technische Universität München, 2008

[Ley96]   LEYBOLD VACUUM: *Ultratest UL 500 Helium Leak Detector*. Datenblatt, 1996. – GA 10.204/3.02

[Lie07]   LIEKFELD, A.: *Humanes Kapselsackmodell zur Nachstaruntersuchung nach Implantation von Intraokularlinsen – Evaluation und Anwendung*, FU Berlin, Habilitationsschrift Charite Universitätsmedizin Berlin, 2007

[Lin]   LINEAR TECHNOLOGY: *LTC3240 Die-Map*. Nicht-öffentliches Zusatz-Datenblatt, . – erhalten: 20.10.2008

[Lin05]   LINDENSCHMID, A.: *Kompatibilität verschiedener Intraokularlinsen–Materialien im Rahmen der Silikonölchirurgie*, Augenklinik und Poliklinik der Technischen Universität München, Klinikum rechts der Isar, Diss., 2005

[Lin06]   LINEAR TECHNOLOGY: *LTC3240-3.3/LTC3240-2.5 – 3.3V/2.5V Step-Up/Step-Down Charge Pump DC/DC Converter*. Datenblatt, 2006. – 23240fb, LT 0806 Rev. B

[LM01]   LACKMANN, J.; MERTENS, H.: Dubbel - Taschenbuch für den Maschinenbau. Springer, 2001, Kapitel Festigkeitslehre, S. C1–C70

[LMHS08]   LENEKE, T.; MAJCHEREK, S.; HIRSCH, S.; SCHMIDT, B.: A Multilayer Process for the Connection of Fine–Pitch–Elements on Three–Dimensionally Molded Interconnect Devices (3D–MIDs). In: *Smart Systems Integration – European Conference and Exhibition on Integration Issues of Miniaturized Systems - MEMS, MOEMS, ICs and Electronic Components, Barcelona, Spanien*, 2008, S. 433–435

[LMT⁺10]   LANGNER, S.; MARTIN, H.; TERWEE, T.; KOOPMANS, S. A.; KRÜGER, P. C.; HOSTEN, N.; SCHMITZ, K.-P.; GUTHOFF, R. F.; STACHS, O.: MRI to assess the anterior segment of the eye. In: *Investigative Ophthalmology and Visual Science* 51 (2010), Nr. 12, S. 6575–81. – PMID: 20688731

[LPK08]   LPKF: *LDS Leitfaden für Entwickler*. Produktinformation, 2008

[LPMH01] LOEB, G. E.; PECK, R. A.; MOORE, W. H.; HOOD, K.: BION system for distributed neural prosthetic interfaces. In: *Medical Engineering and Physics* 23 (2001), S. 9–18

[LRJS04] LANGENBUCHER, A.; REESE, S.; JAKOB, C.; SEITZ, B: Pseudophakic accommodation with translation lenses – dual optic vs mono optic. In: *Ophthalmic and Physiological Optics* 24(5) (2004), S. 450–457

[LSD$^+$00] LIPSHITZ, I.; SADEH, A. D.; DOTAN, G.; AHARONI, E.; GROSS, Y.; ARNON, O.; LOEWENSTEIN, A.: Design and Optical Performance of an Implantable Miniaturized Telescope (IMT). In: *Vision Science and Its Applications, OSA Technical Digest (Optical Society of America)* (2000), Nr. PD6, S. 330–332

[LSRK04] LEVIN, J.; SUBRAMANIAN, J.; RUDE, T.; KNIO, O.: Room Temperature Soldering of Connectors to PCB Using Reactive Multilayer Foils. In: *ASM Materials Solutions Conference & Show, Columbus*, 2004

[Mad02] MADOU, M. J.: *Fundamentals of Microfabrication – The Science of Miniaturisation*. CRC Press, 2002

[Mar02] MARTIN, R.: Elektrotechnik/Elektronik. In: HERING, E. (Hrsg.); MODLER, K.-H. (Hrsg.): *Grundwissen des Ingenieurs* Bd. 13. Fachbuchverlag Leipzig im Carl Hanser Verlag, 2002

[Mar07] MARTIN, H.: *Biomechanische Untersuchungen von akkommodationsfähigen Linsenimplantaten im humanen Auge*, Universität Rostock, Habilitationsschrift, 2007

[Mar11] MARTIN, T.: *Piezotreiber ohne Energierückgewinnung*. Persönliche Mitteilung von Dipl.-Ing.Thomas Martin, Karlsruher Institut für Technologie, Institut für Angewandte Informatik, nach Abschätzung des Einflusses der Energierückgewinnung auf Bauraum und Energiebedarf der Aktoransteuerung und des Aktors, Juni 2011

[Max08] MAXIM: *MAX8814 – 28V Linear Li+ Battery Charger with Smart Autoboot Assistant*. Datenblatt, 2008. – 19-0994; Rev. 2

[MBU$^+$09] MARTIN, H.; BAHLKE; U.; GUTHOFF, R. F.; RHEINSCHMITT, L.; SCHMITZ, K.-P.: Determination of inertia forces at an intraocular lens implant during saccades. In: DÖSSEL, O.; SCHLEGEL, W. C. (Hrsg.); IUPESM; IOMP (Veranst.): *World Congress on Medical Physics and Biomedical Engineering, München, Deutschland* Bd. 25 IUPESM; IOMP, Springer, 2009 (IFMBE Proceedings 11), S. 100–103. – P-SU-190

[MC02]   MOON, H.; CHO, S. K.: Low voltage electrowetting-on-dielectric. In: *Journal of Applied Physics* 92 (2002), Nr. 7, S. 4080–4087

[ME]   MED-EL: *Cochlea-Implantatsysteme.* http://www.medel.com. – Zugriff: 04.08.2010

[Med06]   MEDEL: *Sonata Cochlea–Implantat.* Produktinformation. http://www.medel.com. Version: 2006

[Men81]   MENGES, G.: Neue Erkenntnisse und Moglichkeiten im Kunststoff–, Chemie–, Apparate– und Rohrleitungsbau. In: *Materialwissenschaft und Werkstofftechnik* 12 (1981), S. 375–383

[Men11]   MENGES, G.: System on card lateral integration (Introduction to project SECUDIS). In: *Packaging von Mikrosystemen – 2. GMM Workshop, Magdeburg,* 2011

[MERS09]   METZEN, R. P.; EGERT, D.; RUTHER, P.; STIEGLITZ, T.: Diffusion Limited Tapered Coating with Parylene C. In: *World Congress on Medical Physics and Biomedical Engineering, München, Deutschland,* 2009

[MGBG10a] MARTIN, T.; GENGENBACH, U.; BRETTHAUER, G.; GUTHOFF, R. F.: Control and driving of quasistatic piezoelectric actuators in implantable mechatronic systems. In: *Biomedizinische Technik / Biomedical Engineering - BMT 2010 - 44. Jahrestagung der Deutschen Gesellschaft für Biomedizinische Technik (DGBMT), 3-Länder-Tagung D-A-CH, Rostock* Bd. 55 (Suppl. 1), 2010. – ISSN 0939–4990, S. 39–42. – DOI 10.1515/BMT.2010.185

[MGBG10b] MARTIN, T.; GENGENBACH, U.; BRETTHAUER, G.; GUTHOFF, R. F.: Which physical actuation principles are suitable for driving the optics of an implantable mechatronic accommodation system? In: *World Ophthalmology Congress (WOC 2010), 32nd International Congress of Ophthalmology, 108th DOG Congress, Berlin,* 2010, S. 319. – P-SU-190

[MGR⁺10]   MARTIN, T.; GENGENBACH, U.; RUTHER, P.; PAUL, O.; BRETTHAUER, G.: Actuation of a triple-optics for an intraocular implant based on a piezoelectric bender and a compliant silicon mechanism. In: *Actuator 2010: 12th International Conference on New Actuators, Bremen,* Borgmann, H., 2010, S. 81–84

[MGR⁺11]   MARTIN, T.; GENGENBACH, U.; RUTHER, P.; PAUL, O.; BRETTHAUER, G.: Silicon linkage with novel compliant mechanism for piezoelectric actuation of an intraocular implant. In: *Transducers'11 – The 16th International Conference on Solid-State Sensors, Actuators and Microsystems, Beijing, China,* IEEE, 2011. – ISBN 978–1–4577–0156–6, S. 1480–1483

[MH90]   MALLORY, G. O.; HAJDU, J. B.: *Electroless Plating - Fundamentals and Applications*. William Andrew Publishing/Noyes, 1990 (ISBN: 978-0-936569-07-9)

[MH05]   MEDIS, P. S.; HENDERSON, H. T.: Micromachining using ultrasonic impact grinding. In: *Journal of Micromechanics and Microengineering* 15 (2005), S. 1556–1559

[MHB$^+$09]   MARQUARDT, K.; HAHN, R.; BLECHERT, M.; LEHMANN, M.; WILKE, M.; REICHL, H.: Entwicklung einer hermetischen Glas–Silizium Verkapselung als Gehäuse für integrierte Lithium Polymer Batterien. In: *Mikrosystemtechnik Kongress 2009*, 2009

[Mic06]   MICRO SYSTEMS ENGINEERING – MSE: *Design–Guide Thickfilm and LTCC*. Produktinformation vertraulich, Dezember 2006. – Rev. 7

[Min07]   MINCO: *Flex Circuits Design Guide*. Produktinformation. http://www.minco.com. Version: 2007

[MKR$^+$06]   MIKUT, R.; KRÜGER, T.; REISCHL, M.; BURMEISTER, O.; RUPP, R.; STIEGLITZ, T.: Regelungs- und Steuerungskonzepte für Neuroprothesen am Beispiel der oberen Extremitäten (Closed- and Open-Loop Control Concepts for Neuroprostheses of Upper Extremities). In: *Automatisierungstechnik (at)* 54 (2006), Nr. 11, S. 523–536. – doi: 10.1524/auto.2006.54.11.523

[Mül00]   MÜLLER, J.: Aufbau, Vorteile und Zuverlässigkeit von LTCC-Modulen mit Flicp Chip Komponenten. In: *DKG-Symposium LTCC-Module: Eine neue Integrationsstufe in der Elektronik und Sensorik, Dresden*, 2000

[MLR$^+$08]   MAJDANI, O.; LEINUNG, M.; RAU, T.; AKBARIAN, A.; ZIMMERLING, M.; LENARZ, M.; LENARZ, T.; LABADIE, R.: Demagnetization of cochlear implants and temperature changes in 3.0T MRI environment. In: *Otolaryngology – Head and Neck Surgery* 139 (2008), Nr. 6, S. 833–839

[MM97]   MENZ, W.; MOHR, J.: *Mikrosystemtechnik für Ingenieure*. VCH – A Wiley company, 1997

[MMM11]   MAYERHOFER, R.; MÜLLERS, L.; MAIRHÖRMANN, D.: ps- und fs-Laser im Pulsdauerwettstreit. In: *Mikroproduktion* (2011), Nr. 03, S. 18–22. – Special: Lasermikrobearbeitung

[MMP$^+$00]   MACKNIGHT, A. D.; MCLAUGHLIN, C. W.; PEART, D.; PURVES, R. D.; CARRÉ, D. A.; CIVAN, M. M.: Formation Of The Aqueous Humor. In: *Clinical and Experimental Pharmacology and Physiology* 27 (2000), S. 100–106

[Mok07]   MOKWA, W: Medical implants based on microsystems. In: *Measurement Science and Technology* 18 (2007), Nr. 5, S. R47–R57

[Moo65]   MOORE, G. E.: Cramming more components onto integrated circuits. 38 (1965), Nr. 8, S. 114–117

[Mou08]   MOUNIER, E.: 3D TSV Technology: Has its time come? In: *Micronews* (2008), Nr. 68, S. 8–9

[MPG⁺09]   MARTIN, T.; PINNER, T.; GENGENBACH, U.; GUTH, H.; SIEBER, I.; BRETTHAUER, G.: Active triple-optics for the restoration of the accommodative ability of the human eye. In: *World Congress on Medical Physics and Biomedical Engineering, München, Deutschland*, 2009

[MSB⁺11]   MARTIN, T.; SIEBER, I.; BRETTHAUER, G.; GUTHOFF, R. F.; RHEINSCHMITT, L.; NAGEL, J. A.: *Linsensystem mit veränderbarer Refraktionsstärke*. 2011. – Patentanmeldung 10 2011 113980.3

[MSM95]   MUSSLER, B. H.; SCHWANKE, D. J.; MODES, C.: LTCC – die zwingende Alternative. In: *productronic* 8 (1995), S. 40–46

[MTK⁺03]   MATSUGUCHI, M.; TAKAHASHI, Y.; KUROIWA, T.; OGURA, T.; OBARA, S.; SAKAIA, Y.: Effect of Sensing Film Thickness on Drift Phenomenon of Capacitive–Type Humidity Sensors. In: *Journal of The Electrochemical Society* 150 (2003), S. H192–H195

[Mur10]   MURTA, J. N.: Clinical outcomes and functional visual performance in new designs of multifocal IOLs: the Lentis Mplus. In: *World Ophthalmology Congress (WOC 2010), 32nd International Congress of Ophthalmology, 108th DOG Congress, Berlin*, 2010. – TU-76-03

[Nag06]   NAGEL, J. A.: *Konzeption und Aufbau einer Testumgebung zur Messung eines Blendendurchmessers und der dahinter vorherrschenden Umfeldleuchtdichte*, Universität Karlsruhe, Studienarbeit, 2006

[Nag11]   NAGEL, J. A.: *Neues Konzept für die bedarfsgerechte Energieversorgung des Künstlichen Akkommodationssystems*, Karlsruher Institut für Technologie, Diss., 2011

[Naj07]   NAJAFI, K.: Packaging of Implantable Microsystems. In: *IEEE Sensors 2007 Conference*, 2007, S. 58–63

[Nas11]   NASSAUER, J.: Begrüßung und thematische Einführung. In: *Systemintegration in der Mikrosystemtechnik – Von der Technologie zum Produkt, München, Deutschland*, 2011

[Nat90]   NATIONAL RESEARCH COUNCIL–COMMITTEE ON SUPERHARD MA-
           TERIALS: *Status and applications of diamond and diamond–like materi-
           als : an emerging technology report*. National Academic Press, 1990

[Nat05]   NATIONAL INSTITUTE OF HEALTH, UNITED STATES DEPARTMENT
           OF HEALTH AND HUMAN SERVICES: *Cochlear implant*. http://
           en.wikipedia.org/wiki/Cochlear_implant. Version: 2005. – Zugriff:
           19.04.2011

[Nat08]   NATIONAL INSTRUMENTS: *LabVIEW*. 2008. – Ed. 8.6.1

[Nat09]   NATIONAL INSTRUMENTS: *High-Accuracy M Series Multifunction DAQ
           - 18-Bit, up to 625 kS/s, up to 32 Analog Inputs*. 2009

[NBH⁺10]   NAGEL, J. A.; BECK, C.; HARMS, H.; STILLER, P.; GUTH, H.; BRETT-
           HAUER, G.: Energie- und Speichereffiziente Berechnung des Akkommo-
           dationsbedarfs im Künstlichen Akkommodationssystem. In: *Klinische
           Monatsblätter der Augenheilkunde* 227 (2010), S. 930–934

[NBR⁺12]   NAGEL, J.; BECK, C.; RHEINSCHMITT, L.; BRETTHAUER, G.; GUT-
           HOFF, R. F.: Power Consumption Prediction of the Artificial Accommo-
           dation System based on Accommodation Data. In: *World Ophthalmology
           Congress (WOC 2012), 33nd International Congress of Ophthalmology,
           Abu Dhabi*, 2012

[Neu02]   NEUNER, M.: Match–X Modulare Mikrosysteme – die Lösung für die In-
           vestitionsgüterindustrie. In: *innovations report – Forum für Wissenschaft,
           Industrie und Wirtschaft* (2002)

[NGG⁺09]   NAGEL, J. A.; GENGENBACH, U.; GUTH, H.; MARTIN, T.; RHEIN-
           SCHMITT, L.; BRETTHAUER, G.; GUTHOFF, R. F.: Fortschritte bei der
           Entwicklung eines künstlichen Akkommodationssystems. In: *107.Kon-
           gress der Deutschen Ophthalmologischen Gesellschaft (DOG), Leipzig*,
           2009

[NGG⁺10]   NAGEL, J. A.; GENGENBACH, U.; GUTH, H.; BRETTHAUER, G.; GUT-
           HOFF, R. F.: Simulation of the accomodation demand to estimate the
           power consumption of the artificial accommodation system. In: *World
           Ophthalmology Congress (WOC 2010), 32nd International Congress of
           Ophthalmology, 108th DOG Congress, Berlin*, 2010. – Book of Abstracts
           S. 132

[NMR⁺08]   NAGEL, J.; MARTIN, T.; RHEINSCHMITT, L.; GENGENBACH, U.;
           BRETTHAUER, G.; GUTHOFF, R. F.: Progress in the Development of
           the Artificial Accommodation System. In: VANDER SLOTEN, J. (Hrsg.):

4th European Conference of the International Federation for Medical and Biological Engineering, Antwerpen, B, Springer, 2008, S. 2405–2408

[Nol11] NOLLAU, S.: Design-Empfehlungen für das Präzisionsblankpressen von Optiken. In: Laser und Photonik 1 (2011), S. 10–11

[NSG+10] NAGEL, J. A.; SIEBER, I.; GENGENBACH, U.; GUTH, H.; BRETTHAUER, G.; GUTHOFF, R. F.: Investigation of Thermoelectric Power Supply of the Artificial Accommodation System. In: Isabel Conference, 2010

[NSLG06] NIKLAUS, F.; STEMME, G.; LU, J. Q.; GUTMANN, R. J.: Adhesive wafer bonding. In: Journal of Applied Physics 99 (2006), Nr. 3, S. 031101. http://dx.doi.org/10.1063/1.2168512. – DOI 10.1063/1.2168512

[OA93] OERTEL, G.; ABELE, L.: Kunststoff-Hanbuch. Hanser: München, Wien, 1993, Kapitel 7. Polyurethane, S. 1 – 731

[OGV+07] OSSMA, I. L.; GALVIS, A.; VARGAS, L. G.; TRAGER, M. J.; VAGEFI, M. R.; MCLEOD, S. D.: Synchrony dual–optic accommodating intraocular lens Part 2: Pilot clinical evaluation. In: Journal of Cataract & Refractive Surgery 33 (2007), S. 47–52

[Opt] OPTIPRINT: Konstruktionsgrundlagen Flex– und Starrflexleiterplatten. Produktinformation. http://www.optiprint.ch. – Zugriff: 04.01.2010

[PB08] PUYUELO, A.; BESCÓS, C.: Historia de la cirugía combinada. In: Microcirugia Ocular (2008), Nr. 1 and 2

[Phia] PHILIPS: Electrowetting cell and method of manufacturing thereof. PCT/IB05/51435 (WO), . – Patentoffenlegung 2005

[Phib] PHILIPS: Variable Focus Lens. US 7 311 398 B2, . – Patentoffenlegung 2005

[Pla] PLANOPTIK AG: Borofloat 33. Unter den Eichen, D-56479 Elsoff: Datenblatt, . – Zugriff: 01.0.2.2011

[Pla08] PLANOPTIK: Mikrolinsen und Linsen aus Glas. Produktinformation, 2008

[PLB+08] PAHL, B.; LOEHER, T.; BURKARD, H.; LINK, J.; PETERSEN, A.; ASCHENBRENNER, R.: Flex Technology for Foldable Medical Flip Chip Devices. In: IMAPS Conference on Device Packaging, 2008

[PSW08] PAOLIS, M. de; SÜSS-WOLF, R.: Manufacturing of Makro-MID in Use of FLAMECON-Technology. In: LANXESS (Hrsg.): 8th International Congress Molded Interconnect Devices, Nürnberg-Fürth, Deutschland, 2008

[PWLF01] PREUSSNER, P.-R.; WAHL, J.; LAHDO, H.; FINDL, O.: Konsistente IOL-Berechnung. In: *Der Ophthalmologe* 3 (2001), S. 300–304. – DOI: 10980300.347

[RAF⁺08] RUTHER, P.; AARTS, A.; FREY, O.; HERWIK, S.; KISBAN, S.; SEIDL, K.; SPIETH, S.; SCHUMACHER, A.; KOUDELKA-HEP, M.; PAUL, O.; STIEGLITZ, T.; ZENGERLE, R.; NEVES, H.: The NeuroProbes Project – Multifunctional Probe Arrays for Neural Recording and Stimulation. In: *Biomedical Technology* 53 (2008), Nr. 1, S. 238–240

[Ran68] RANKE, J.: *Grundzüge der Physiologie des Menschen.* Leipzig: Verlag von Wilhelm Engelmann, 1868

[Rat89] RAT DER EUROPÄISCHEN GEMEINSCHAFTEN: *EWG-Richtlinie über die elektromagnetische Verträglichkeit.* EMV-Richtlinie 89/336/EWG, 1989

[RB10] RHEINSCHMITT, L.; BRETTHAUER, G.: Künstliches Akkommodationssystem – Kapselung eines aktiven intraokularen Implantats. In: *Doktorandenseminar Fraunhofer IOF und FSU Jena, IAP*, 2010. – eingeladener Vortrag

[RBG⁺07] RHEINSCHMITT, L.; BRETTHAUER, G.; GENGENBACH, U.; GUTH, H.; GUTHOFF, R. F.; HELLMANN, A.; KLINK, S.; KOKER, T.; MARTIN, H.; SCHERER, K.-P.; SCHMITZ, K.-P.; SIEBER, I.; STACHS, O.; STAVE, J.; STILLER, P.: Die Wiederherstellung der Akkommodation durch mechatronische Mikrosysteme – Stand der Technik und Vision. In: *Kleine Systeme – Ganz Groß, Microsystems Summer School Berlin*, 2007. – Poster

[RBGB09] RHEINSCHMITT, L.; BRUSZAUSKAS, G.; GENGENBACH, U.; BRETTHAUER, G.: Concepts and manufacturing technologies for the encapsulation of the Artificial Accommodation System. In: *World Congress on Medical Physics and Biomedical Engineering, München, Deutschland*, 2009

[Rüc09] RÜCKERT, W.: *Beitrag zur Entwicklung einer elastischen Linse variabler Brennweite für den Einsatz in einem künstlichen Akkommodationssystem*, Universität Karlsruhe (TH), Diss., 2009

[RFPF00] RIENER, R.; FERRARIN, M.; PAVAN, E.; FRIGO, C.: Patient-driven control of FES-supported standing up and sitting down: experimental results. In: *IEEE Transactions on Rehabilitation Engineering* 8 (2000), S. 523–529

[RG04]   RUPP, R.; GERNER, H. J.: Neuroprosthetics of the Upper Extremity –
            Clinical Application in Spinal Cord Injury and Future Perspectives. In:
            Biomedical Engineering 49 (2004), Nr. 4, S. 93–98

[RGB10]   RHEINSCHMITT, L.; GENGENBACH, U; BRETTHAUER, G.: System In-
            tegration of an Active Lens Implant. In: *Smart Systems Integration – 4th
            European Conference and Exhibition of Integration Issues of Miniatu-
            rized Systems - MEMS, MOEMS, ICs and Electronic Components, Como,
            Italien*, 2010. – Paper 38

[RGBG10a]   RHEINSCHMITT, L.; GENGENBACH, U; BRETTHAUER, G.; GUTHOFF,
            R. F.: Kapselung eines mechatronischen Systems zur Wiederherstellung
            der Akkommodationsfähigkeit. In: *Klinische Monatsblätter der Augen-
            heilkunde* 227 (2010), S. 926–29. – DOI:10.1055/s-0029-1245867

[RGBG10b]   RHEINSCHMITT, L.; GENGENBACH, U.; BRETTHAUER, G.; GUTHOFF,
            R. F.: Production Processes for Glass Packages of Intraocular Len-
            ses using Laser Joining Technologies.   In: *Biomedizinische Technik
            / Biomedical Engineering - BMT 2010 - 44. Jahrestagung der Deut-
            schen Gesellschaft für Biomedizinische Technik (DGBMT), 3-Länder-
            Tagung D-A-CH, Rostock* Bd. 55 (Suppl. 1), 2010, S. 120–122. – DOI
            10.1515/BMT.2010.619

[RH01]   REDDY, T. B.; HOSSAIN, S.: Handbook of Batteries. McGraw–Hill Com-
            panies, 2001, Kapitel Rechargeable Lithium Batteries (Ambient Tempe-
            rature), S. 34.1–34.62

[Rie97]   RIENER, R.: *Neurophysiologische und biomechanische Modellierung
            zur Entwicklung geregelter Neuroprothesen*, Technische Universität Mün-
            chen, Diss., 1997

[RIm]   *Retina Implant.* http://www.retina-implant.de/de/media/download/
            files/diagramm_chip_print.jpg. – Zugriff: 04.08.2010

[RISH06]   ROTA, A.; IMGRUND, P.; SALK, N.; HAACK, J.: μ-MIM wird multifunk-
            tional. In: *Mikroproduktion* (2006), Nr. 4, S. 32–35

[Rit10]   RITTER, F.: *Untersuchung einer Winkelmessungseinheit aus Magnetfeld-
            und Beschleunigungssensoren zur intraokularen Erfassung des Akkom-
            modationsbedarfs*, Karlsruher Institut für Technologie, Studienarbeit,
            2010

[RJW+03]   RIZZO, J.; JOHN, L.; WYATT, Jr.; LOEWENSTEIN, J.; KELLY, S.; SHI-
            RE, D.: Perceptual efficacy of electrical stimulation of human retina with

a microelectrode array during short-term surgical trials. In: *Investigative Ophthalmology and Visual Science* 44 (2003), December, Nr. 12, S. 5362–9

[RL99]   RÖVER, J.; LINDER, F.: Die Darstellung der Spannungsverteilung bei der Kapsulorhexis: Die Theorie als Hilfe bei der praktischen Ausführung. In: *Spektrum der Augenheilkunde* 13 (1999), S. 17–23. – ISSN 0930–4282. – 10.1007/BF03162712

[RLA⁺06]   REILLY, C. D.; LEE., W. B.; ALVARENGA, L.; CASPAR, J.; GARCIA-FERRER, F.; MANNIS, M. J.: Surgical Monovision and Monovision Reversal in LASIK. In: *Cornea* 25 (2006), Nr. 2, S. 136–138. – ISSN 0277–3740

[RLA⁺08]   REICH, H.; LANG, K.-D.; ASCHENBRENNER, R.; BECKER, K. F.; BRAUN, T.; NEUMANN, A.; OSTMANN, A.; PÖTTER, H.: More than Moore, Hetero System Integration and Smart System Integration – Three Approaches – one Goal: Smarter Products and Processes. In: *Microsystems Technology in Germany*, 2008

[RLG⁺12]   RHEINSCHMITT, L.; LEISTE, H.; GENGENBACH, U.; MARTIN, T.; NAGEL, J. A.; HAHN, L.; BRETTHAUER, G.: *Dichtung einer Fuge*. 2012. – Patentanmeldung 10 2012 101225.3

[RMN⁺12]   RHEINSCHMITT, L.; MARTIN, T.; NAGEL, J. A.; BRETTHAUER, G.; GUTHOFF, R. F.: A new approach to enable the use of electrowetting lenses in the Artificial Accommodation System. In: *World Ophthalmology Congress (WOC 2012), 33nd International Congress of Ophthalmology, Abu Dhabi*, 2012

[RMNB12]   RHEINSCHMITT, L.; MARTIN, T.; NAGEL, J. A.; BRETTHAUER, G.: Künstliches Akkommodationssystem – Können alle mechatronischen Komponenten in den Kapselsack der Augenlinse integriert werden? In: *AutoMed 2012*, 2012

[RNGB11]   RHEINSCHMITT, L.; NAGEL, J. A.; GENGENBACH, U.; BRETTHAUER, G.: First Circuit Design for the Artificial Accommodation System. In: *Biomedizinische Technik / Biomedical Engineering – BMT 2011 – 45. Jahrestagung der Deutschen Gesellschaft für Biomedizinische Technik (DGBMT), Freiburg* Bd. 56 (Suppl. 1), 2011. – DOI 10.1515/BMT.2011.329

[RP08]   RAMM, P.; PÖTTER, H.: *3D System Integration*. IZM-Programs, 2008

[RRN+09]   RHEINSCHMITT, L.; RITTER, F.; NAGEL, J. A.; GENGENBACH, U.; MARTIN, T.; BRETTHAUER, G.; GUTHOFF, R. F.: *Implantierbares System zur Bestimmung des Akkommodationsbedarfes*. 2009. – Patentanmeldung 10 2009 059 229.6

[RRN+10]   RHEINSCHMITT, L.; RITTER, F.; NAGEL, J. A.; GENGENBACH, U; BRETTHAUER, G.; GUTHOFF, R. F.: Optimized sensor concept for the Artificial Accommodation System. In: *World Ophthalmology Congress (WOC 2010), 32nd International Congress of Ophthalmology, 108th DOG Congress, Berlin*, 2010

[RRN+11]   RHEINSCHMITT, L.; RITTER, F.; NAGEL, J. A.; GENGENBACH, U.; GUTH, H.; BRETTHAUER, G.: Robust intraocular acquisition of the accommodation demand using eyeball movements. In: *EMBC 2011 – 33rd Annual International Conference of the IEEE Engineering in Medicine and Biology Society, Boston, USA*, 2011, S. 2288–2291

[RSGB09]   RHEINSCHMITT, L.; SIEBER, I.; GENGENBACH, U.; BRETTHAUER, G.: Comparison of different approaches for the packaging of the Artificial Accommodation System. In: *Smart Systems Integration – European Conference and Exhibition on Integration Issues of Miniaturized Systems - MEMS, MOEMS, ICs and Electronic Components, Brüssel, Belgien*, 2009, S. 504–507

[RSL03]   RYDÉN, L.; SCHÜLLER, H.; LARSSON, B.: Arne Larsson 1915-2001. In: *Journal of Pacing and Clinical Electrophysiology* 25 (2003), S. 521

[RSL+05]   RUDE, T.; SUBRAMANIAN, J.; LEVIN, J.; HEERDEN, D. V.; KNIO, O.: Hermetic Sealing of Microelectronics Packages Using a Room Temperature Soldering Process. In: *IMAPS Symposium*, 2005

[RWH+01]   RIZZO, J. F.; WYATT, J.; HUMAYUN, M.; JUAN, E. de; LIU, W.; CHOW, A.; ECKMILLER, R.; ZRENNER, E.; YAGI, T.; ABRAMS, G.: Retinal Prosthesis – An Encouraging First Decade with Major Challenges Ahead. In: *Ophthalmology* 108 (2001), Nr. 1, S. 13–14

[SBC04]   SALTER, A.-C. D.; BAGG, S. D.; CREASY, J. L.: First Clinical Experience with BION Implants for Therapeutic Electrical Stimulation. In: *International Neuromodulation Society* 7 (2004), Nr. 1, S. 38–47

[SBSG+10]   SACHS, H. G.; BARTZ-SCHMIDT, K. U.; GABEL, V.-P.; ZRENNER, E.; GEKELER, F.: Subretinal Implant: The Intraocular Implantation Technique. In: *Nova Acta Leopoldina NF* 111 (2010), Nr. 379, S. 217–223

[SC00]   SÜD-CHEMIE: *Reversibler Feuchtigkeitsindikator*. Sicherheitsdatenblatt nach EG-Richtlinie 93/112/EWG, November 2000. – Version 1

[SC09]   SÜD-CHEMIE: *Kontrollierte Sicherheit – Feuchtigkeitsanzeiger und Kontrollfenster*. Produktinformation, Erhalt 2009

[Sch]   SCHOTT GMBH: *Schott Borofloat 33 Produktinformation*. Datenblatt. http://www.schott.com. – Zugriff: 01.11.2010

[Sch03]   SCHWARTZ, D. M.: Light–adjustable Lens. In: *Trans Am Ophthalmol Soc* 101 (2003), S. 417–436

[Sch07a]   SCHILLER, W. A.: Hochleistungskeramik und Multilayertechnik für Mikrosysteme und Sensoren. In: ZENTRUM MIKROSYSEMTECHNIK BERLIN (ZEMI) (Hrsg.): *Kleine Systeme – Ganz Groß, Microsystems Summer School Berlin*, 2007

[Sch07b]   SCHWEIZER ELECTROIC: *Designregeln für lasergebohrte HDI Schaltungen*. Produktinformation, 2007

[Sch11a]   SCHEITER, T.: Die Rolle der Systemintegration in der Mikrosystemtechnik. In: *Systemintegration in der Mikrosystemtechnik – Von der Technologie zum Produkt, München, Deutschland*, 2011

[Sch11b]   SCHULZ, B.: *Entwicklung und Implementierung einer energieoptimierten Kommunikationsstrategie für das Künstliche Akkommodationssystem*, Hochschule für Wirtschaft und Technik Karlsruhe, Bachelorarbeit, 2011

[SCS]   SCSCOATINGS: *Specification Parylene C*. Produktinformation. http://www.scscoatings.com/parylene_knowlegde/specifications.aspx Zugriff: 30.10.2007

[Sen10]   SENSIRION: *Sensor Specification Statement – How to Understand Specification of Relative Humidity Sensors (RH Accuracy Guide)*. Produktinformation, 2010. – Ed. 1.0

[SFM⁺08]   SEIGNEUR, F.; FOURNIER, Y.; MAEDER, T.; RYSER, P.; JACOT, J.: Hermetic package for optical MEMS. In: *Ceramic Interconnect and Ceramic Microsystems Technologies (CICMT), München, Deutschland*, 2008, 627–633

[SFO⁺09]   SCHUMACHER, S.; FROMM, M.; OBERHEIDE, U.; BOCK, P.; IMBSCHWEILER, I.; HOFFMANN, H.; BEINEKE, A.; GERTEN, G.; WEGENER, A.; LUBATSCHOWSKI, H.: Femtosecond-lentotomy treatment: six-month follow-up of in vivo treated rabbit lenses. In: *Therapeutic Laser Applications and Laser-Tissue Interactions IV, München – Proceedings SPIE 7373, 73730H*, 2009

[SGG02]   SCHOLZ, U.; GIOUSOUF, M.; GRABEIN, A.: *Drahtbonden auf MID – Untersuchung zur Einsetzbarkeit der Ultraschall-Drahtbondtechnik zur Kontaktierung in miniaturisierten MID-Gehäusen für die Mikrosystemtechnik*. Abschlussbericht des AiF-Projekts 55041, 2002

[SGS08]   SIEBER, I.; GENGENBACH, U.; SCHARNOWELL, R.: Robust design of a lens system of variable refraction power with respect to the assembly process. In: SPRINGER (Hrsg.): *Micro-Assembly Technologies and Applications : IFIP TC5 WG5.5 4th International Precision Assembly Seminar (IPAS'2008), Chamonix, Frankreich*, 2008, S. 87–93

[SH82]   SONNTAG, D.; HEINZE, D.: *Sättigungsdampfdruck- und Sättigungsdampfdichtetafeln für Wasser und Eis*. Bd. 1. VEB Deutscher Verlag für Grundstoffindustrie, 1982

[Sha99]   SHACKELFORD, J. F.: Gas solubility in glasses – principles and structural implications. In: *Non-crystalline solids* 253 (1999), S. 231–241

[Sie09]   SIEGERT, M.: *Wafer Specification*. TZA-Technologiezentrum Aachen Dennewartstr. 25-27 D-52068 Aachen: Produktinformation, Februar 2009

[Sie10]   SIEBER, I.: *Auswirkung von Wasserdampfsättigung der Luft und von Wassereinbruch im Implantat auf den Brechungsindex*. Persönliche Mitteilung von Dr.-Ing. Ingo Sieber, Karlsruher Institut für Technologie, Institut für Angewandte Informatik, nach der optischen Auslegung einer Triple-Optik sowie einer Alvarez-Humphrey-Linse in trockener Luft, feuchter Luft und in Wasser, August 2010

[Sil]   SILVER, J.: *Adaptive Eyecare*. http://www.adaptive-eyecare.org/. – Zugriff: 19.04.2011

[Sil08]   SILICON LABORATORIES INC: Silicon Labs Replaces Crystal Oscillators With 100 Percent Silicon Oscillator. In: *Electronic Specifier* (2008), 08. September

[SKT98]   SHOJI, S.; KIKUCHI, H.; TORIGOE, H.: Low–temperature anodic bonding using lithium aluminiumsilicate–beta–quartz glass ceramic. In: *Sensors and Actuators* A 64 (1998), S. 95–100

[SM05]   STIEGLITZ, T.; MEYER, J.-U.: BioMEMS. Springer, 2005, Kapitel Biomedical Microdevices for Neural Implants, S. 71–137

[SM08]   STASIAK, D.; MACOMBER, J.: Synthetic Fused Silica Capillary Tubing: A Discussion of Diffusion. In: *The Application Notebook – Advertising Supplement* (2008), S. 57

[SMR+04] SAXENA, S. K.; MATHEW, C.; RAM, R.; MANOLKAR, R. B.; MAJALI, M. A.; BALAKRISHNAN, S. A.; PILLAI, M. R. A.; GOSWAMI, G. L.: A Laser Beam Welding Facility for Sealing of Miniature Radiation Sources. In: *BARC Newsletter – Founder's Day Special Issue* 243 (2004), S. 158–162

[Son] SONY: *ILX715B – 2048-pixel CCD Linear Sensor (B/W)*. Datenblatt. http://www.eureca.de/pdf/optoelectronic/sony/ILX751B.PDF. – Preliminary, PE01Y37, Zugriff: 15.06.2011

[Son90] SONNTAG, D.: Important new Values of the Physical Constants of 1986, Vapour Pressure Formulations based on ITS-90, and Psychrometer Formulae. In: *Z. Meteorol.* 40 (1990), Nr. 5, S. 340 – 344

[Spa09] SPARKFUN ELECTRONICS: *Logomatic v2 Serial SD Datalogger*. 6175 Longbow Drive, Suite 200, Boulder, Colorado USA: Produktinformation, 2009

[SRS+07] STACHS, O.; ROMBACH, M.; SIMONOV, A.; SCHMITZ, K.-P.; GUTHOFF, R. F.: Implantation of a Novel Accommodative Intraocular Lens With Cubic Optical Elements in Rabbit Eyes. In: *Investigative Ophthalmology & Visual Science* 48 (2007), S. 3142

[SSH+04] SEIFERT, S.; SPORN, D.; HAUKE, T.; MÜLLER, G.; BEIGE, H.: Dielectric and electromechanical properties of sol-gel prepared PZT thin films on metallic substrates. In: *Journal of the European Ceramic Society* 24 (2004), Nr. 9, S. 2553–2566

[SSK04] STIEGLITZ, T.; SCHÜTTLER, M.; KOCH, K. P.: Neural prostheses in clinical applications – trends from precision mechanics towards biomedical microsystems in neurological rehabilitation. In: *Biomedical Technology* 49 (2004), Nr. 4, S. 72–77

[SSL+10] STACHS, O.; STERNBERG, K.; LANGNER, S.; TERWEE, T.; MARTIN, H.; SCHMITZ, K.-P.; HOSTEN, N.: Rostock Animal Studies on Restoring Accommodation. In: *Nova Acta Leopoldina NF* 111 (2010), S. 143–151

[SSS06] SCHÜNKE, M; SCHULTE, E; SCHUMACHER, U: *Prometheus – Kopf und Neuroanatomie*. 1. Stuttgart : Thieme Verlag, 2006

[SSU+10] SEIDENSTICKER, F.; SCHAUMBERGER, M.; ULBIG, M.; LUDWIG, K.; KAMPIK, A.; LACKERBAUER, C.-A.: Langzeiterfahrung mit einer pseudoakkommodativen Hinterkammerlinse. In: *Klinische Monatsblätter der Augenheilkunde* 6 (2010), Nr. 227, S. 483–488

[Sta07]   STACHS, O.: *Ex-vivo and In-vivo Characterization of Human Accommo-dation*, Universität Rostock, Habilitationsschrift, 2007

[Ste01]   STEPHAN, K.: Dubbel - Taschenbuch für den Maschinenbau. Springer, 2001, Kapitel Thermodynamik, S. D1–D47

[Ste08]   STERNBERG, K.: *Verguss von Komponenten in Implantaten*. Persönliche Mitteilung von Prof. Dr. rer. nat. Katrin Sternberg, Universität Rostock, Institut für Biomedizinische Technik, Arbeitsgruppe Biomaterialien im Rahmen einer Besichtigung des IBMT, Oktober 2008

[SW93]   SAUTTER, D. (Hrsg.); WEINERTH, H. (Hrsg.): *Lexikon Elektronik und Mikroelektronik*. Bd. 2. VDI Verlag, 1993

[SWTK09]   SAILE, V. (Hrsg.); WALLRABE, U. (Hrsg.); TABATA, O. (Hrsg.); KORVINK, J.G. (Hrsg.): *LIGA and its applications*. Wiley–VCH, 2009 (Advanced Micro & Nanosystems 7)

[Tal10]   TALAMO, J. H.:   Femtosecond Laser–Assisted Cataract Surgery (FLACS): A new paradigm for refractive cataract surgery?   In: *World Ophthalmology Congress (WOC 2010), 32nd International Congress of Ophthalmology, 108th DOG Congress, Berlin*, 2010. – SA-27-10

[Ter10]   TERWEE, T.: Lens Refilling – Stand der Forschung. In: *Nova Acta Leopoldina NF* 111 (2010), Nr. 379, S. 153–160

[Tex03]   TEXAS INSTRUMENTS: *ADS7844 – 2-Bit, 8-Channel Serial Output Sampling ANALOG-TO-DIGITAL CONVERTER*.   Datenblatt, 2003. – SBAS100A

[Tex05]   TEXAS INSTRUMENTS: *OPA4820 – Quad, Unity-Gain Stable, Low-Noise, Voltage-Feedback Operational Amplifier*.   Datenblatt, 2005. – SBOS317B

[Tex06a]   TEXAS INSTRUMENTS: *MSP430F2013 Die-Map*.   nicht öffentliches Zusatz-Datenblatt, 2006

[Tex06b]   TEXAS INSTRUMENTS: *MSP430F23x0 – Mixed Signal Microcontroller*. Datenblatt, August 2006. – SLAS518B, Rev. April 2009

[Tex07]   TEXAS INSTRUMENTS: *CC1100 – Low-Cost Low-Power Sub-1 GHz RF Transceiver*. Datenblatt, Juli 2007. – SWRS038B

[Tex09]   TEXAS INSTRUMENTS: *SN54LS624 THRU SN54LS629, SN74LS624 THRU SN74LS629 Voltage-Controlles Oscillators*.   Post Office Box 655303 Dallas, Texas 75265: Datenblatt, 2009. – Sdls186 – January 1980 – Revised March 1988

[TFS+00] TÖPPER, M.; FEHLBERG, S.; SCHERPINSKI, K.; KARDUCK, C.; GLAW, V.; HEINRICHT, K.; COSKINA, P.; EHRMANN, O.; REICH, H.: Wafer-Level Chip Size Package (WL-CSP). In: *IEEE Transactions On Advanced Packaging* 23 (2000), May, Nr. 2, S. 233 – 238

[TGK+09] TRIEU, H. K.; GOERTZ, M.; KOCH, C.; MOKWA, W.; WALTER, P.: Implants for Epiretinal Stimulation of Retinitis Pigmentosa Patients. In: SPRINGER (Hrsg.): *World Congress on Medical Physics and Biomedical Engineering, München, Deutschland*. Munich, Germany, 2009

[The10] THE MATHWORKS: *Matlab – The Language of Technical Computing*. 2010. – Version 7.10.0.499 (R2010a) 64 bit

[TLM] TLMI COOPERATION: *Solder Bumping Guidelines*. Produktinformation. http://www.tlmicorp.com/serv_solder.htm. – Zugriff: 27.05.2011

[TP06] TSENG, A. A.; PARK, J.-S.: Using Transmission Laser Bonding Technique for Line Bonding in Microsystem Packaging. In: *IEEE Transactions on Electronics Packaging Manufacturing* 29 (2006), Nr. 4, S. 308–318

[TS99] TIETZE, U.; SCHENK, C.: *Halbleiter–Schaltungstechnik*. Springer, 1999

[Tso06] TSONIS, P. A.: How to build and rebuild a lens. In: *Anatomical Society of Great Britain and Ireland* 209 (2006), S. 433–437

[UFK+99] UHLEMANN, J.; FREYER, R.; KÜHNEL, T.; STRELLER, U.; TÖPFER, E.: Biokompatibilität der Funktionswerkstoffe Glas und Silizium. In: VDI (Hrsg.): *Tagungsband der 4. Chemnitzer Fachtagung Mikrosystemtechnik*, 1999

[Uni] UNIVERSITÄT TÜBINGEN: *Subretinal Implants*. http://www.eye. uni-tuebingen.de/biomedical-engineering. – Zugriff: 08.04.2010

[Uni06] UNITED STATES DEPARTMENT OF DEFENSE: *MIL–STD–883G, Test Method Standard, Microcircuits*. 2006

[Uni07] UNIVERSITÄT KAISERSLAUTERN: *Verbesserung der Alterungsbeständigkeit von Glasklebungen durch prozessintegrierte umweltverträgliche Oberflächenbehandlungsverfahren 'Proglazing'*. Zwischenbericht zum Forschungsvorhaben, 2007

[Urb91] URBAN, G.: Mikrosensorik. In: *Biomedizinische Technik* 36 (1991), Nr. 1, S. 51–54. – DOI: 10.1515/bmte.1991.36.s1.51, //1991

[USF96] *System Integration*. US Federal Standard 1037C - Telecommunications: Glossary of Telecommunication Terms, August 1996

[VIA]   VIA ELECTRONIC: *Perspective of LTCC Technology for System in Package and MEMS Packaging*. Übersichtsvortrag. `http://www.via--electronic.de/download/ltcc_sip_and_mems.pdf`. – Zugriff: 09.06.2008

[Vis07]   VISHAY: *2381 691 90001/HUMIDITY-SENS-E*. Datenblatt, 2007. – Document Number: 29001

[VTT04]   VTT ELECTRONICS: *Design Guidelines – Low Temperature Co–Fired Ceramic Modules*. Produktinformation, Mai 2004. – Version 1.2

[Wal10]   WALTER, P.: Epiretinal Retinal Prostheses. In: *Nova Acta Leopoldina NF* 111 (2010), Nr. 379, S. 231–239

[Wan96]   WANG, K.: The use of titanium for medical applications in the USA. In: *Materials Science and Engineering* A213 (1996), S. 134–137

[WBBW11] WIEMER, M.; BAUM, M.; BRÄUER, J.; WÜNSCH, D.: Fügetechnologien zur Integration von MEMS und Elektronik. In: *Packaging von Mikrosystemen – 2. GMM Workshop, Magdeburg*, 2011

[WCS+09] WONG, Y. T.; CHEN, S. C.; SEO, J. M.; MORLEY, J. W.; LOVELL, N. H.; SUANING, G. J.: Focal activation of the feline retina via a suprachoroidal electrode array. In: *Vision Research* 49 (2009), Nr. 8, S. 825–833

[Wei06]   WEI, J: Wafer Bonding Techniques for Microsystem Packaging. In: *Journal of Physics: Conference Series* 34 (2006), S. 943–948

[Wer01]   WERNECKE, R.: *Industrielle Feuchtemessung*. Wiley–VCH GmbH & Co. KGaA. Weinheim, 2001

[WFG03]   WIEMER, M.; FRÖMEL, J.; GESSNER, T.: Trends der Technologieentwicklung im Bereich Waferbonden. In: *6. Chemnitzer Fachtagung Mikromechanik und Mikroelektronik* Bd. 6, 2003, S. 178–188

[WGP01]   WILD, M. J.; GILLNER, A.; POPRAWE, R.: Locally selective bonding of silicon and glass with laser. In: *Sensors and Actuators A: Physical* 93 (2001), August, Nr. 1, S. 63–69

[WGR+]   WINKLER, U.; GROGER, K.; RISSEL, U.; OBERGASSEL, L.; SCHALBER, E.: *Wie arbeitet ein Herzschrittmacher?* `http://www.cardio-bielefeld.de/018aa3942f12ec80d/018aa3946f0e7b707/index.html`. – Zugriff: 03.08.2010

[WH96]   WINTERMANTEL, E.; HA, S.-W.; SPRINGER (Hrsg.): *Biokompatible Werkstoffe und Bauweisen*. Springer, 1996

[WH97] WONG, C. L.; HOW, J.: Low cost flip chip bumping technologies. In: *Electronic Packaging Technology Conference*, 1997, S. 244–250

[WH08] WINTERMANTEL, E.; HA, S.-W.: *Medizintechnik - Life Science Engineering*. Springer, 2008

[WII$^+$09] WERNER, L.; IZAK, A. M.; ISAACS, R. T.; PANDEY, S. K.; APPLE, D. J.: Ophthalmology. Mosby Elsevier, 2009, Kapitel 5.2 Evolution of Intraocular Lens Implantation, S. 394

[Wil11a] WILDE, J.: Trends beim Packaging in der Mikrosystemtechnik. In: *Packaging von Mikrosystemen – 2. GMM Workshop, Magdeburg*, 2011

[Wil11b] WILHELM, H.: *Einsatz der Kommunikation zwischen zwei Künstlichen Akkommodationssystemen zur Unterbindung verschiedener Akkommodationseinstellungen in beiden Augen, die das Wohlbefinden beeinflussen können*. Persönliche Mitteilung von Prof. Dr. med. Helmut Wilhelm, Universitäts-Augenklinik Tübingen, im Rahmen eines Projekttreffens des Verbundprojekts KD OptiMi 2020, Mai 2011

[Wol05] WOLF, J.: The e –Grain Concept – Microsystem Technologies for Wireless Sensor Networks. In: *Advanced Microsystem Packaging Symposium Japan*, 2005

[Wür04] WÜRTH ELECTRONIC: *Zusammenfassung der Layout Parameter HDI*. Produktinformation, April 2004. – Ver. 1.3

[Wür06] WÜRTH ELECTRONIC: *4–Lagen–Flex Standardaufbau 3D*. Produktinformation, 2006

[Wür08] WÜRTH ELECTRONIC: *Design Rules für Rand–Kontakte, Micro– Vias, flexible Leiterkarten*. Produktinformation. `http://www.wuerth--elektronik.de`. Version: 2008

[WS02] WEISS, C.; STREUFERT, D.: Sensor im Auge. In: *F&M Special: Medizintechnik* 110 (2002), S. 14–17

[Yam07] YAMAHA: *YAS526C*. Datenblatt, June 2007. – CATALOG No.: LSI-BAS526C20

[YSY08] YAMANE, K.; SUZUKI, T.; YUMOTO, T.: A New Biodegradable Masking Resin for 2 Shot Molding Process. In: *8th International Congress Molded Interconnect Devices, Nürnberg-Fürth, Deutschland*, 2008

[YTF08] YEN, H N.; TSAI, D M.; FENG, S K.: Full-field 3-D flip-chip solder bumps measurement using DLP-based phase shifting technique. In: *IEEE Transactions on Advanced Packaging* 31 (2008), Nr. 4, S. 830–840

[ZADN96]   ZIAIE, B.; ARX, J. A.; DOKMECI, M. R.; NAJAFI, K.: A Hermetic Glass–Silicon Micropack h–Density On–Chip Feedthroughs for Sensors and Actuators. In: *Journal of Microelectromechanical Systems* 5, No. 3 (1996)

[Zar07]   ZARLINK SEMICONDUCTOR: *ZL70101 Flip Chip Mechanical Specification.* Datenblatt, 2007. – Document No 123271

[Zen03]   ZENGERLE, R.: *Aufbau– und Verbindungstechnik.* Skript IMTEK Freiburg, 2003

[Zin01]   ZINNIKER, R.: Arbeit zu 'Batterien und Akkus'. In: *Institut für Elektronik. ETH Zürich* (2001)

[ZKHR10]   ZEITZ, O.; KESERÜ, M.; HORNIG, R.; RICHARD, G.: Artificial Sight: Perspectives with an Epiretinal Stimulator. In: *Nova Acta Leopoldina NF* 111 (2010), Nr. 379, S. 225–230

[ZM05]   ZARCHAN, P.; MUSOFF, H.: *Fundamentals of Kalman filtering: a practical approach.* 2. American Institute of Aeronautics and Astronautics, 2005

[Zre10]   ZRENNER, E.: Seeing with subretinal electronic implants. In: *World Ophthalmology Congress (WOC 2010), 32nd International Congress of Ophthalmology, 108th DOG Congress, Berlin*, 2010. – WE-14-02

[ZWS⁺09]   ZRENNER, E.; WILKE, R.; SACHS, H.; BARTZ-SCHMIDT, K. U.; GEKELER, F.; BESCH, D.; BENAV, H.; BRUCKMANN, A.; GREPPMAIER, U.; HARSCHER, A.; KIBBEL, S.; KUSNYERIK, A.; PETERS, T.; PORUBSKÁ, K.; STET, A.; WILHELM, B.; WROBEL, W.: Subretinal Microelectrode Arrays Implanted Into Blind Retinitis Pigmentosa Patients Allow Recognition of Letters and Direction of Thin Stripes. In: *World Congress on Medical Physics and Biomedical Engineering, München, Deutschland*, 2009

[ZWS⁺10]   ZRENNER, E.; WILKE, R.; SACHS, H.; BART-SCHMIDT, K. U.; GEKELER, F.; BESCH, D.; BENAV, H.; BRUCKMANN, A.; GREPPMAIER, U.; HARSCHER, A.; KIBBEL, S.; KUSNYERIK, A.; PETERS, T.; PORUBSKÁ, K.; STETT, A.; WILHELM, B.; WROBEL, W.: Subretinal Implantation of Electronic Chips: Restitution of Visual Function in Blind People. In: *Nova Acta Leopoldina NF* 111 (2010), Nr. 379, S. 181–187

A Anhang

A.1 Eigenschaften des menschlichen Kammerwassers

In Tabelle A.1 ist die Zusammensetzung des Kammerwassers aufgeführt. Der Volumenstrom beträgt $2,2 \pm 0,37\,\mathrm{mm}^3/\mathrm{min}$ [Gol51].

Zusammensetzung Kammerwasser in mmol/kg H_2O	
Na^+	146
Cl^-	109
HCO_3^-	28
Ascorbat	0,04
Glukose	6

Tab. A.1: Zusammensetzung des menschlichen Kammerwassers [MMP$^+$00].

A.2 Aufbau- und Verbindungstechnik

A.2.1 Oberflächenbestückte Bauteile

Die Kontakte von oberflächenbestückten Bauteilen (Surface Mounted Devices – SMD) sind kleine metallische Flächen seitlich und unterhalb des Gehäuses. Damit werden die Bauteile direkt auf der Bestückungsseite kontaktiert [BBE$^+$99]. Für die maschinelle SMD-Bestückung wird durch Siebdruck oder Dispensen Lotpaste aufgetragen, auf die die Bauteile bestückt werden. Im anschließenden Reflow-Prozess im Lötofen schmilzt das Lot auf. Die Bauteile richten sich im Lot durch Einschwimmen aus und werden kontaktiert. Eine Handbestückung ist für die meisten SMD-Bauteile ebenfalls möglich.

A.2.2 Eutektisches Bonden

Siliziumhalbleiterchips können auf Substrate mit Goldmetallisierung mittels eutektischem Bonden auflegiert werden [MM97]. Unter Druck, Temperatur sowie einer lateralen Bewegung, die die Benetzung verbessert, schmilzt die Grenzfläche zwischen Gold und Silizium bei 370°C auf und bildet ein Eutektikum. Dieses breitet sich aus, bis ein Legierungspartner aufgebraucht ist. Im Unterschied zum Löten bildet sich das Lot beim eutektischen Bonden somit erst während des Prozesses. Von Vorteil ist die sehr gute elektrische und thermische Leitfähigkeit. Zudem ist die Haftfestigkeit sehr hoch [Zen03]. Nachteilig sind die großen thermischen Spannungen.

A.2.3 Drahtbonden

Die Anbindung auf dem Chip kann beim Drahtbonden in zwei verschiedenen Formen ausgeführt sein – als Ball oder als Keil. Ein Ball wird durch Aufschmelzen auf die Kontaktfläche erzeugt und bietet den Vorteil, dass der Draht in beliebiger Richtung weitergeführt werden kann. Die Ausbildung hoher Drahtschlaufen zur Überbrückung großer Distanzen zur Landefläche ist möglich. Bei Keilanbindung ist die Richtung des Drahtes zur Landefläche vorgegeben, wodurch sich der Prozessaufwand und die Bondzeit erhöhen. Mit Hilfe von Keil zu Keil Verbindungen können sehr enge Drahtschlaufen erzeugt werden, was bei einer hohen Anschlusszahl oder bei Anwendung in der Hochfrequenztechnik entscheidend ist.

Während des Thermokompressionsbondens werden Golddrähte unter Temperatur- und Schweißkrafteinfluss plastisch verformt und auf der Kontaktfläche verschweißt. Das Substrat wird hierbei in der Regel auf 150 °C bis 170 °C vorgeheizt, die Temperatur der Kontaktstelle von 280 °C bis 350 °C wird mittels Impulsheizung erzeugt.

Das Ultraschalldrahtbonden erfolgt mit Aluminiumdrähten. Mit Ultraschallschwingungen wird die Oxidhaut auf den Oberflächen der Bondpartner aufgerissen und diese können durch eine Anpresskraft bei Raumtemperatur verschweißt werden. Mit Ultraschallbonden können ausschließlich Keilverbindungen gefertigt werden.

Das Ultraschallwarmschweißen nutzt neben Ultraschallenergie und Druckkraft zusätzlich Wärme als Bondparameter. Somit können auch Golddrähte ohne zusätzliche Impulsheizung gebondet werden.

A.2.4 Tape-Automatic-Bonding

Tape-Automated Bonding (TAB) [MM97] ist ein Chipkontaktierungsverfahren, bei dem die Drähte nicht seriell, sondern parallel kontaktiert werden. Die dünnen Metallstreifen werden auf einen Kunststoffträger aufgebracht und mittels Thermokompressionsbonden simultan verbunden. Voraussetzung hierfür sind mit Lotkugeln bestückte Kontaktflächen des Chips, auf die die Metallstreifen gebondet werden können.

A.2.5 FlipChip-Montage

Bei der FlipChip-Montage ist die Bestückung mit Lotkugeln der aufwendigste Prozessschritt, für den verschiedene Fertigungsalternativen existieren [WH97]. Eine typische Methode ist die Metallisierung des Wafers, anschließende Maskierung und Lotabscheidung in den nicht-maskierten Bereichen, Entfernen von Maske und Metallisierung und Reflowprozess zum Umschmelzen der Lotkugeln. Danach kann der FlipChip wie ein SMD-Bauteil gelötet werden. Im Anschluss wird ein Füllmaterial aufgebracht, das durch die Kapillarwirkung zwischen Chip und Substrat dringt und nach seiner Aushärtung die Festigkeit der Lotverbindung verstärkt.

Eine Senkung der Prozesstemperatur kann durch adhäsive FlipChip-Montage erreicht werden [Gla03]. Die Kontaktfläche des Chips wird dabei in der Regel mit sogenannten Stud-Bumps versehen, also Golddrähten, die auf den Chip gebondet, definiert abgerissen und auf gleiche Höhe gebracht werden. Eine Variante des Klebens ist das Auftragen von isotrop leitfähigem Klebstoff im Bereich der elektrischen Verbindungen. Nach Einbringung eines Füllmaterials erfolgt die thermische Aushärtung. Alternativ können anisotrop leitfähige Klebstoffe eingesetzt werden, deren wenige leitfähige Partikel unter hohem Druck Lotkugeln und Substrat-Kontaktfläche elektrisch kontaktieren. Der Klebstoff im übrigen Bereich des Chips dient als nichtleitendes Füllmaterial. Eine weitere Option ist die Anwendung von nichtleitfähigem Klebstoff. Die Stud-Bumps müssen eine sehr einheitliche Höhe aufweisen und werden direkt auf die Kontaktfläche des Substrats gepresst, während der Klebstoff zwischen Chip und Substrat thermisch ausgehärtet wird. Voraussetzung für den Einsatz von Klebstoff bei der FlipChip-Montage ist eine hohe Positioniergenauigkeit, da keine Selbstausrichtung durch Einschwimmen erfolgt. Die Verbindung ist hochohmiger und leitet Wärme schlechter als Lot. Vorteile sind die geringere Temperaturbelastung, die Möglichkeit, verschiedene Werkstoffkombinationen zu verbinden, der große Temperatureinsatzbereich und die Vermeidung von Korrosion durch Flussmittelreste.

A.3 Erster Entwurf einer Schaltung für das Künstliche Akkommodationssystem

In Abbildung A.1 ist die Schaltung für das Künstliche Akkommodationssystem dargestellt, die Komponenten zur Erfüllung der Funktionen 'Erfassung des Akkommodationsbedarfs', 'Energieversorgung', 'Kommunikation' und 'Steuerung und Überwachung' enthält.

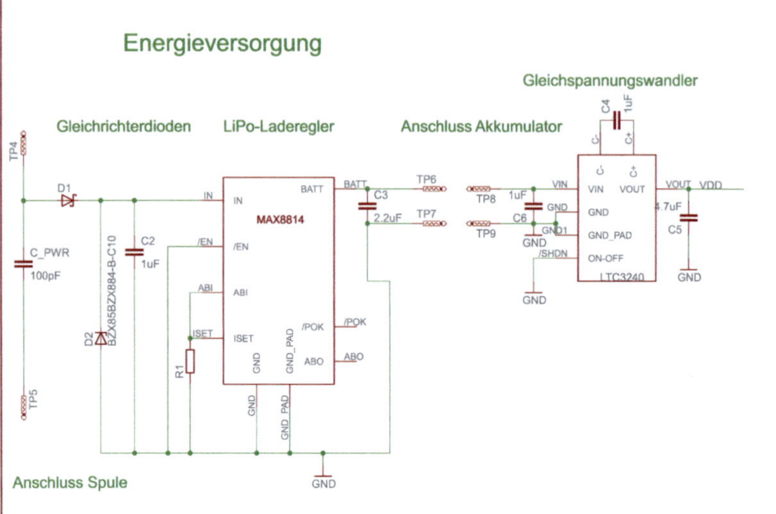

Energieversorgung
Gleichspannungswandler
Gleichrichterdioden
LiPo-Laderegler
Anschluss Akkumulator
C4
1uF
TP4
D1
IN
IN
BATT
BATT
TP6
VIN
VIN
VOUT
VOUT
VDD
MAX8814
C3
TP8
1uF
GND
GND
C_PWR
C2
2.2uF
TP7
C6
GND
GND1
4.7uF
100pF
1uF
/EN
/EN
TP9
GND
GND_PAD
C5
ABI
ABI
ON-OFF
GND
D2
ISET
ISET
/POK
/POK
/SHDN
LTC3240
R1
GND_PAD
ABO
ABO
GND
GND
GND_PAD
TP5
Anschluss Spule
GND

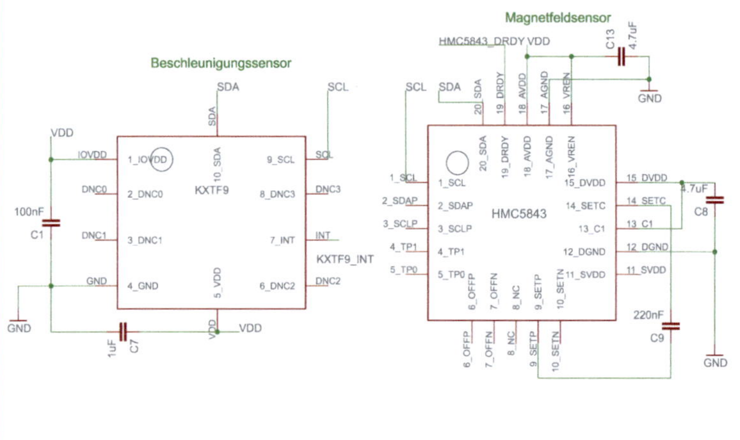

Erfassung des Akkommodationsbedarfs
Magnetfeldsensor
C13
4.7uF
HMC5843_DRDY VDD
Beschleunigungssensor
GND
SDA
SCL
SCL
SDA
VDD
20_SDA
19_DRDY
18_AVDD
17_AGND
16_VREN
IOVDD
1_IOVDD
10_SDA
9_SCL
SCL
SCL
SDA
1_SCL
1_SCL
15_DVDD
15_DVDD
DNC0
2_DNC0
KXTF9
8_DNC3
DNC3
2_SDAP
2_SDAP
14_SETC
14_SETC
4.7uF
100nF
3_SCLP
3_SCLP
HMC5843
13_C1
13_C1
C8
C1
DNC1
3_DNC1
7_INT
INT
4_TP1
4_TP1
12_DGND
12_DGND
KXTF9_INT
GND
4_GND
5_VDD
6_DNC2
DNC2
5_TP0
5_TP0P
11_SVDD
11_SVDD
GND
6_OFFP
7_OFFN
8_NC
9_SETP
10_SETN
220nF
1uF
C7
VDD
VDD
C9
GND

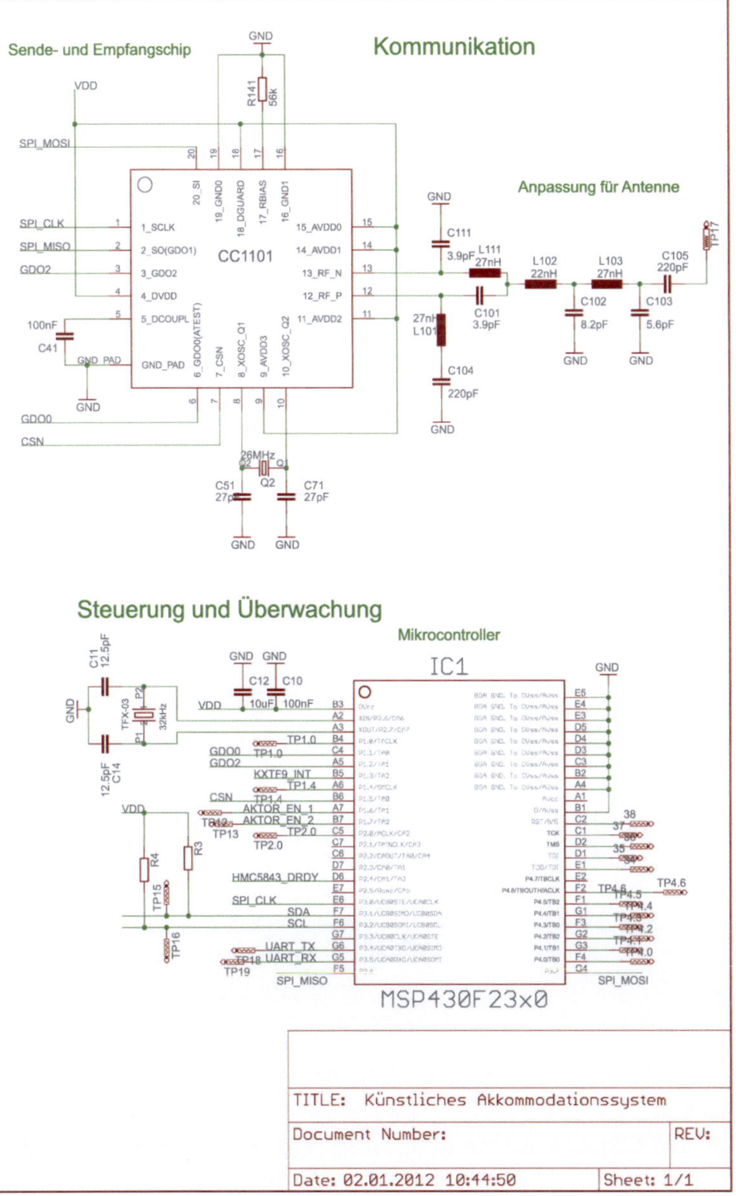

Abb. A.1: Erster Schaltungsentwurf für das Künstliche Akkommodationssystem inklusive der Funktionen 'Erfassung des Akkommodationsbedarfs', 'Energieversorgung', 'Kommunikation' und 'Steuerung und Überwachung'.

A.4 Thermischer Widerstand der Kapselung

Aus Tabelle A.2 ist ersichtlich, dass aufgrund der geringen Verlustleistung des Künstlichen Akkommodationssystems von 1 mW unabhängig vom Kapselungswerkstoff nur eine sehr geringe Temperaturdifferenz zwischen Innen- und Außenseite der Wand auftritt und somit die dadurch erzeugte Erwärmung der elektronischen Bauteile vernachlässigbar ist. Selbst ein thermisch isolierender Luftspalt hat sehr geringe Auswirkungen.

Werkstoff	Wandstärke d in µm	Wärmeleitfähigkeit λ in W/(m·K)	Thermischer Widerstand R_{th} in K/W	Temperaturdifferenz ΔT in K
TiAl6V4	200	15,5 [HKN$^+$99]	0,045	$4{,}5{\cdot}10^{-5}$
PMMA	200	0,19 [Kera]	3,700	$3{,}7{\cdot}10^{-3}$
Borofloat	300	1,12 [Sch]	0,950	$9{,}5{\cdot}10^{-4}$
Quarzglas	300	0,81 [HKN$^+$99]	1,300	$1{,}3{\cdot}10^{-4}$
Luft	100	0,02 [HKN$^+$99]	18,000	0,018

Tab. A.2: Thermischer Widerstand verschiedener Kapselungswerkstoffe bei entsprechender Wandstärke sowie resultierende Temperaturdifferenz über der Wand bei 1 mW Verlustleistung.

A.5 Herleitung der Resonanzfrequenz des Messschwingkreises

Die Maschen des gekoppelten Schwingkreises (Abb. A.2) lassen sich beschreiben durch

$$L_1 \cdot \dot{I}_1 + M_K \cdot \dot{I}_2 = 0 \tag{A.1}$$

und

$$L_2 \cdot \dot{I}_2 + M_K \cdot \dot{I}_1 + \int \frac{1}{C_2} dI_2 = 0. \tag{A.2}$$

Dabei sind $I_{1,2}$ der Stromfluss in den Maschen 1 und 2, C_2 die Kapazität im Schwingkreis und $L_{1,2}$ die Induktivitäten. M_K ist eine Kopplungskonstante, die vom Kopplungsfaktor K abhängig ist. Nach Ableiten beider Formeln und Gleichsetzen ergibt sich

$$\ddot{I}_2 - \frac{M_K^2}{L_1 L_2} \ddot{I}_2 + \frac{1}{L_1 C_2} I_2 = 0. \tag{A.3}$$

Mit $M_K = K\sqrt{L_1 L_2}$ kann

$$\ddot{I}_2 - \frac{1}{(1 - K^2)L_2 C_2} I_2 = 0 \tag{A.4}$$

hergeleitet werden. Der Koeffizientenvergleich mit der harmonischen Schwingung ergibt die Resonanzkreisfrequenz ω_0

$$\omega_0 = \sqrt{\frac{1}{(1 - K^2)L_2 C_2}} \ . \tag{A.5}$$

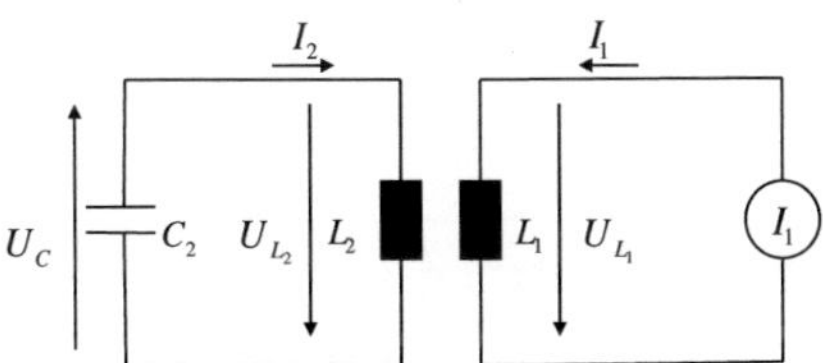

Abb. A.2: Kopplung eines Schwingkreises mit einer Versorgungsspule.

A.6 Untersuchte Feuchtesensoren

In Abbildung A.3 sind die den Datenblättern zu entnehmenden Kennwerte der untersuchten Feuchtesensoren dargestellt (nach [Vis07, Hyg07, E+Eb, E+Ea]).

	SensE	KFS 140 - MSMD	HC201	HC105
Größe	min. 10mm D_{Folie}	2x4x0,4mm³	5,5x3,8x1mm³	5,9x1,4x0,6mm³
Kapazität	122pF±15%	180pF±50pF	200±30pF	160±16pF
Frequenzbereich	bis 1MHz	bis 100kHz	bis 100kHz	bis 100kHz
Empfindlichkeit	0,4pF/%r.H.	0,3pF/%r.H.	0,6pF/%r.H.	0,55pF/%r.H.
Genauigkeit	±0,05pF/%r.H.		±2%r.H.	±1,5%r.H.
Hysterese	3 %	1,5 %	2,0±0,3%r.H.	1,7±0,15%r.H.
Alterung	Keine Angabe	Keine Angabe	bei 20-30℃ <1,5%/Jahr	bei 20-30℃ <1,5%/Jahr
max. Temperatur	85℃	150℃	110℃	120℃
Löten	nein	bis 240℃	ja	ja

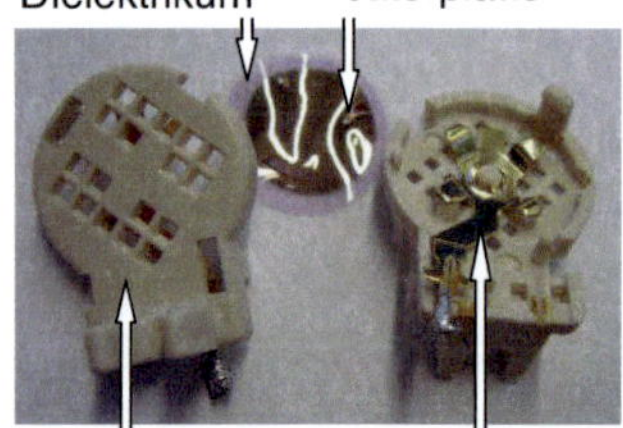

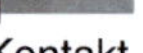

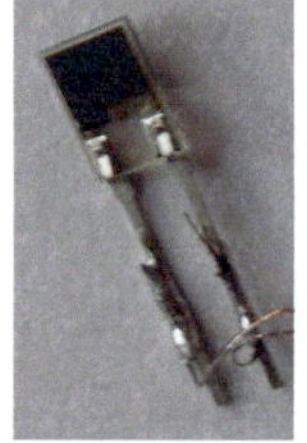

Abb. A.3: Übersicht über die untersuchten Feuchtesensoren und deren Kennwerte (nach [Vis07, Hyg07, E+Eb, E+Ea]).

A.7 Kalibrierung aller Feuchtesensoren

In Abbildung A.4 sind die Regressionsgeraden für alle 24 kalibrierten Sensorsysteme aus jeweils einem kapazitivem Feuchtesensor KFS 140-MSMD sowie einer für die vorliegende Anwendung gefertigten zylindrischen Spule dargestellt. Jeweils zwölf Systeme sind bei 65 °C sowie bei 85 °C kalibriert.

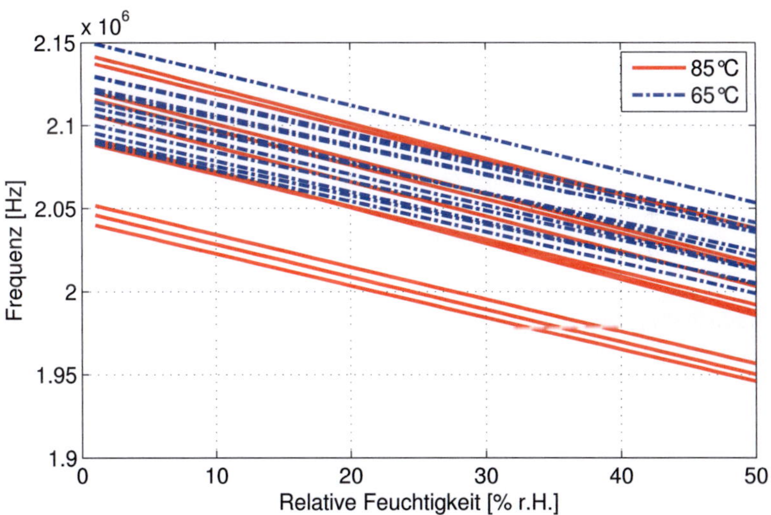

Abb. A.4: Regressionsgeraden aus den Messdaten der Kalibrierung der 24 Feuchtesensorsysteme.

A.8 Abschätzung der Wasseraufnahme der Komponenten im Messsystem

Für die Abschätzung der Wasseraufnahme der Komponenten wird aufgrund der wenigen Literaturangaben zur Wasseraufnahmefähigkeit von Polymeren sowie der Temperaturabhängigkeit der Wasseraufnahmefähigkeit der ungünstigste Fall betrachtet. Für die während der Alterungstests im Gehäuse befindlichen Komponenten bedeutet der ungünstigste Fall die maximale Wasseraufnahmekapazität, da somit von der maximal eingedrungenen Wassermenge ausgegangen wird. In die Berechnung fließen ein:

• das Volumen der Komponenten,

- die Wasseraufnahmefähigkeit der Komponenten,
- die Temperaturabhängigkeit der Wasseraufnahmefähigkeit der Komponenten.

Die Temperaturabhängigkeit der Wasseraufnahmefähigkeit polymerer Körper variiert sehr stark. Genaue Werte sind in der Literatur jedoch nur für wenige Kunststoffe dokumentiert. Aufgrund der stärkeren Temperaturabhängigkeit der physikalischen Eigenschaften von Gasen im Vergleich zu Festkörpern kann davon ausgegangen werden, dass die Temperaturabhängigkeit der Wasseraufnahmefähigkeit in Luft deutlich höher ist als in Polymeren und damit als theoretische Obergrenze der Wasseraufnahmefähigkeit für Polymere genutzt werden kann. Abbildung A.5 zeigt die Temperaturabhängigkeit der Wasseraufnahmefähigkeit von Luft [SH82], Polyimid [JGB05] und Polyurethanintegralschaum [OA93]. Die Werte der Polymere beruhen dabei auf Literaturangaben zur Wassersättigungskonzentration bei einzelnen Temperaturen und Luftfeuchtigkeiten. Daraus lassen sich mit Hilfe der Formeln (4.2) und

$$C_0(T) = C_k \cdot e^{-\frac{L}{RT}} \tag{A.6}$$

[Jou59] mit der temperaturunabhängigen Konstante C_k sowie der universellen Gaskonstante R und der Temperatur T die molare Lösungswärme des Wassers im Kunststoff L und somit die jeweilige Wassersättigungskonzentration $C_0(T)$ bestimmen.

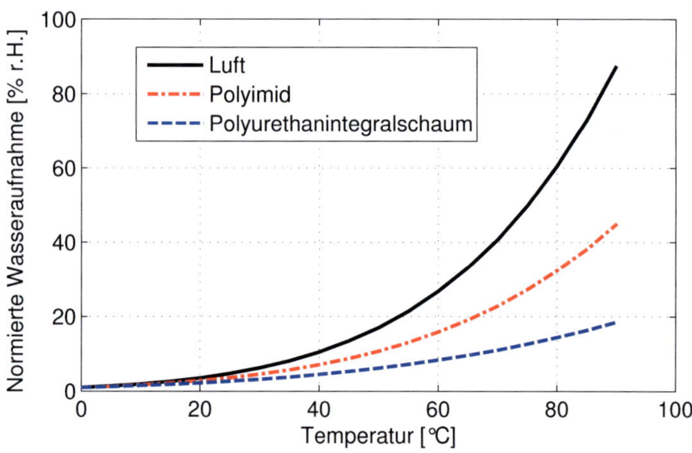

Abb. A.5: Temperaturabhängigkeit der Wasseraufnahme von Luft, Polyimid und Polyurethanintegralschaum. Wasseraufnahme normiert.

In Tabelle A.3 sind die Maxima der Volumina V, der Wasseraufnahmefähigkeiten C_0 sowie der verwendeten Temperaturabhängigkeit der Wasseraufnahmefähigkeit für jede Komponente aufgeführt. Daraus lässt sich die Wassermenge Q_0 für den ungünstigsten Fall abschätzen. Die Angaben lassen sich herleiten aus folgenden Annahmen:

- Die Volumenvariation für das interne Gas beruht auf den Fertigungstoleranzen, die insgesamt ein Toleranzfeld von $\pm\,2{,}0\,\%$ ergeben, berechnet aus den Einzeltoleranzen mit Hilfe der Gaußschen Fehlerfortpflanzung [Gau09]. Die Wasseraufnahmefähigkeit und deren Temperaturabhängigkeit wird für Gas als exakt betrachtet.

- Der gewählte Feuchtesensor Hygrosens KFS-MSMD hat ein sehr geringes Elektrolytvolumen aus Polyimid von wenigen 10^{-3} mm^3. Für Polyimid liegen Literaturangaben zur Wasseraufnahmefähigkeit und deren Temperaturabhängigkeit vor. Die vom Sensor aufgenommene Wassermenge ist im Vergleich zu den anderen Komponenten vernachlässigbar.

- Die Kennwerte der Innenspule sind in Tabelle 4.3 angegeben. Zur Spulenfertigung wird ein speziell hergestellter Backlackdraht benutzt, der nur die minimal in DIN-EN 60317-0-1 geforderten Zunahmen des Außendurchmessers von $10\,\mu$m durch den isolierenden Grundlack Polyurethan V155 und $7\,\mu$m durch den Backlack Polyvinylbutyral (PVB) B110 zum Verkleben der Spule aufweist. Das maximale Volumen ergibt sich durch eine Toleranz der Zunahme von jeweils $1\,\mu$m. Die Angabe zur Wasseraufnahmekapazität der Lacke ist beschränkt auf 'Wasseraufnahme durch den Backlack bei 72 h Tauchung: $<2\,\%$' [Hee07], wobei die Wasseraufnahme durch den Grundlack offenbar vernachlässigbar ist. Bei anderen Herstellern sind keine Angaben erhältlich.

  - Die Wasseraufnahmefähigkeit von Polyurethanen für Lacke liegt bei Raumtemperatur bei $<0{,}1\,\%$ bis $0{,}5\,\%$ [EEH05, Ams03]. Für die Temperaturabhängigkeit wird die von Polyurethanintegralschaum herangezogen. Da in einem Schaum Gaseinschlüsse auftreten, ist von einer deutlich höheren Temperaturabhängigkeit als beim Grundmaterial auszugehen. Damit wird wiederum der ungünstigste Fall betrachtet.

  - Die maximale Wasseraufnahmefähigkeit des Backlacks aus Polyvinylbutyral ist für Raumtemperatur gegeben. Für die Temperaturabhängigkeit liegen keine Literaturangaben vor. Deshalb wird mit dem Extremfall gerechnet, der Temperaturabhängigkeit der Luft.

- Das Volumen des Klebstoffrings V_{Kleb} wird aus der maximalen Breite von $450\,\mu$m und einer Höhe von ca. $50\,\mu$m berechnet. Die Wasseraufnahme und deren Temperaturabhängigkeit sind nicht gegeben. In [Uni07] wird für einen UV-härtenden Epoxidharzklebstoff eine Wassersättigungskonzentration C_0 von ca. $3\,\%$ ermittelt; in [EEH05] wird C_0 für Epoxidharzformmassen $0{,}05\,\%$ bis $0{,}2\,\%$ angegeben. In Kapitel 5.2.5 wird die Temperaturabhängigkeit der Wasseraufnahmefähigkeit von

$$Q_0(65\,^\circ\mathrm{C}) \geq 3{,}5 \cdot Q_0(35{,}3\,^\circ\mathrm{C}) \tag{A.7}$$

als Bedingung für die Gültigkeit der getroffenen Annahmen hergeleitet. Die Temperaturabhängigkeit von Polyimid ist deutlich höher und wird für den Klebstoff als Betrachtung des ungünstigsten Falls herangezogen. Da der Klebstoff sich auch im Zielsystem befindet, hat hauptsächlich die Temperaturabhängigkeit der Wasseraufnahmefähigkeit einen Einfluss auf die Messergebnisse.

	Volumen V in mm^3	Wassersättigungskonzentration C_0 in Gew.%	Dichte ρ in g/cm^3	Verwendete Temperaturabhängkeit	Maximale Wassermenge Q_0 in g	
					bei 65 °C	bei 85 °C
Gas (Ar)	$\leq 208{,}16$	–	–	Luft	$3{,}36{\cdot}10^{-5}$	$7{,}32{\cdot}10^{-5}$
Grundlack Spule	$\leq 2{,}65$	$\leq 0{,}5$ [Ams03]	1,05 [EEH05]	PUR-Schaum	$6{,}01{\cdot}10^{-5}$	$1{,}02{\cdot}10^{-4}$
Backlack Spule	$\leq 1{,}83$	< 2 [Hee07]	1,10 [Car95]	Luft	$4{,}05{\cdot}10^{-4}$	$8{,}91{\cdot}10^{-4}$
Sensor	$\leq 4{,}3{\cdot}10^{-3}$	0,3 [EEH05]	1,43 [EEH05]	PI	$8{,}14{\cdot}10^{-8}$	$1{,}63{\cdot}10^{-7}$
Klebstoff	$\leq 0{,}68$	≤ 3 [EEH05]	1,20 [Epo07]	PI	$1{,}64{\cdot}10^{-4}$	$3{,}29{\cdot}10^{-4}$

Tab. A.3: Maxima der Einflussgrößen auf die Wassermenge im System für die verschiedenen Komponenten während der Messung.

A.9 Alternativen zur Auswertung der Feuchtemessung mit Schwingkreis

Impedanzmessgerät

Für die Vorversuche zur Auswahl von Sensor sowie Innen- und Außensspule wird ein Impedanzmessgerät eingesetzt [Agi03]. Sowohl die Amplitudenspitze als auch der Phasennulldurchgang der Impedanz der Außenspule sind hiermit detektierbar. Von Vorteil ist die hohe Auflösung der Frequenz von bis zu 1 mHz, der Signalspannung von 1 mV sowie des Signalstroms von 1 µA. Eine automatisierte Messwerterfassung ist durch

Programmierung sowie den Anschluss der Proben über einen zusätzlichen Multiplexer möglich. Hierbei muss jedoch das analoge Messsignal geschaltet werden, was im MHz-Bereich zu Messfehlern führen kann. Das Hauptargument gegen den Einsatz des Messgeräts ist, dass es nicht während der gesamten Messdauer zur ausschließlichen Nutzung für die Alterungstests zur Verfügung steht. Die Beschaffung eines weiteren Geräts wird aus finanziellen Gründen ausgeschlossen.

Spannungsgesteuerter Oszillator

In Abbildung A.6 ist die Auswertung mit Hilfe eines spannungsgesteuerten Oszillators (Voltage Controlled Oscillator – VCO) dargestellt. Dieses Bauteil erzeugt eine Wechselspannung, deren Frequenz proportional zu einer analogen Eingangsspannung ist. Die Wechselspannung wird verstärkt und für die Ansteuerung der Außenspule genutzt. Mit Hilfe eines Messwiderstands wird der Spulenstrom I_{L1} in eine Spannung konvertiert und kann gleichgerichtet und erfasst werden. Wird auf diesem Weg für jede Frequenz ein Ausgangssignal proportional zum Stromfluss durch die Außenspule gemessen, so kann daraus der Amplitudenfrequenzgang ermittelt und dessen Minimum detektiert werden.

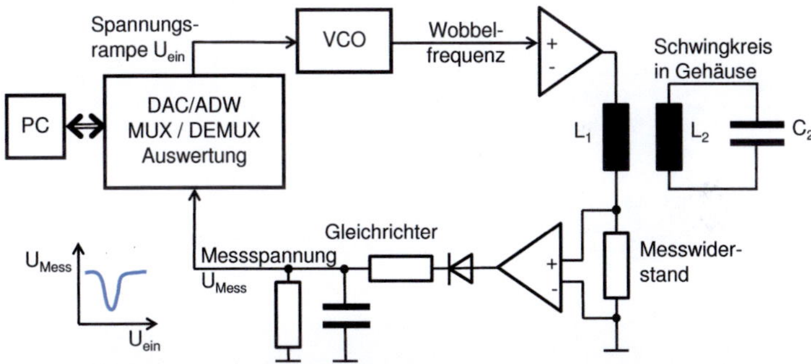

Abb. A.6: Auswertung des Amplitudenminimums des Stromflusses durch die Außenspule mittels eines spannungsgesteuerten Oszillators (Voltage Controlled Oscillator – VCO).

Von Nachteil ist, dass im relevanten Frequenzbereich keine Sinus-VCOs verfügbar sind. Entsprechende Filter zur Umformung von Dreiecks- oder Rechteckschwingungen können nicht auf ein Frequenzband angewendet werden. Die Auflösung ergibt sich als Kombination vom einstellbaren Bereich des VCO und der Auflösung der analogen Ansteuerspannung. Kommerziell verfügbare VCOs sind für einen sehr großen Frequenzbereich einsetzbar [Tex09], die Feineinstellung erfolgt über externe Kondensatoren und Widerstände. Zum Einen sind diese passiven Bauteile feuchtigkeits- und temperaturabhängig und altern, zum Anderen ist auch die Feineinstellung nur relativ grob möglich (einige MHz). Somit steht für die Ansteuerung im relevanten Messbereich nur eine relativ kleine Spannungsdifferenz zur Verfügung. Um die erforderliche Genauigkeit zu erreichen, müssen kostenintensive PC-Adapterkarten mit hochauflösenden analogen Ausgängen oder hochgenaue Digital-Analog-Wandler für jede Probe eingesetzt werden [Nat09].

Phasenregelschleife

Eine Möglichkeit, den Phasennulldurchgang des Stroms durch die Außenspule zu detektieren, ist der Einsatz einer Phasenregelschleife (Phase Locked Loop – PLL) in Kombination mit einem PI-Regler. In Abbildung A.7 ist das Auswertungsprinzip dargestellt.

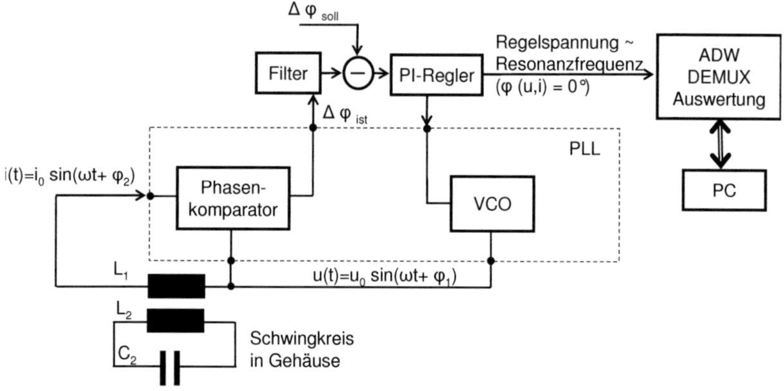

Abb. A.7: Auswertung des Nulldurchgangs der Phasendifferenz von Spannung und Strom der Außenspule mittels einer Phasenregelschleife (Phase Locked Loop – PLL).

Die Phasenregelschleife besteht aus einem VCO und einem Phasenkomparator. Die Stellgröße $\Delta\phi_{soll}$ wird so eingestellt, dass der Nulldurchgang des Phasengangs (Phasendifferenz von Außenspulenspannung und -strom) detektiert wird. Abhängig von der Regeldifferenz schaltet der Regler eine entsprechende Stellgröße in Form einer analogen Spannung auf den PLL-internen VCO. Dieser erzeugt eine Wechselspannung der entsprechenden Frequenz, mit der die Außenspule des Gehäuseschwingkreises versorgt wird. Der Phasenkomparator ermittelt die Phasendifferenz von Spannung und Strom der Außenspule, die als Ist-Größe in den Regler geführt wird. Im eingeregelten Zustand kann die Ansteuerspannung des VCOs ausgelesen werden, die proportional zur Frequenz des Phasennulldurchgangs ist.

Der Vorteil liegt in der selbständigen Regelung auf den Phasennulldurchgang, sodass nicht der gesamte Frequenzbereich abgetastet werden muss. Es sind keine analogen Signale zur Ansteuerung erforderlich.

Von Nachteil sind, wie beim VCO, die mangelnde Verfügbarkeit von sinusförmigen Oszillatoren sowie die Störanfälligkeit der Frequenzbereichsanpassung. Die erforderliche Auflösung für die Ansteuerung des VCOs sowie für die Auswertung dieses Ansteuersignals ist aufgrund der ungenauen Einstellbarkeit des Frequenzbereichs sehr hoch.

A.10 Messfehler bei der Bestimmung der relativen Feuchtigkeit

In Tabelle A.4 sind die verschiedenen Einflussgrößen und ihre Auswirkung auf den Messfehler der relativen Feuchtigkeit dargestellt. Den Haupteinfluss hat die Alterung der eingesetzten Feuchtesensoren. Im Folgenden werden die Ursachen der Einflüsse dargestellt.

- Frequenzmessung:
  - Der Einfluss der Hysterese sowie der Alterung des kapazitiven Feuchtesensors auf die Toleranzen der Frequenz Δf wird beschrieben mit

$$\Delta f = \frac{1}{2\pi\sqrt{L}} \cdot \left(\frac{1}{\sqrt{C + \Delta C_{Empf,-}}} - \frac{1}{\sqrt{C + \Delta C_{Empf,+}}} \right). \tag{A.8}$$

    Dabei ist $\Delta C_{Empf,+/-}$ die Toleranz der Empfindlichkeit des Sensors. Für die Abschätzung der Größenordnung der Alterung dienen die Angaben des Datenblatts [Hyg07] sowie der Richtwert, dass 10 K Temperaturerhöhung zu einer Halbierung der Lebensdauer führen [SW93]. Sowohl Hysterese als auch Alterung sind systematische Einflüsse und können theoretisch genau definiert und ihr Einfluss auf die Messung damit berechnet werden. Detaillierte Informationen beispielsweise über die Richtung der Abweichung liegen jedoch nicht vor.

  - Einen direkten Einfluss auf die Frequenz hat die Lage des Sensors, die sich zwischen Kalibrierung und Alterungstest ändert. Er befindet sich während der Kalibrierung außerhalb der Spule, um dem Klima der Kammer vollständig ausgesetzt zu sein. Während der Alterung liegt der Sensor im Inneren der Spule im Glasgehäuse. Der dadurch verursachte Messfehler wirkt sich

	Toleranz der Einflussgröße bzw. Genauigkeit	bei 65 °C Toleranz von r.H. in % r.H.		bei 85 °C Toleranz von r.H. in % r.H.	
		Steigung	Nullpunkt	Steigung	Nullpunkt
Feuchtesensor Kalibrierung [Dri05]	± 1,8 % r.H. ab 20 % r.H., ± 3,5 % r.H. bei 0 % r.H.	± 1,8		± 2,0	
Hysterese kapazitiver Feuchtesensor [Hyg07]	Empfindlichkeit 1,5 %	≤ ± 0,4		≤ ± 0,3	
Alterung kapazitiver Feuchtesensor [Hyg07]	Empfindlichkeit ± 2 %/Mon bei 65 °C ± 8 %/Mon bei 85 °C	± 3,9 (bei 2 Mon Messg., 100% r.H.)		± 14,1 (bei 2 Mon Messg., 100% r.H.)	
Lage des kapazitiven Feuchtesensors in Spule	Frequenz 66,0 kHz bei 65 °C 56,1 kHz bei 85 °C	34,8		26,3	
T-Messung, T-Regelung Kalibrierg. u. Alterung [Dri05, IKA09]	Temperatur ± 1,4 °C bei 65 °C ± 1,8 °C bei 85 °C	+ 1,3 − 1,2		+ 0,7 − 0,7	

Tab. A.4: Messfehler für die Messung der relativen Feuchte während der Kalibrierung und der Alterung.

ausschließlich auf die Induktivität der Spule und damit auf den Nullpunkt aus. Für die Auswertung wird den Proben ein neuer Startwert zugeordnet, der dem Nullpunkt der Regressionskurve der relativen Feuchte im Gehäuse über die Zeit entspricht entspricht (vgl. Abs. 5.2.5).

— Die Toleranzen der Frequenz werden mit Hilfe der Steigung der Kalibriergeraden (vgl. Abs. 4.2.3) in die der relativen Feuchte umgewandelt. Die Streuung der Temperatur und der Feuchte während einer Messung aus 160 Einzelmesswerten ist dabei in der statistisch verteilten Streuung der Regressionsgeraden enthalten. Der Einfluss der Änderung der parasitären Kapazität der Innenspule in Abhängigkeit von der Feuchtigkeit wird durch die Kalibrierung mit erfasst.

- Die Temperaturdifferenz zwischen den Messungen der Kalibrierung und des Alterungstests beeinflusst ebenfalls die relative Feuchtigkeit. Diese Temperatureinflüsse sind statistisch normalverteilt und lassen sich auf Grundlage von Formel (1.2) berechnen:

$$\Delta r.H. = \frac{E_W(T_B)}{E_W(T_{+/-})} - \frac{E_W(T_B)}{E_W(T)}.$$

(A.9)

Die Temperaturabhängigkeit des Sensors wird vernachlässigt.

- Die Ungenauigkeit des zur Messwerterfassung während der Kalibrierung eingesetzten Feuchtesensors [Dri05] beeinflusst die Ungenauigkeit der Feuchtemessung direkt.

A.11 Schaltung für die Auswertung

A.11.1 Filterauslegung

Die aktiven Tiefpassfilter für die Auswertung des Außenspulenstroms während der Alterungstests werden durch Butterworthfilter realisiert [TS99]. Die Übertragungsfunktion $A(s_n)$ von Tiefpassfiltern n-ter Ordnung im Bildbereich lautet

$$A(s_n) = \frac{G}{\prod_i(1 + a_i s_n + b_i s_n^2)},$$

(A.10)

mit $s_n = s/\omega_{grenz}$. Dabei sind G der Signalverstärkungsfaktor, a_i und b_i die Koeffizienten. Für den Aufbau von Filtern zweiter Ordnung, die für diese Anwendung ausreichend sind, kann die sogenannte Sallen-Key-Beschaltung genutzt werden (Abb. A.8).

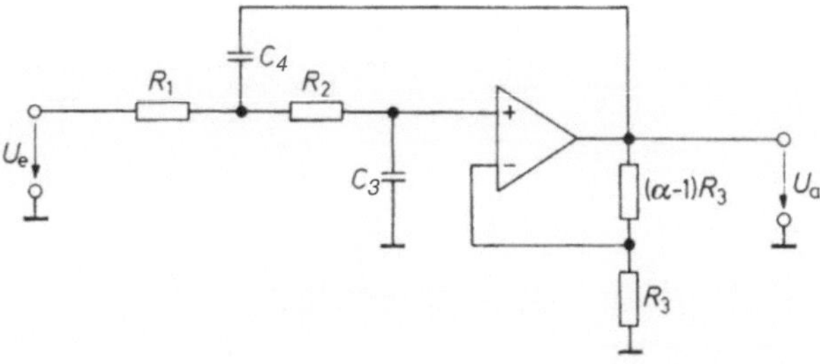

Abb. A.8: Aktives Tiefpassfilter zweiter Ordnung mit Einfachmitkopplung als Sallen-Key-Beschaltung [TS99].

Die Übertragungsfunktion ist

$$A(s_n) = \frac{\alpha}{1 + \omega_{grenz}[C_3(R_1 + R_2) + (1 - \alpha)R_1C_4]s_n + \omega_{grenz}^2 R_1 R_2 C_3 C_4 s_n^2} \,, \quad (A.11)$$

mit der inneren Verstärkung α. Die Koeffizienten für den Butterworth-Filter sind $a_1 = 1{,}4142$ und $b_1 = 1$. Durch Koeffizientenvergleich ergeben sich für die -3 dB-Grenzfrequenz bei 8 MHz die Bauteilgrößen $C_3 = C_4 = 100\,\text{pF}$, $R_1 = 140\,\Omega$ und $R_2 = 280\,\Omega$. Zu berücksichtigen ist, dass eine symmetrische Versorgungsspannung für die Operationsverstärkerbeschaltung nötig ist.

A.11.2 Logikverschaltung

Abbildung A.9 zeigt die Logikverschaltung einer Platine für den modularen Aufbau der Auswertung für die beschleunigten Alterungstests. Die Auswahl der jeweiligen Probe erfolgt mit Hilfe von Schieberegistern.

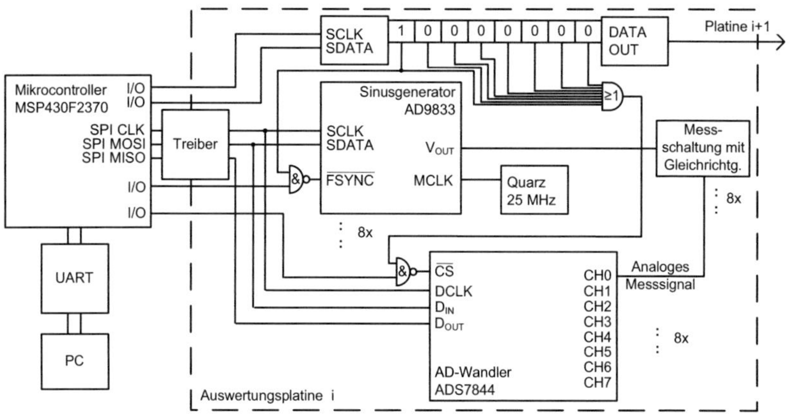

Abb. A.9: Logikverschaltung für die Auswertung der beschleunigten Alterungstests.

A.12 Wandstärken der lasergelöteten Gehäusemuster

In Abbildung A.10 sind die Messergebnisse für die Wandstärken der lasergelöteten Glasgehäusemuster dargestellt. Dabei ist jeweils das Minimum sowie das Maximum angegeben. Die Messung erfolgte durch Ausmessen markierter Strecken im Mikroskopbild mit Hilfe der Software DIPLOM [KE00]. Vermessen sind die 23 Proben, die die beste Fügezone aufweisen.

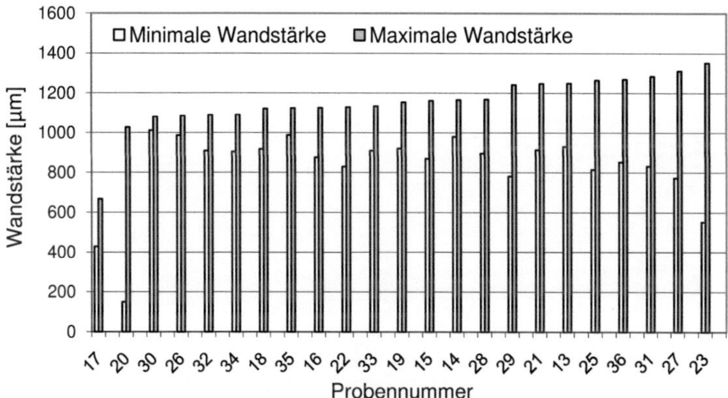

Abb. A.10: Wandstärken der lasergelöteten und rondierten Gehäuse.

A.13 Messergebnisse der beschleunigten Alterungstests

In Abbildung A.11 und A.12 sind die Messergebnisse der beschleunigten Alterungstests für alle untersuchten Proben dargestellt, jeweils bei 65 °C und 85 °C. Die Proben 8 und 17 sind Glasgehäuse, die durch eine Klebenaht gefügt sind. Die übrigen Proben besitzen zudem eine aufgesputterte Titanbeschichtung im Bereich der Klebenaht. Mit Probe 23 kann aufgrund des nach dem Sputtern defekten Sensors keine Messung durchgeführt werden.

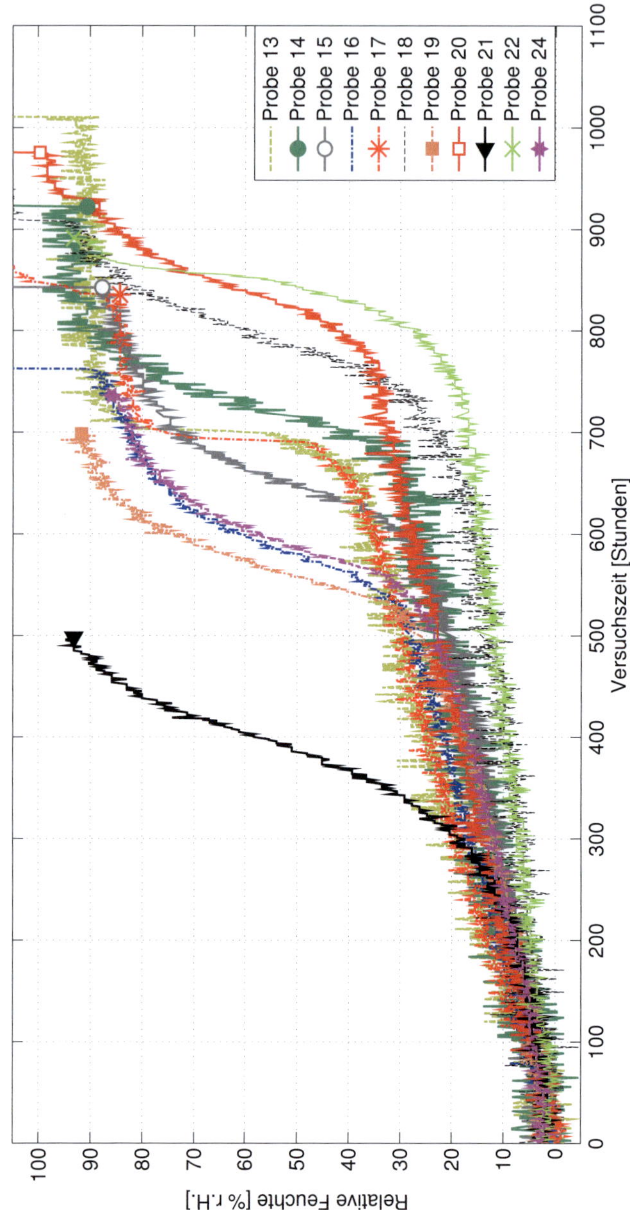

Abb. A.11: Messergebnisse der relativen Luftfeuchtigkeit von einem geklebten Glasgehäuse (Probe 17) sowie zehn im Bereich der Klebenaht mit Titan beschichteten Glasgehäusen (Probe 13–16, 18–22, 24) für die beschleunigte Alterung bei 65°C.

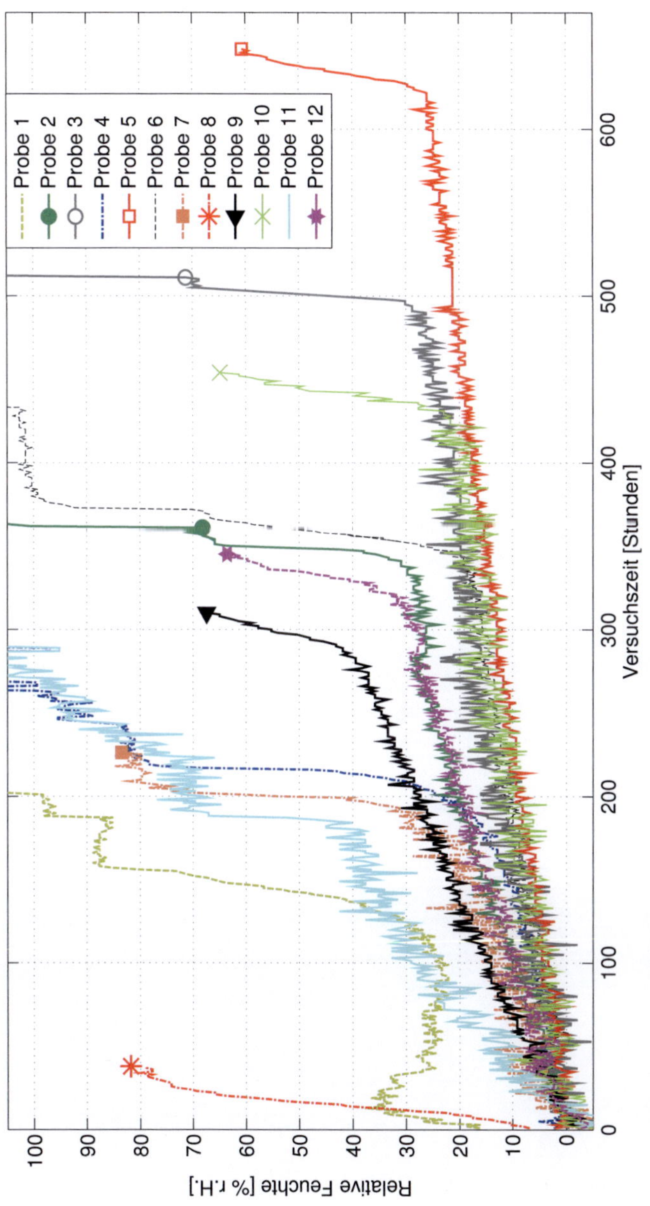

Abb. A.12: Messergebnisse der relativen Luftfeuchtigkeit von einem geklebten Glasgehäuse (Probe 8) sowie elf im Bereich der Klebenaht mit Titan beschichteten Glasgehäusen (Probe 1–7, 9–12) für die beschleunigte Alterung bei 85 °C.

**Bereits veröffentlicht wurden in der Schriftenreihe des
Instituts für Angewandte Informatik / Automatisierungstechnik bei
KIT Scientific Publishing:**

Nr. 1: BECK, S.: Ein Konzept zur automatischen Lösung von Entscheidungsproblemen bei Unsicherheit mittels der Theorie der unscharfen Mengen und der Evidenztheorie, 2005

Nr. 2: MARTIN, J.: Ein Beitrag zur Integration von Sensoren in eine anthropomorphe künstliche Hand mit flexiblen Fluidaktoren, 2004

Nr. 3: TRAICHEL, A.: Neue Verfahren zur Modellierung nichtlinearer thermodynamischer Prozesse in einem Druckbehälter mit siedendem Wasser-Dampf Gemisch bei negativen Drucktransienten, 2005

Nr. 4: LOOSE, T.: Konzept für eine modellgestützte Diagnostik mittels Data Mining am Beispiel der Bewegungsanalyse, 2004

Nr. 5: MATTHES, J.: Eine neue Methode zur Quellenlokalisierung auf der Basis räumlich verteilter, punktweiser Konzentrationsmessungen, 2004

Nr. 6: MIKUT, R.; REISCHL, M.: Proceedings – 14. Workshop Fuzzy-Systeme und Computational Intelligence: Dortmund, 10. - 12. November 2004, 2004

Nr. 7: ZIPSER, S.: Beitrag zur modellbasierten Regelung von Verbrennungsprozessen, 2004

Nr. 8: STADLER, A.: Ein Beitrag zur Ableitung regelbasierter Modelle aus Zeitreihen, 2005

Nr. 9: MIKUT, R.; REISCHL, M.: Proceedings – 15. Workshop Computational Intelligence: Dortmund, 16. - 18. November 2005, 2005

Nr. 10: BÄR, M.: µFEMOS – Mikro-Fertigungstechniken für hybride mikrooptische Sensoren, 2005

Nr. 11: SCHAUDEL, F.: Entropie- und Störungssensitivität als neues Kriterium zum Vergleich verschiedener Entscheidungskalküle, 2006

Nr. 12: SCHABLOWSKI-TRAUTMANN, M.: Konzept zur Analyse der Lokomotion auf dem Laufband bei inkompletter Querschnittlähmung mit Verfahren der nichtlinearen Dynamik, 2006

Nr. 13: REISCHL, M.: Ein Verfahren zum automatischen Entwurf von Mensch-Maschine-Schnittstellen am Beispiel myoelektrischer Handprothesen, 2006

Nr. 14: KOKER, T.: Konzeption und Realisierung einer neuen Prozesskette zur Integration von Kohlenstoff-Nanoröhren über Handhabung in technische Anwendungen, 2007

Nr. 15: MIKUT, R.; REISCHL, M.: Proceedings – 16. Workshop Computational Intelligence: Dortmund, 29. November - 1. Dezember 2006

Nr. 16: LI, S.: Entwicklung eines Verfahrens zur Automatisierung der CAD/CAM-Kette in der Einzelfertigung am Beispiel von Mauerwerksteinen, 2007

Nr. 17: BERGEMANN, M.: Neues mechatronisches System für die Wiederherstellung der Akkommodationsfähigkeit des menschlichen Auges, 2007

Nr. 18: HEINTZ, R.: Neues Verfahren zur invarianten Objekterkennung und -lokalisierung auf der Basis lokaler Merkmale, 2007

Nr. 19: RUCHTER, M.: A New Concept for Mobile Environmental Education, 2007

Nr. 20: MIKUT, R.; REISCHL, M.: Proceedings – 17. Workshop Computational Intelligence: Dortmund, 5. - 7. Dezember 2007

Nr. 21: LEHMANN, A.: Neues Konzept zur Planung, Ausführung und Überwachung von Roboteraufgaben mit hierarchischen Petri-Netzen, 2008

Nr. 22: MIKUT, R.: Data Mining in der Medizin und Medizintechnik, 2008

Nr. 23: KLINK, S.: Neues System zur Erfassung des Akkommodationsbedarfs im menschlichen Auge, 2008

Nr. 24: MIKUT, R.; REISCHL, M.: Proceedings – 18. Workshop Computational Intelligence: Dortmund, 3. - 5. Dezember 2008

Nr. 25: WANG, L.: Virtual environments for grid computing, 2009

Nr. 26: BURMEISTER, O.: Entwicklung von Klassifikatoren zur Analyse und Interpretation zeitvarianter Signale und deren Anwendung auf Biosignale, 2009

Nr. 27: DICKERHOF, M.: Ein neues Konzept für das bedarfsgerechte Informations- und Wissensmanagement in Unternehmenskooperationen der Multimaterial-Mikrosystemtechnik, 2009

Nr. 28: MACK, G.: Eine neue Methodik zur modellbasierten Bestimmung dynamischer Betriebslasten im mechatronischen Fahrwerkentwicklungsprozess, 2009

Nr. 29: HOFFMANN, F.; HÜLLERMEIER, E.: Proceedings – 19. Workshop Computational Intelligence: Dortmund, 2. - 4. Dezember 2009

Nr. 30: GRAUER, M.: Neue Methodik zur Planung globaler Produktionsverbünde unter Berücksichtigung der Einflussgrößen Produktdesign, Prozessgestaltung und Standortentscheidung, 2009

Nr. 31: SCHINDLER, A.: Neue Konzeption und erstmalige Realisierung eines aktiven Fahrwerks mit Preview-Strategie, 2009

Nr. 32: BLUME, C.; JAKOB, W.: GLEAN. General Learning Evolutionary Algorithm and Method: Ein Evolutionärer Algorithmus und seine Anwendungen, 2009

Nr. 33: HOFFMANN, F.; HÜLLERMEIER, E.: Proceedings – 20. Workshop Computational Intelligence: Dortmund, 1. - 3. Dezember 2010

Nr. 34: WERLING, M.: Ein neues Konzept für die Trajektoriengenerierung und -stabilisierung in zeitkritischen Verkehrsszenarien, 2011

Nr. 35: KÖVARI, L.: Konzeption und Realisierung eines neuen Systems zur produktbegleitenden virtuellen Inbetriebnahme komplexer Förderanlagen, 2011

Nr. 36: GSPANN, T. S.: Ein neues Konzept für die Anwendung von einwandigen Kohlenstoffnanoröhren für die pH-Sensorik, 2011

Nr. 37: LUTZ, R.: Neues Konzept zur 2D- und 3D-Visualisierung kontinuierlicher, multidimensionaler, meteorologischer Satellitendaten, 2011

Nr. 38: BOLL, M.-T.: Ein neues Konzept zur automatisierten Bewertung von Fertigkeiten in der minimal invasiven Chirurgie für Virtual Reality Simulatoren in Grid-Umgebungen, 2011

Nr. 39: GRUBE, M.: Ein neues Konzept zur Diagnose elektrochemischer Sensoren am Beispiel von pH-Glaselektroden, 2011

Nr. 40: HOFFMANN, F.; HÜLLERMEIER, E.: Proceedings – 21. Workshop Computational Intelligence: Dortmund, 1. - 2. Dezember 2011

Nr. 41: KAUFMANN, M.: Ein Beitrag zur Informationsverarbeitung in mechatronischen Systemen, 2012

Nr. 42: NAGEL, J.: Neues Konzept für die bedarfsgerechte Energieversorgung des Künstlichen Akkommodationssystems, 2012

Nr. 43: RHEINSCHMITT, L.: Erstmaliger Gesamtentwurf und Realisierung der Systemintegration für das Künstliche Akkommodationssystem, 2012

Die Schriften sind als PDF frei verfügbar, eine Nachbestellung der Printversion ist möglich. Nähere Informationen unter www.ksp.kit.edu.